(一)建筑室内环境

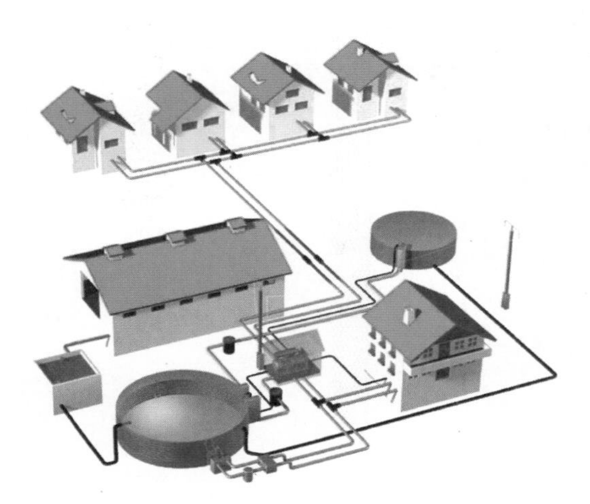

热网(供热)

生物质锅炉(供热)

地板采暖(供热)

机械通风(通风)

自然通风与自动化窗户(通风)

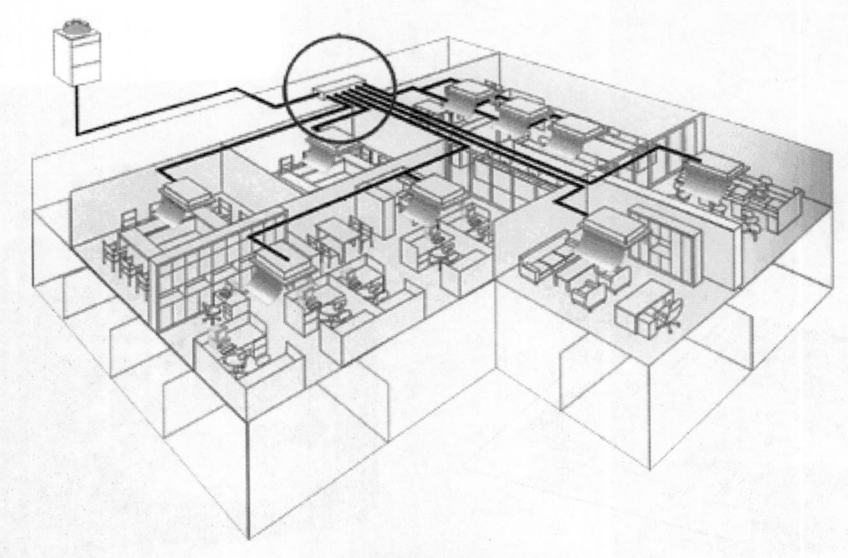

多联机（制冷）

风管（制冷）

辐射板（制冷）

隔音玻璃（声环境）

屋顶采光（光环境）

植物遮阳（光环境）

室内热舒适（热环境）

保温材料（热环境）

（二）外环境

城市热岛（城市微气候）

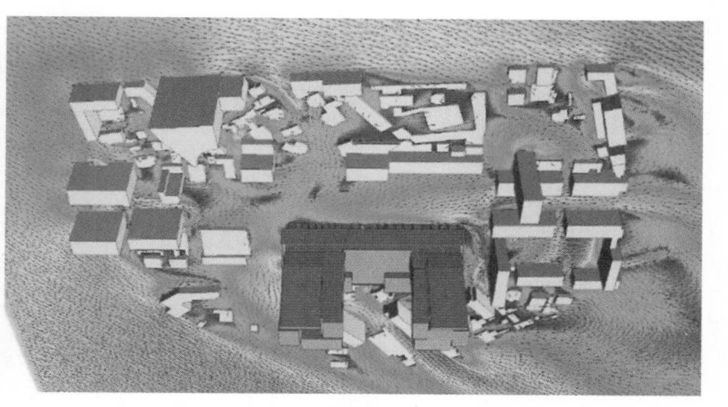

小区风环境（城市微气候）

普通高等教育
建筑环境与能源应用工程系列教材

建筑环境与能源应用工程专业导论

Building Environment and Energy Engineering

（第2版）

编 著 /张国强 李志生 俞 准
主 审 /沈恒根

重庆大学出版社

内容提要

本书是国内建筑环境与能源应用工程专业第一本系统进行专业入门教育的教材，全书共分为8章，含附录1—6。教材结合我国当前建筑环境与能源应用工程专业教育改革和人才培养的具体情况，系统、简要地介绍和论述了本专业学科内涵与外延、学科定位、在国民经济中的地位与作用、专业教育发展过程及趋势、专业教学与课程体系、专业教育方向与专业内容、专业活动与专业资源、专业学习与职业规划、专业职业资格考试、思想道德等内容。本书还吸收了高等教育学、管理学、人事行政学等国内外相关领域的最新科研成果，信息量丰富，知识面宽，视野较广。

本书可作为全国高等学校建筑环境与能源应用工程专业本(专)科学生的教学用书，也可以作为相关专业进行入学教育和大学学习生活指导的辅导教材，对从事建筑环境与能源应用工程领域工作的广大教师、工程技术人员也是一本有益的参考书。

图书在版编目(CIP)数据

建筑环境与能源应用工程专业导论/张国强，李志生，俞准编著.—2版.—重庆：重庆大学出版社，2014.9(2024.7重印)
普通高等学校建筑环境与能源应用工程系列教材
ISBN 978-7-5624-8596-4

Ⅰ.①建… Ⅱ.①张…②李…③俞… Ⅲ.①建筑工程—环境管理—高等学校—教材 Ⅳ.①TU-023

中国版本图书馆CIP数据核字(2014)第223076号

普通高等学校建筑环境与能源应用工程系列教材
建筑环境与能源应用工程专业导论
(第2版)
编　著　张国强　李志生　俞　准
主　审　沈恒根
责任编辑：张　婷　　版式设计：张　婷
责任校对：邹　忌　　责任印制：赵　晟

*

重庆大学出版社出版发行
出版人：陈晓阳
社址：重庆市沙坪坝区大学城西路21号
邮编：401331
电话：(023) 88617190　88617185(中小学)
传真：(023) 88617186　88617166
网址：http://www.cqup.com.cn
邮箱：fxk@cqup.com.cn(营销中心)
全国新华书店经销
重庆巍承印务有限公司印刷

*

开本：787mm×1092mm　1/16　印张：13.25　字数：324千
2007年8月第1版　2014年10月第2版　2024年7月第14次印刷
印数：23 001—24 700
ISBN 978-7-5624-8596-4　定价：38.00元

特别鸣谢单位

（排名不分先后）

天津大学
广州大学
湖南大学
东南大学
苏州大学
西华大学
江苏科技大学
中国矿业大学
华中科技大学
武汉科技大学
武汉理工大学
山东建筑大学
安徽工业大学
合肥工业大学
安徽建筑大学
重庆交通大学
重庆科技学院
西安交通大学
西安建筑科技大学

重庆大学
江苏大学
南华大学
扬州大学
同济大学
东华大学
上海理工大学
南京工业大学
南京工程学院
南京林业大学
山东科技大学
天津工业大学
河北工业大学
广东工业大学
福建工程学院
伊犁师范大学
中国人民解放军陆军勤务学院
江苏省制冷学会
江苏省工程建设标准定额总站

第2版前言

本书自2007年出版后，受到了国内高校的欢迎。经过第一版使用，全国许多高校的读者提出了宝贵、中肯的建议，再版的过程中编者根据这些建议在保留原书构架与精华的基础上做了认真的考虑和修改，同时尽量修订了第一版的错误。另外，自2007年以来，国内建筑环境与设备工程学科、专业以及办学情况也发生了一些变化。例如，在此期间，教育部对本科专业目录进行了调整，于2012年9月公布了新的本科专业目录，本专业名称调整为“建筑环境与能源应用工程”；高等学校建筑环境与设备工程学科专业指导委员会于2012年12月编制了本专业本科指导性专业规范（2013版）。本书第二版充分反映了这些变化，与第一版相比，增加了信息量，知识更加丰富，内容体系更加齐全，更具备可读性，更具备“导论”的功能。第二版按16～32课时编写，同时配备了PPT课件，供任课教师上课参考。

全书由湖南大学张国强教授、广东工业大学李志生副教授、湖南大学俞准副教授负责修订。湖南大学李郡、刘政轩、陶川、程国珍、石洋溢共同参与了本书图片的选择及部分资料整理工作。

由于水平有限，希望读者继续提出宝贵建议和意见。

编者
2014年6月

第1版前言

“教育要面向现代化、面向世界、面向未来”已经成为国人的共识。1997年，国家教育部为适应国内外新形势发展的需要，对全国本科专业目录进行了调整，在原“供热、通风与空调工程”和“燃气工程”专业的基础上，通过拓宽、深化和综合专业服务对象和学科内容，新组建了“建筑环境与设备工程”专业。此后，一系列面向21世纪的“十五”“十一五”规划教材相继产生。目前，全国140余所高等学校中有许多院校已开设了“建筑环境与设备工程专业导论”课程，对学生进行系统的专业入门教育，但针对该课程的教材却一直没有。因此，我们组织编写了本教材供全国高校相关专业教学使用。

本书根据全国高等学校建筑环境与设备工程专业指导委员会新修订的专业培养方案要求，在作者长期教学、科研与工程实践经验积累的基础上，充分吸收国内外最新的教育、教学、科研成果和社会信息编著而成。全书按16~24学时的教学要求编写，可作为高等学校建筑环境与设备工程专业导论课程的教材，以及本专业有关工作人员的参考书，部分内容也可以作为其他相关工科专业了解本行业、进行入学教育和大学学习生活指导的辅导教材或参考用书。

本书按“大专业、宽口径”的要求，紧紧围绕建筑环境与设备工程专业的新变化和新趋势，针对将要进入本专业学习的学生，系统而简明地阐述专业发展历史、专业教育发展过程及趋势、专业教学与课程体系、专业教育方向与专业内容、专业活动与专业资源、专业学习与职业规划、专业职业资格考试等方面的内容，让学生了解专业全貌。另外，本书强调“教书”与“育人”相结合，针对大学学习的特点、职业道路规划和职业道德等方面进行论述和概括，试图培养学生对专业学习的兴趣，提供专业学习和职业道路规划的入门知识。

本教材由湖南大学张国强和广东工业大学李志生编著，湖南大学陈晓、杨薇和王平参编。全书由张国强负责拟订框架和思路，确定各章节内容和提供各章相关的素材，并统筹定稿；李志生负责全书的具体编写组织工作。具体编写分工为：第1.1节、第1.2节、第1.3节、第1.4节由张国强编写；第1.5节、第1.6节、第2.2节、第3章、第4.1节、第4.2节、第5.3节、第6章由李志生编写；第2.1节和第2.3节由陈晓编写；杨薇和王平共同编写了第4.3节、第5.1节和第5.2节。东华大学沈恒根教授审阅了全书。

在本书框架和思路的确定过程中,参考了东华大学沈恒根教授的课程讲授提纲;在编写过程中,得到了广东工业大学梅胜、李冬梅,南华大学刘泽华,湖南科技大学邹声华,湖南工业大学寇广孝等同仁的支持与指导;重庆科技学院伍培担任本书特约编辑;重庆大学付祥钊教授担任本书终审,特此一并致谢!本书出版得到了湖南省教育厅教学改革项目(项目编号:湘教发[2003]98号)和教育部优秀青年教师教学科研奖励计划项目(项目编号:教人司[2002]383号)的资助。

由于本教材内容较新,书中一定还存在许多不足之处,恳请广大读者批评指正,并提出宝贵建议。具体意见可以发至 gqzhang@188.com(张国强)、Chinaheat@163.com(李志生)。另外,中国空调制冷网(http://www.chinahvacr.com/)将为本书开辟专栏和论坛,供广大读者交流,提出意见与建议。通过吸收您的宝贵建议和本专业发展产生的最新成果,期待本书再版时质量能有较大的提高。

编 者

2007年6月

目　录

1 绪 论

衣、食、住、行是人类最基本的生活需求，也是人类发展永恒的主题。建筑物解决人们"住"的问题，其主要功能之一是为人们提供舒适的生活环境和高效的工作环境，与室外自然环境相对应，这种工作环境称为"建筑室内环境"，有时简称为"建筑环境"，建筑围护结构以及建筑设备是实现这种环境的硬件设施。广义的"建筑环境"还包括建筑物周围的环境，以及由于建筑物建造和运行而造成的对周围环境的影响。另外一个相关的概念是"人工环境"，指采用人工手段营造的环境，包括建筑室内环境、运载工具环境、工农业生产环境、冷冻冷藏环境、极端环境等。

建筑室内环境主要解决人类文明生活中必需的舒适、健康和由此带来的工作效率问题，主要包括建筑室内热湿环境、室内空气品质、室内声环境和室内光环境等。现代城市的人群80%以上的时间生活在室内，当自然界的温度、湿度、风速、太阳辐射等超出人类舒适的范围时，如果室外空气和热量直接和室内相通，人们就会产生不舒适的感觉。这种情况下，就需要利用建筑围护结构和建筑设备对室内环境进行调节。其中，利用建筑围护结构进行气候调节的方法称为"被动式"调节方法，利用建筑设备进行气候调节的方法称为"主动式"调节方法。主动式调节方法需要消耗能量，而被动式调节方法不需要消耗能量，这是二者的差别。随着社会发展和人民生活水平的提高，现代社会越来越多地依赖主动式调节方法调节建筑室内环境，导致建筑能源消耗越来越大，目前发达国家已经达到全社会能耗的30%以上，而我国也达到20%左右。这就使得建筑室内环境与能源消耗密切相关，而常规能源的消耗是影响和破坏地球自然环境重要因素。因此，利用最小的能量消耗和对自然环境的最小影响，创造有利于人类舒适的建筑室内环境，成为本专业的基本目标。

调节建筑室内环境消耗的能量主要用于将室外空气处理到室内的状态。对于同样热湿状态的室外空气，需要处理的量越多，消耗的能量越多。因此，为了降低能耗，现代社会的建筑物密封状况越来越好。与此同时，室内装修材料、设备使用增多，导致建筑室内空气环境恶化，而生活方式和工作方式的改变，使得居民停留在室内的时间越来越长，室内环境严重影响居民身体健康。由于舒适和健康问题研究直接影响居民的工作效率，因而建筑室内环境与健康问题、工作效率问题也成为本专业新时期的重要研究目标。

总之,建筑环境与能源应用工程专业以工程热力学、传热学、流体力学、热质交换原理与设备和建筑环境学等课程为基础,利用建筑设备创造良好的建筑室内环境,同时做到节约能源和减少相应的对自然环境的影响。建筑环境与能源应用工程专业涉及建筑室内环境的营造、建筑能源消耗和相应的环境影响,按照现代社会对可持续发展的定义,本专业教育承担了建筑领域的可持续发展过程中的重要责任。

1.1 建筑、能源与环境

建筑是人类为了生存而对自然进行的再造活动,是一种空间艺术和科学技术的结合,体现了一定的社会文化和地域特色,也反映了时代的特点、人们的生活质量和科技发展水平。能源是人类进行一切社会活动的动力,人类的生产和生活行为离不开对能源的利用,对能源的利用水平也反映了人类的生产力发展水平。自然环境包括气候、山川、河流、地貌、植被等要素,人类和其他生物依赖这些要素生存和发展,而建筑营造的室内环境是人类文明存在和发展的重要环境。

能源、环境是影响全球可持续发展的重要因素。所谓可持续发展,就是“既满足当代人的需要,又不对后代人满足其需要的能力构成危害的发展”。资源(包括能源)、环境、人口是影响可持续发展的三个重要因素。其中,按照目前全球能源利用的速度,地球上的主要化石能源(煤、石油、天然气)探明储量的使用时间都不超过200年;全球变暖、臭氧层破坏、生态破坏、水污染、大气污染及室内空气污染,无不困扰着当今人类社会。因此,能源与环境问题已成为当今社会发展中的重要问题。

建筑、能源和环境的关系密切(见图1.1),建筑物的建造和使用过程需要消耗大量的能源和材料,而能源和材料的广泛使用会影响甚至破坏环境。总之,建筑、能源和环境相互影响,相互联系,共同在可持续发展社会扮演重要的角色。本专业主要涉及建筑室内环境的营造,该过程中的能源消耗以及由此产生的对室外环境的影响,在建筑领域的可持续发展中起到重要作用。

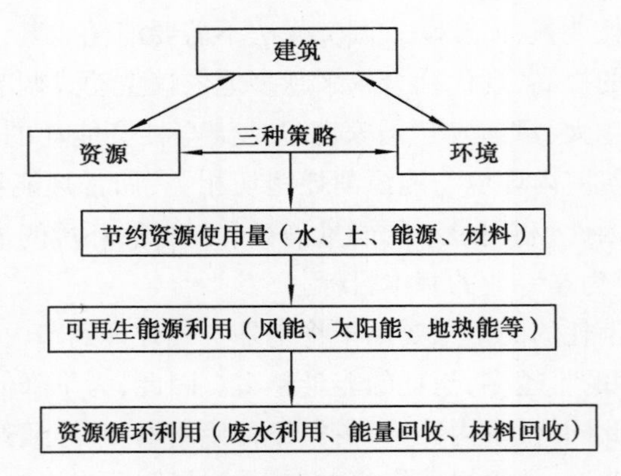

图1.1 建筑实现可持续发展的策略

1.1.1 我国的能源与环境问题

自工业革命以来,能源问题就成为世界的主要问题之一。特别是20世纪70年代以来连续发生的两次能源危机,更使得能源问题成为牵动全球社会、经济发展的最敏感问题。

环境问题按照不同的尺度,分为全球环境问题(如全球变暖、臭氧层破坏)、区域环境问题(如生态破坏、水污染和空气污染)、建筑周边环境和建筑室内环境问题等。环境问题影响人类生活质量和健康。环境问题与能源问题有很大的相关性,有些环境问题直接由能源消耗产生,如全球变暖问题;有些环境的改善需要消耗能源,如室内环境的营造。因此,能源与环境经常被并列在一起提出来,成为人类社会发展的两个重要问题。

由于人类社会经济发展过程中长期采用不适当的生产与消费方式,尤其是在全球工业化过程中过度地消耗地球上的自然资源,不加治理地大量排放污染物质的生产方式和过度消费的生活方式,造成了全球生态和环境的污染,已经开始严重阻碍经济的发展和人民生活质量的提高,继而威胁着全人类未来的生存与发展。环境问题一直存在,但直到20世纪中叶,人类社会才开始认识到这个问题的严重性。其中,由于能源利用引起的环境问题是最重要的方面之一。能源利用过程中产生的环境问题十分复杂,能源的生产和利用是大气污染、酸雨增多、森林减少等区域环境问题,以及气候变暖、臭氧层损耗等全球环境问题的最主要影响因素之一。一般以 CO_2 的排放量来表示能源消耗对环境的影响,据计算,平均每消耗 10^9 J 的能源将产生0.098 t的 CO_2 的排放量。2007年2月2日,国际气候变化专门委员会(IPCC)报告指出:近一百年地球表面平均温度上升了0.74 ℃。报告认为,人类活动造成温室气体(CO_2 等)的增加是近50年全球变暖的主要原因。

建筑领域的能源消耗包括建筑材料的生产和运输过程、建筑物的建造过程和维持良好建筑环境的运行过程消耗的能源,无论其能耗相对值还是绝对值都在国家能源消耗中占有相当大的比重。在我国,仅仅建筑运行过程这种能源消耗的比重已达到28%左右,而发达国家该比例更大。建筑领域所引起的环境问题主要包括建筑物及其材料的生产运输、建造及拆除过程中对区域环境的直接污染,建筑运行过程中的废热排放、温室气体排放导致的全球气候变暖、臭氧层破坏和城市热岛等问题,以及建筑室内环境对人类舒适和健康的影响。因此,建筑导致的能源环境问题对国家实施可持续发展战略具有重要影响。在新的形势下,建筑类专业需要把资源能源节约和环境保护作为重要的因素加以考虑。其中,建筑环境与能源应用工程专业主要需要考虑能源消耗及其相关的环境问题。

1)能源问题

尽管中国拥有比较丰富而多样的能源资源,远景一次能源资源总储量估计为4万亿t标准煤,能源总量位居世界前列;但是,中国人口众多,人均能源资源占有量和消费量远低于世界平均水平。1990年,中国人均探明煤炭储量为147 t,为世界平均数的41.4%;人均探明石油储量2.9 t,为世界平均数的11%;人均探明天然气量为世界平均数的4%;探明可开发水能资源也低于世界人均数。从人均能源消费看,1994年世界平均水平为1 433 kg油当量,发达国家为5 066 kg油当量,中国约为670 kg油当量,不到世界平均水平的1/2,仅为发达国家的13.2%。

中国是世界第二大能源生产国与消费国。目前,中国的能源生产和消费基本平衡(见表1.1),但随着中国经济的快速发展和人民生活水平的不断提高,中国年人均能源消费量将逐年增加,但常规能源资源尤其是石油和天然气相对不足,中国能源供需的缺口将越来越大,是中国社会、经济可持续发展的一个限制因素。

表1.1　中国主要常规能源的生产和消耗

年份	生产					消耗				
	原煤 $/10^8$ t	石油 $/10^8$ t	天然气 $/10^8$ m^3	电力 $/(10^8$ kW·h)	一次能源 $/10^8$ t 标准煤	原煤 $/10^8$ t	石油 $/10^8$ t	天然气 $/10^8$ m^3	电力 $/(10^8$ kW·h)	一次能源 $/10^8$ t 标准煤
2000	9.98	1.5	179	13 556	10.8	12.45	2.24	245	13 471	13.52
2001	11.6	1.64	272	14 717	11.39	12.62	2.28	274	14 634	14.10
2002	13.8	1.67	327	16 405	13.06	13.66	2.48	292	16 332	15.14
2003	16.67	1.70	351	19 107	16.03	15.79	2.52	341	18 910	16.78
2004	19.56	1.75	415	21 870	18.05	19.35	2.94	415	21 762	20.27
2005	21.9	1.81	500	24 689	20.6	21.4	3.00	500	24 747	22.2
2006	23.8	1.84	585	28 344	22.1	23.7	3.2	556	—	24.6
2010*	16	1.7	800	—	17.3	23.0	3.6	1 000	—	21.6~23.2

注:①中国节能降耗研究报告(2006,企业管理出版社);中国能源环境发展报告(2006,中国环境科学出版社);中国能源市场(国家发展和改革委员会能源研究所,高世宪,2004)。

②2010年的数据预测的结果差别较大,表中为发改委的低方案。

据预测,在采用先进技术、推进节能、加速可再生能源开发利用以及依靠市场力量优化资源配置的条件下,中国到2010年短缺能源约8%,到2040年将短缺24%左右。因此,中国国民经济的发展和人民生活水平的提高都只能走高效利用能源的节能之路。

自20世纪80年代以来,中国的节能工作取得了显著成效。1981—1999年,中国经济保持快速增长(年均增长9.7%),而能源消费的增长速度(年均增长4.6%)远低于经济的增长速度。在过去的20多年里,中国累计节约能源9.5亿t标准煤,单位GDP能耗下降了60%左右,节能率达4.5%,相当于减排粉尘1 200万t,减排灰渣2.5亿t,减排二氧化硫1 900万t,减排二氧化碳4.2亿t,因此,节能同时也成为了中国环境保护和减排温室气体的有效措施。

尽管中国的节能工作取得了显著成效,但由于经济体制的原因以及历史条件所制约,中国的经济模式一直以来都没有脱离能源、资源消耗型的粗放经济发展模式,地方政府以提高GDP为代表的政绩还是建立在资源和能源的过度消耗基础之上的。2004年,中国首次超过日本成为全球第二大石油进口国,而中国所创造的GDP只有日本的1/4左右,何况中国还自己生产大量的石油和煤炭。2004年度,中国经济只占世界总量的4.4%,但消费的原油、原煤等却占到世界消费总量的7.4%及31%,铁矿石、钢材、氧化铝、水泥分别占世界消费总量的30%,27%,25%,40%,更说明中国经济增长方式的粗放性。目前,中国每千克标准煤能源产生的GDP为0.36美元,日本为5.58美元;法国为3.24美元;韩国为1.56美元;印度为0.72美元;世界平均值为1.86美元。因此,换算为单位能耗的所创造的GDP,日本是中国的15.5倍,法国是中国的9倍;韩国是中国的4.3倍;世界平均值是中国的5.2倍;就连印度也是中国的2倍(虽然这里有汇率、能源结构、气候条件等不可比因素,但总的趋势还是说明我国能源消耗过大)。据世界银行估计,燃料低利用率使用和高污染排放,使中国的经济损失每年高达1 200多亿美元,一部分损失是工业产值,另一部分损失来自支付与污染有关的保健开支。显然,没有任何一个国家的资源和能源能够支持这样的经济发展模式。例如,这种经济发展模式的直接后果是从2003年以来,全国大面积地出现"油荒""电荒"和"煤荒"。仅在2003年夏季,由于空调负荷增加而拉闸限电的省份就达到17个;2004年入冬以后,由于天气变冷,供暖需求增加,全国又发生了多年非常罕见的冬季拉闸限电,严重影响了人们的生活。

2)能源消耗引起的环境问题

中国是一个能源生产与消费大国,也是一个以煤为主要能源的国家。能源的开发利用,一方面推动了经济发展,另一方面也引起了严重的环境问题。今后较长一个时期内由于能源消费增加导致的污染物排放继续增加是难以避免的,能源消耗导致的环境污染问题甚至会越来越严重,必须采取各种措施降低能耗,减少污染,这也是中国目前高度重视的节能减排工作的原因。

中国所面临的能源与环境问题,具有发展中国家显著的、典型的特征。能源消耗与环境污染所造成的危害,主要从以下五个方面影响社会经济可持续发展和人民群众的身体健康:

①大量燃煤造成的城市大气污染,是中国所面临的最重要能源环境问题之一。由于煤炭消费量的大幅增加,污染物排放量大幅度增加。2005年中国烟尘排放量达到1 182.5万t,SO_2排放量达到2 549万t。

②过度消耗生物质能引起的生态破坏和水土流失。中国有8亿人口生活在农村,大部分农村人口所使用的能源主要靠燃烧生物质能。过度砍伐和过度使用草场,致使水土流失、农田退化、河流干枯、气候恶化。

③城乡居民燃煤、柴草和秸秆造成的室内空气污染。据世界卫生组织的调查,世界上室内污染最严重的建筑物是中国西北地区的窑洞,由于采用污染极大的煤炭和粪便、柴草为燃料,加之燃烧不充分、通风不科学,窑洞中烟尘、硫化物、氮氧化物、一氧化碳与其他污染物直接影响居民的健康。

④过度的能源消耗造成CO_2排放增加,从而造成温室效应和全球气候变暖问题,将对全球经济社会发展产生重大影响。目前,中国二氧化碳排放量已位居世界第二,2004年中国排放的CO_2达到45亿t,占全球15%以上。预计到2025年前后,中国的二氧化碳排放总量可能超过美国,居世界第一位。

⑤能源生产和消耗过程中所造成的水污染及固体废弃物所造成的城市环境污染问题。表1.2列出了2000—2003年中国城市环境的一些关键指标。从中看出,城市污水处理率最高为42.12%,而生活垃圾无害化处理率最高为58.2%;与城市建成区的总面积相比,噪声达标面积小到几乎可以忽略的程度。

尽管我国的环境不容乐观,但是近年来随着我国公众环境保护意识不断增强,环境保护工作受到广泛重视并且取得很大进展,能源开发利用经济发展开始走向良性循环。

表 1.2 中国城市环境情况

指　标	2000	2001	2002	2003
城市个数	663	662	660	660
城市面积/10^4 km^2	87.8	60.8	46.7	39.9
城市建设用地面积/10^4 km^2	2.21	2.41	2.68	2.90
城市污水排放量/10^8 t	331.8	328.6	337.6	349.2
城市污水处理率/%	32.45	36.43	39.97	42.12
城市燃气普及率/%	45.4	59.7	67.2	76.7
生活垃圾量/10^8 t	1.18	1.35	1.37	1.49
生活垃圾无害化处理率/%	—	58.2	54.2	50.8
烟尘控制区面积/10^4 km^2	2.0	2.2	2.6	3.3
噪声达标区面积/10^4 km^2	1.3	1.5	1.6	2.0

注:数据来源于国家统计局专题数据库。

中国不能选择发达国家走过的先污染后治理的发展之路,而必须根据中国国情,同时吸取发达国家的经验和教训,走出一条具有中国特色的环境保护之路。未来 20 年,中国能源环境政策的目标是:在保证全面实现小康社会和保障国家能源安全的前提下,最大限度降低能源生产与消费带来的环境成本,保护公众健康和良好的自然环境,减缓全球温室气体的排放,实现能源与环境的可持续发展。

为了实现上述目标,中国未来 20 年的能源环境战略为:把节约能源资源提升到基本国策的高度,建立终端用能设备能效标准和标志体系,建立市场经济条件下的节能新机制;通过政府驱动、公众参与、总量控制、排污交易四个方面推动环境友好能源战略;提高排污收费标准、实行排放交易和电力环保折价,取消对高耗能产品的生产补贴,实现能源环境成本内部化;依靠科技进步推进能源结构调整和能源绿色化,严格控制城市交通环境污染,积极应对全球气候变暖的挑战。

1.1.2　我国建筑业的发展和建筑能耗

经过 20 多年的改革开放,我国的建筑业得到了很大的发展。城乡居民的住宅面积大幅增加,居住条件大为改善。根据建设部发布的公告(见表 1.3),至 2005 年底,全国城镇房屋建筑总面积已达到 164.51 亿 m^2,其中住宅建筑面积 107.69 亿 m^2,占房屋建筑面积的比重为 65.46%,全国城镇人均住宅建筑面积 26.11 m^2。

1999 年开始,中国开始实施货币分房政策,极大地促进了住宅建筑的发展,1999—2004 年,中国住宅建筑竣工面积年均增长率达到 11%。例如:1996 年,中国完成的住宅建筑面积仅为 61.2 亿 m^2,到 2001 年就达到了 110.1 亿 m^2,2003 年更是增长到 140.9 亿 m^2,已经超过了

1996 年的 1 倍多。随着中国城市化进程的加快,中国的建筑业还将进一步繁荣和增长,见图 1.2。表 1.4 预测了中国城市未来的建筑发展情况。

表 1.3 2005 年各省城镇人均住宅建筑面积 单位:m^2

东部	北京	32.86	福建	32.28	辽宁	21.96	浙江	34.80
	广东	26.46	山东	26.47	江苏	27.95	河北	26.04
	天津	24.97	海南	24.18	上海	33.07	—	—
中部	山西	24.79	吉林	22.46	黑龙江	22.03	安徽	22.56
	江西	25.58	湖南	26.00	湖北	24.99	河南	23.40
西部	内蒙古	22.96	广西	25.23	四川	27.48	重庆	30.68
	贵州	20.40	陕西	23.40	云南	28.59	新疆	22.22
	甘肃	23.28	青海	22.00	宁夏	23.90	西藏	20.86

注:数据来源于中华人民共和国建设部公告。

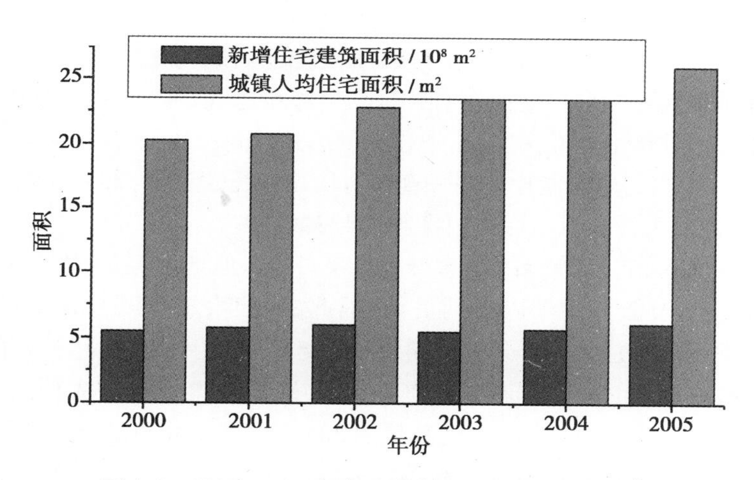

图 1.2 2000—2005 年中国城市住宅面积增长情况*

表 1.4 中国城市住宅与公共建筑面积预测

时 间	2010	2020(预测 1)	2020(预测 2)
城市化比例/%	45	50	60
城市人口/10^9 人	0.63	0.75	0.90
城市住宅面积/$10^9 m^2$	16.7	22.5	31.5
城市公共建筑面积/10^9 m^2	22.7	30.6	42.7

注:龙惟定,白玮. 我国民用建筑空调的发展前景[C]. 全国空调与热泵节能技术交流会. 大连:2005.

* 数据来源:中华人民共和国国家统计局网,城市人均住宅建筑面积由建设部提供,2005 年的新增住宅面积为估算。

目前,中国每年竣工的建筑面积达到16亿~20亿m^2,几乎是所有发达国家之和。但是,在这些新建的建筑中,仅有10%~15%面积的建筑能达到国家规定的节能标准,而80%以上的建筑属于高能耗建筑。据预测,按目前的发展趋势,到2020年,我国高能耗建筑面积将达到700亿m^2,导致的能源消耗将是巨大的。因此,从国家的能源安全和能源战略角度看,降低建筑能耗不仅是一个技术问题,更是一个经济问题和政治问题。

在我国发达地区,建筑空调的使用负荷已经占到城市电力负荷很大的比重。图1.3显示了中国最主要的几个城市居民年度空调电力消耗情况。

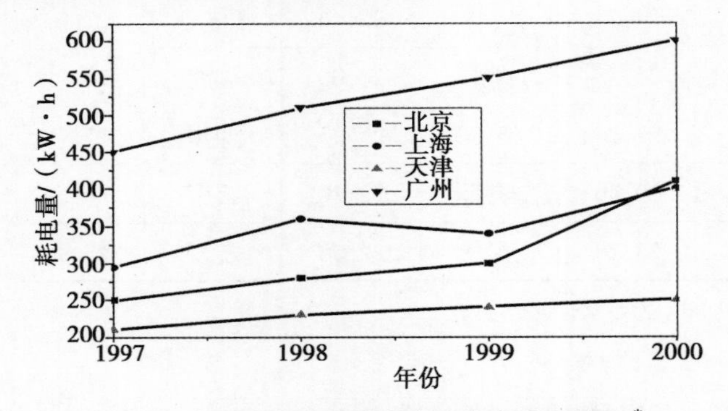

图1.3 中国4个主要城市空调电力消耗情况*

发达国家建筑能耗在社会总能耗(包括工业、交通和建筑能耗)中,一般达到1/3左右,在瑞典、丹麦、挪威等高纬度的北欧国家,由于建筑供热的时间比较长,建筑能耗在总能耗中的比例甚至接近40%。中国的建筑能耗比例一直在增长,最近已经达到28%左右。根据发达国家的经历,最终建筑能耗占社会总能耗比例将达到1/3左右。

20世纪80年代起,建筑节能的概念开始引入中国,但地方建设中澎湃的"GDP崇拜"又使费时费力的建筑节能理念难以得到贯彻,因此,我国大多数既有建筑都不符合节能标准。而与普通民用建筑相比,大型公共建筑堪称"能耗黑洞"。2007年公布的《中国建筑能耗年度报告》显示,单体建筑面积超过20 000 m^2并采用中央空调的大型公共建筑,虽然仅占全国建筑总面积的4%,但耗能量占到总量的22%;大型公共建筑单位建筑面积的年耗电量为每平方米70~300 kW·h,相当于普通住宅的10倍以上。据江亿教授调查,截至2004年,北京市大型公共建筑面积仅占北京市民用建筑总面积的5%,但全年总用电量却高达33亿kW·h,几乎相当于全市近一半居民的生活用电。同时,国家机关办公建筑也是高能耗的建筑类型。

因此,国家建设部和财政部于2007年发布了《关于加强国家机关办公建筑和大型公共建筑节能管理工作的实施意见》,在18个省市建立"国家机关办公建筑和大型个公共建筑节能监管体系",对国家机关办公建筑和大型公共建筑能耗进行统计、审计、监测、公示,并进行相关政策研究,为这两类建筑的节能运行和节能改造提供基础。

* 数据来源:龙惟定,张蓓红,钟婷.上海住宅空调能源的现状与发展[M].全国暖通空调制冷2002年学术年会论文集.北京:中国建筑工业出版社,2002.

1.2 建筑能源利用与建筑节能

1.2.1 能源在建筑中的应用

建筑物的生命周期包括原材料提取、加工和运输、建筑物建造、建筑物使用、建筑设备维修、建筑物维护和建筑物的拆除等环节。在整个建筑物的生命周期中,需要消耗和使用大量的能源,建筑物的建设和使用过程就是能源的利用过程,如何合理利用能源和提高建筑能源效率、最大限度地降低建筑能耗,是建筑环境与能源应用工程专业特别关注或需要解决的核心问题之一。

目前,建筑常用的能源从来源分,可以分为一次能源和二次能源,所谓一次能源(即天然能源)就是在自然界以天然的形式存在的可直接利用的能量资源,如煤、石油和天然气,而二次能源(即人工能源)归根到底是由一次能源转化而来,如电力。从类型分,建筑使用的能源可以分为两类:一类是常规能源,包括煤炭、石油、天然气等;另一类是可再生能源,包括太阳能、地热能、风能、生物质能等。各种类型的能源在建筑中的使用及特点,见表1.5。

表1.5 建筑中常见的能源利用方式

能源分类	应 用	特 点
常规能源		
煤 炭	炊事、燃煤锅炉、烧制建材等	污染大,使用方便
石 油	燃油锅炉、直燃制冷设备	价格高、利用广
天然气	城市燃气、燃气锅炉、直燃制冷	清洁、适合管道运输
电 能	电制冷机、照明、电梯、办公设备	容易使用和自动化
可再生能源		
太阳能	热水系统、光电转换、太阳房	能量密度低,受天气影响
地热能	地源(土壤、岩石、湖水等)热泵	投资有所增加
风 能	风力发电、建筑冷却、自然通风	需要和建筑设计紧密结合
生物质能	主要在农村作为燃料使用	直接燃烧,热效低

1.2.2 建筑节能所包含的内容

建筑节能作为我国可持续发展政策的重要组成部分,是中国今后的一项长期的根本性任务,是2005年国家发展和改革委员会启动的10大重点节能工程之一。建筑领域的节能主要包括以下几个方面的内容:

1)建筑围护结构的节能

建筑能源消耗的最重要用途是营造与室外气候不同的室内环境。减少通过建筑围护结构的传热,是建筑节能的第一关。根据我国的气候特点,按照建筑节能需求,我国分成5个气候区:寒冷气候区、严寒气候区、夏热冬冷区、夏热冬暖区和温和气候区。这5个气候区所要求的建筑围护结构、建筑材料、建筑布局、建筑风格等都有很大的区别,必须考虑有利于节能的通风设计、建筑墙体屋面的保温和隔热措施、门窗及玻璃幕墙的遮阳技术、建筑自然采光技术等。

2)建筑设备系统的性能优化

建筑设备直接消耗建筑能源,其节能包括提高这些设备的效率,最优化系统设置。建筑设备包括冷水机组、空调设备、通风设备、给排水设备、照明设备等。

3)可再生能源在建筑中的使用

这是建筑节能的一个新的发展方向,如太阳能建筑应用技术、风能技术、地热利用技术等。可再生能源不一定节能,但这种能源不消耗地球上储量有限的化石能源,因而是全球鼓励的发展方向。

4)建筑系统的优化控制和运行管理

建筑围护结构和建筑设备的优化控制和运行管理是建筑节能的重要环节。良好的控制管理系统和运营管理规则能够在既有的投入基础上提高能源效率,收到很好的节能效果。

1.2.3 建筑围护结构与设备的节能

在建筑设备系统中,用于调节室内环境的暖通空调系统消耗的能量最多。暖通空调系统的节能的途径:①合理进行建筑设计及室内环境参数的设定,降低系统能耗需求;②精心进行暖通空调等能耗系统的节能设计,选用高效设备提高系统用能效率;③优化系统运行模式,规范化管理,降低系统运行能耗。

1)通过建筑围护结构设计,降低暖通空调系统的能耗需求

建筑物全寿命周期包括规划、设计、建造、运行、管理、维护和拆除七个阶段。其中,建筑物的规划和设计阶段从根本上决定了建筑节能所能达到的最大限度,应当根据建筑功能的要求和当地的气候情况,科学合理地确定建筑朝向、平面形状、空间布局、外观体形、间距、层高,选用节能型建筑材料,保证建筑外围护结构的保温隔热等热工特性;对建筑的周围环境进行绿化设计,设计要有利于施工和维护;全面应用节能技术措施,最大限度地减少建筑物的能耗量。

对建筑物外围护结构进行保温是降低暖通空调系统能耗需求的关键。外墙保温技术按保温层所在的位置分为外墙内保温、外墙外保温和外墙自保温三大类。其中,外墙外保温技术由于具有保温效果好等优点,近期得到较为广泛的应用。但高层建筑外墙外保温技术对施工的要求较高,不然会导致保温材料脱落下坠伤人事故。外墙内保温施工简单,不存在安全隐患,但是保温效果较差。目前,以加强建筑围护结构本身保温性能的自保温技术也有较快的发展。

门窗是建筑物的重要组成部分。通过门窗的传热量占建筑总传热量的50%左右,包括门窗玻璃的传热和通风门窗缝隙的空气渗透,这种传热性能用传热系数、遮阳系数、空气渗透率、可见光透射比等参数表示。其中,通过门窗玻璃的传热主要受玻璃特性和构造的影响。目前,普遍采用Low-E玻璃、中空玻璃、双层玻璃等新型玻璃材料,可以大大降低传热量;通过门窗缝隙的空气渗透主要受门窗框材料和边框密封材料性能的影响。同时,节能门窗框主要有塑钢门窗、节能铝合金窗、实木及铝包木门窗、复合材质窗。

值得指出的是,围护结构保温隔热技术与气候密切相关。从节能角度看,对于寒冷地区,围护结构主要功能是保温,即减少室内向室外的传热量;对于炎热地区,围护结构的主要功能是隔热,即减少室外向室内的传热量,而对于夏热冬冷地区同一建筑围护结构需要做到冬天保温夏天隔热,这就需要建筑各专业设计人员利用科学知识和实验、模拟手段进行分析,保证全年的保温隔热效果最大化,减少建筑能耗。

此外,在暖通空调系统设计之初,室内设计参数是一个重要指标,它确定了空气处理的终极目标,决定了室内是否满足人们的舒适性要求,并且在很大程度上影响了冷热负荷的大小。因此,在暖通空调系统设计时,应当因人而异、因地制宜地确定室内热环境参数标准,这是实现建筑节能的另一个有效途径。

2)暖通空调系统的节能设计

暖通空调系统的选择及其设计,将直接影响其最终的能耗。暖通空调系统的节能设计应当做到:①详细进行系统的冷热负荷计算,力求与实际需求相符,避免最终的设备选择超过实际需求,否则既增加了投资,也不节能;②选择高效的冷热源设备;③减少输送系统的动力能耗;④选择高效的空调机组及末端设备;⑤合理调节新风比;⑥采用热回收与热交换设备,有效利用能量。

此外,科学技术的不断进步,使暖通空调领域新的技术不断出现,可以通过多种方法实现暖通空调系统的节能,如舒适、节能、便于分户计量的低温辐射空调及地板辐射采暖系统;节能传输系统能耗的变风量和变水量系统;适合于利用低品位能源的热泵技术;将多余的电网负荷低谷段的电力用于制冷或制热的蓄能空调系统,以及能将废热进行利用的热回收技术将温度和湿度分开进行控制,减少再热损失等的温、湿度独立控制技术,等等。对这些新兴节能技术的熟练掌握并运用在合适的场合是暖通空调设计人员做到节能设计的前提,这些技术也是建筑环境与能源应用工程专业学生应该掌握的。

3)暖通空调系统运行节能

暖通空调系统经过节能设计,并安装使用后,系统的能耗最终将体现在其运行过程中。要做到暖通空调系统的运行节能,必须要确保系统运行的优化控制和管理,这样不仅可以保证建筑内采暖空调房间的温度、湿度要求,节省人力,而且是减少空调系统能量损失、节约能耗的重要环节。暖通空调系统的运行节能可从以下六个方面进行:

①合理调节建筑室内的温湿度,在保证合理的室内热环境的基础上,降低系统运行能耗。

②根据建筑负荷变化特性,充分利用建筑围护结构的蓄热特性,进行最佳启动和停机时间控制,降低系统运行能耗。

③合理利用和控制室外新风量,在过渡季节,可尽量利用室外新风,节约人工冷热源的能耗。

④利用计算机控制系统控制空调系统,优化系统的运行,如系统中冷热源、水泵、风机等用能设备的优化匹配(开启数量和容量调节等措施)运行,达到系统整体节能。

⑤进行围护结构和设备系统的日常维护管理,保证设备系统处于无故障和高效状态。

⑥采用能量计量和政策激励,促进用户主动节能。

除暖通空调系统外,照明、电梯等设备在公共建筑中也占有相当大的比例。采用自然采光、提高照明系统效率等是照明节能的重要途径。

1.2.4 可再生能源在建筑中的利用

可再生能源发展已经被我国政府纳入国家能源发展的基本政策之中,先后颁布了《可再生能源法》《节约能源法》《中国21世纪议程》《中国环境与发展十大对策》《1996—2010年中国新能源和可再生能源发展纲要》等重要文件。节约能源、优化能源结构、开发利用可再生能源是提高能源利用效率、确保我国中长期能源供需平衡、减少环境污染的必要条件,是达到中等发达国家的能源利用水平和实现经济持续增长的有效措施。可再生能源利用涉及社会经济的各个方面,建筑领域是其中重要方面之一。因此,建筑中利用可再生能源是新形势下建筑环境与能源应用工程专业的重要任务。

太阳能是取之不尽、用之不竭的能源,而且适合在建筑上使用。20世纪中后期,太阳能热水器等一些太阳能产品在一些国家的技术已很成熟,并在住宅小区中开始广泛推广使用。目前,太阳能住宅建筑一体化思想和实践将建筑太阳能利用提升到一个比热水器更高的高度。由于太阳能电池成本大大降低,因而推广的可能性大大增加。

美国在大力开发利用太阳能光热发电、光伏发电,太阳能建材化、太阳能建筑一体化、产品化等方面均处于世界领先水平。早在20世纪80年代中期,美国太阳能热水器的安装面积就已超过1 000万 m^2,产业年产值超过10亿美元。1997年,美国前总统克林顿签署法案实施“百万太阳能屋顶计划”,目标是到2010年,要在全国的住宅、学校、商业建筑等屋顶上安装100万套太阳能发电装置,太阳能发电能力将达到3 025 MW。日本也在积极推行“太阳能房屋计划”。2003年,全日本约有5万户居民安装了太阳能电池板,到2010年,要求所有新建的房屋都将采用太阳能供电,太阳能发电量要达到482万kW(为1999年的23倍)。欧共体早在20世纪80年代,就开始在建筑中大规模应用太阳能技术。欧共体也积极推行“太阳能房屋计划”,当时计划到2010年,将安装50万套太阳能房屋,其中德国占10万套,即德国的“十万太阳能屋顶计划”。

我国是太阳能资源丰富的国家,全国总面积2/3以上地区年日照数大于2 000 h,每平方米年辐射总量在3 340 ~ 8 360 MJ,相当于110 ~ 280 kg标准煤的热量。我国太阳能建筑技术也获得了可喜的发展,到2004年底,太阳能热水器年生产能力达到1 350万 m^2,保有量达到6 500万 m^2,占全球安装量的60%,居世界首位,并出口世界30多个国家和地区。太阳能光伏发电量约6.5万kW,解决了700多个乡镇,约300万偏远人口基本用电问题。如西藏已建成近400个县级和乡级太阳能光伏电站,总装机容量达8 000 kW,成为我国集中型光伏电站最多的省区。按照国家发改委的规划,到2020年,我国太阳能热水器集热面积将增加到3亿 m^2,太阳能光伏发电将增加到220万kW;太阳能等可再生能源在一次能源消费结构中的比重将由目前的7%左右提高到15%左右,年替代化石能源约4 000万t标准煤。这将为建筑中的太阳能利用技术和产业发展提供强大的推动力,也为本专业的发展提供了新的契机。

低品位能源利用指对地下和地表可再生能源(主要指储能)的综合利用,即将地热水、地下水、地表水、土壤乃至工业废水废热、生活废水(热)中的低品位冷量和热量用于建筑的空调系统中。目前,应用最广泛的技术是地源热泵。利用低品位能源进行室内环境调节,可以节省能源和节省住户的运行费用。

地源热泵包括土壤源热泵、地下水源热泵和地表水源热泵。土壤源热泵系统(Ground-coupled Heat Pumps)利用土壤作为热源/热汇,它是由热泵机组与一组埋于地下的地热换热器构成,土壤源热泵通过循环液(水或以水为主要成分的防冻液)在封闭地下埋管中的流动,实现系统与大地之间的换热。在冬季供热过程中,循环介质从地下提取热量,再通过系统把热量释放给室内。夏季制冷时系统逆向运行,即从室内带走热量,再通过系统将热量释放给地下土壤;地下水源热泵(Ground-water Heat Pumps)的热源/热汇是从水井或废弃的矿井中抽取的地下水,经过换热后的地下水通常要求通过回灌井把地下水回灌到原来的地下含水层;地表水源热泵的热源/热汇是江河湖海等水作为空调系统的热源/热汇。

风能利用是采用风力发电机将风能转化为电能、热能、机械能等各种形式的能量,用于发电、提水、助航、制冷和制热等。风力发电是风能开发利用的主要方式。我国三北(东北、华北、西北)地区和沿海及其岛屿是风能丰富带。据国家气象局估算,我国大部分地区风能密度超过 100 W/m^2,风能资源总储量约 1.6×10^5 MW,特别是东南沿海及附近岛屿、内蒙古和甘肃走廊、东北、西北、华北和青藏高原等部分地区,每年风速在 3 m/s 以上的时间达 4 000 h 左右,一些地区年平均风速可达 6~7 m/s 以上,具有很大的开发利用价值,也可以用在建筑中。除风力发电外,利用风力驱动的空气流动能力和昼夜温差还可以设计夜间自然通风和地下自然通风,可以降低室内环境控制的成本。

按照国家建设部的规划,我国从 2006 年开始,分三个阶段大力推进可再生能源建筑应用工作。地源热泵和太阳能光热应用方面的发展计划分为三个阶段:第一阶段是在全国遴选一批示范项目进行资助,积累经验,培养队伍;第二阶段是在条件较好的城市和农村地区,选择一批示范城市和示范县进行资助,起到示范作用;第三阶段是在全社会全面推行可再生能源建筑应用,为国家的节能减排作出贡献。在太阳能光电利用方面,国家正在实施"金太阳工程",我国的新能源规划将 2020 年太阳能光电装机容量目标由原定目标 1.8 GW 调高至 20 GW。这些政策将大大促进我国可再生能源建筑应用的发展。

1.2.5 建筑节能综合技术——零能耗建筑应用

在世界绿色建筑浪潮当中,直接针对建筑能耗问题提出的"零能耗建筑策略"越来越多地受到人们的关注。"零能耗建筑"技术需将以下因素进行最优组合:适合于气候特点的节能设计、先进的节能建筑材料以减少能源需求;节能的家用电器和照明设备以提高能源利用效率,太阳能供暖或制冷、地源热泵、地下储能系统减少对常规能源的依赖;太阳能和风力发电保证电力自给。

"零能耗建筑"是一种理想状况,少数示范建筑证明了其可行性,如英国的波弗特庭院(Beaufort Court)。该庭院是英国 RES 总部的办公楼,是由一座面积 2 500 m^2 的养鸡场改造而成的院落,除了改建建筑围护结构和设备系统外,还采用以下可再生能源策略:一个 225 kW 风力发电机,170 m^2 太阳能阵列装置(54 m^2 PV 光伏电池,116 m^2 太阳能集热板),一个 100 kW的生物质能锅炉,跨季节储能地下水空调供热系统。通过这些措施,实现了零外部输入能耗和 CO_2的零排放(见图 1.4)。

图 1.4 英国零能耗建筑波弗特庭院

1.3 建筑室内环境

建筑是人类发展到一定阶段后才出现的,不管是从最早的原始社会为了躲避猛兽、恶劣气候对自身的伤害而用树枝、石头建造的窝棚,还是使用现代高科技建造的智能建筑与洁净室,人类营造建筑的目的都是为了满足人们的生产和生活需要。建筑的主要功能之一是创造满足人类生活和工作所需要的室内环境,使人们的生活和工作更方便、更舒适。因此,创造有利于居民舒适健康和有利于生产的室内环境是本专业的主要任务。

1.3.1 人工环境与建筑环境

人类生活和工作环境的含义极其广泛,既包括自然环境,又包括人工环境。自然环境包括地理位置、地形、气候、植被等要素,而人工环境包括一切非自然的人工营造的构筑物或封闭空间,如宇航舱、车辆、飞机、制药车间、实验室、住宅、办公室等内部的环境。人工环境不仅需要满足人们对舒适健康生活的需求,还需要服务于工业、农业、医学、航空航天等诸多方面。例如,传染病房和手术室必须有严格的环境控制和污染物控制措施;制药车间、电子产品车间对环境的湿度和洁净度有苛刻的要求;农业生产、航空航天等都对人工环境有不同的要求。可以说,现代社会从住宅、商场、“芯片”车间、到“神六”飞船的上天,都离不开“人工环境”。

建筑室内环境是本专业所重点研究和涉及的人工环境,建筑室内环境主要指建筑室内的热(温度)、湿(湿度)环境、气流组织形式(流速大小、气流分布、换气方式、气流速度)、室内光环境、室内声环境以及室内空气品质(污染物种类及其浓度等特性)。建筑所形成的各种不同的环境关系到人们的活动内容和方式、社会交往方式以及人的心理感受,从而影响到人的意识和由此支配的动机和行为。积极的、舒适的建筑环境将促进居住者的个人健康和创造力,从而促进人类的文明和社会的发展;消极的、恶劣的建筑环境则会影响人的工作情绪和身体健康,从而会阻碍社会和经济的发展。因此,建筑环境与能源应用工程专业的大学生应有强烈的责任感和良好的知识素养,从人类生存与发展的角度高度认识本专业的使命,认真学好专业知识,以便未来能够科学地营造有利于人类健康、舒适和高效的建筑环境。

1.3.2 建筑室内环境与热舒适

1)热舒适——建筑室内环境的基本目标

近年来,随着经济的发展,生活水平的提高,建筑室内环境与人体热感觉、热舒适问题已越来越为人们所关注。室内热环境直接影响人体的冷热感,与人体热舒适紧密相连。此外,室内环境的其他方面如声环境、光环境、空气质量环境等也在一定程度上对人体热舒适产生影响。因此,人们对室内环境的舒适感受是建筑室内环境诸多因素综合作用的结果。

狭义地说,建筑室内环境的基本目标就是为了满足人们的热舒适感。一个极端闷热或者寒冷的室内,即使看上去很漂亮,停留其间也很难给人舒适的感受。建筑环境与能源应用工程专业的第一目标就是为人们提供一个冷热得当、湿度合理、风速适宜的物理环境,让绝大多数人在此热环境中觉得舒适。从生理卫生学角度来讲,通风、空调系统不仅要满足人体热舒适的要求,更重要的是能够保证人体健康,以牺牲健康为代价的热舒适是不可取的。适当而正确地使用空调可以使人免受炎热、寒冷之苦,有利于身体健康。但是,过分强调空调的作用而任意使用,以致改变人类早已适应的气候变化,则不仅会影响人的健康,还会影响到地球的可持续发展。

2)热舒适的定义

热舒适,即通常所说的冷热问题。过冷的环境容易使人生病,过热也让人不舒服。那么,如何定义一个舒适的热环境呢? 简单来说,即人由新陈代谢产生的热量与散发出去的热量相平衡。热舒适在美国供暖制冷及空调工程师学会(American Society of Heating, Refrigerating and Air-conditioning Engineers,ASHRAE)标准中,定义为人对热环境表示满意的意识状态。

人体通过自身的热平衡调节和感觉到的热环境状况来获得是否舒适的感觉,即热舒适是人对热环境满意度的主观评价,是评价建筑热环境的一项重要指标。它通过研究人体对热环境的主观热反应,得到人体热舒适的环境参数组合的最佳范围和允许范围,以及实现这一条件的控制、调节方法。通常认为,人体的热舒适主要与四个环境因素和两个人员因素有关,分别是环境温度、相对湿度、空气流速、平均辐射温度、人员衣着程度和人员的活动量。除此之外,热舒适还与人体对热环境生理上、行为上、心理上的适应性有关。以往常采用丹麦 Fanger 教授的 PMV/PPD 指标来评价室内环境的热舒适性,但是随着热舒适研究的发展,这个指标受到了质疑,而对热舒适的适应性理论研究越来越多,接受程度越来越高。

确切地说,热舒适是一个综合作用的结果,人们对室内环境的舒适感受是一个综合的主观判断。影响热舒适的因素较多,有与环境因素相关的,有与心理感受相关的,有与视觉相关的,还有一些其他因素,如室内的安全感、工作的适应程度和个人情绪等。再者,人与人之间性别、体重、籍贯、年龄等的差异,不同的人对同一热环境可能会有不同的热感觉,即使是同一个人,在不同时间处于同一环境也会有不同的热感觉。

人体热舒适不仅是一个个体的行为，它决定室内人工环境设计参数的取值，与人员健康、建筑能耗等密切相关，是暖通空调、航空、航天、航海等领域的应用基础。

3）热舒适的适应性与建筑节能

热舒适除与人体身体健康有关外，还与建筑能耗紧密相关，原因在于暖通空调的能耗与室内设计温、湿度有关，而室内设计温、湿度直接由人体热舒适决定。随着社会生产力和科学技术的提高，以人体热舒适为控制依据的空气调节技术得到了快速的发展，在现代建筑中的应用也越来越普遍。但任何事物都是两面性的，空调也不例外。它在给人们带来方便的同时，也带来了一系列的问题。为了获得舒适的热环境，每年各国都要消耗大量的能源用于供热、空调。建筑设计人员因缺乏对热舒适的正确理解及对建筑热指标的正确使用，往往造成对建筑过分加热或过分冷却。这样，既给人体造成不舒适的感觉，又浪费了大量的能源。在满足热舒适要求的前提下，如果能使空调（采暖）系统的设定温度值尽量接近室外参数，就可以减少冷（热）负荷，有效地减低空调（采暖）能耗。中国国家发改委能源研究所数据显示，夏天全国空调每调高 1 ℃将节约数十亿 kW · h 用电量，同时还可以减排大量的二氧化硫和二氧化碳。可见，对于可接受的室内温度范围如果夏天取上界临近值或者冬天取下界临近值，将对实现建筑节能、改善大气环境具有重大的意义。

众所周知，人类是在自然环境中经历长期的适应过程而生存繁衍的。在长期的进化过程中，已经形成了极其复杂的生物振荡系统。人的体温、心跳、呼吸、血压及内分泌激素等周期都与外部环境相关。人不仅是环境热刺激的被动接受者，同时还是积极的适应者，人的适应性对热感觉的影响超过了自身热平衡。适应性包括行为的、生理的和心理的适应性。行为调节包括人有意无意地采取改变自身的热平衡状态的行为，这种调节可划分为个人调节（如穿上或脱掉部分衣服）、技术调节（如打开或关掉空调、开关门窗、使用电扇）和文化习惯（如在热天午睡以降低新陈代谢率）；生理适应是指人体长期暴露于该环境下，使得生理反应得以改变，逐渐减少调节紧张。生理适应可划分为两代之间的遗传适应和一个人在生命期内的环境适应；心理适应是根据过去的经验或期望而导致感观反应的改变，降低对环境的期望会使人产生心理上的适应。

人对环境的适应会使人逐渐对该环境满意。这样，导致的结果便是：不同的背景、生活在不同气候下的人们对室内环境的期望温度是不相同的。现行的热舒适标准和建筑热指标没有考虑人体适应性能力，规定了统一的热舒适区和固定的环境参数（如温湿度、风速）设计值。这显然是不切实际且不利于人体热舒适和建筑节能的，应该在保证人体舒适前提下，寻找建筑节能与人体热舒适的最佳平衡点。事实上，人体对环境的适应能力有一个调节范围，在这个范围内主动调节室内相关环境参数，就能将人体适应性和建筑节能结合起来。

1.3.3 室内空气品质与健康

1）室内空气品质及其重要性

室内空气品质是建筑室内环境的重要方面，对居民健康有重要影响。这是因为：空气与人类可以说是“息息相关”。人可以在缺少食物和水的环境下生活相当长的时间，而缺少空气5 min就会窒息致死。在现代社会,污染无处不在,面临水污染时,我们可以不选择受污染的水,而等待饮用纯净水;但面临空气污染时,人们没有时间等待,没有选择。可以说,空气污染是人类面临的最严重的污染。据世界卫生组织统计,现代人类疾病的80%都与空气污染有关。

空气污染分为室外空气污染和室内空气污染。第二次世界大战结束后,随着全球的工业化,室外空气污染得到了广泛的重视,但室内空气污染却直到1980年后才引起一些人们的注意。今天,室内空气污染已经引起全球各国政府、公众和研究人员的高度重视,并诞生了一门崭新的学科——“室内空气品质(Indoor Air Quality,IAQ)”。这主要是因为:

①室内环境是人们接触最频繁、最密切的环境。在现代社会,人们约有80%以上的时间是在室内度过的,与室内空气污染物的接触时间远远大于室外。

②室内空气中的污染物的种类和来源日趋增多。由于人们生活水平的提高,家用燃料的消耗量、食用油的使用量、烹调菜肴的种类和数量等都在不断增加;大量能够挥发出有害化学物质的各种建筑材料、装饰材料、人造板家具等产品进入室内。因此,人们在室内接触的有害物质的种类和数量比以往明显增多。据统计,至今已发现的室内空气中的污染物有3 000多种。

③建筑物密封程度的增加,使得室内污染物不易扩散,增加了室内人群与污染物的接触机会。随着世界能源的日趋紧张,建筑物多采用提高密封程度的方法尽量减少新风量的进入,以节省能量,这样严重影响了室内的通风换气。室内的污染物如果不能及时排出室外,在室内大量聚积,而室外的新鲜空气也不能正常地进入室内,除了严重地恶化了室内空气品质外,对人体健康也会造成危害。

至今,室内空气污染问题已成为许多国家极为关注的环境问题之一,室内空气品质的研究已经成为建筑环境科学领域内的一个新的重要的组成部分。

另外,电磁环境(辐射)对居民的健康也有明显的影响。

2)室内空气品质的定义

室内空气品质(Indoor Air Quality,IAQ)的定义在最近的20多年内经历了许多变化:最初,人们把室内空气品质几乎等价为一系列污染物浓度的指标;近年来,人们认识到这种纯客观的定义已不能完全涵盖室内空气品质的内容。

ASHRAE 62-1989《满足可接受室内空气品质的通风要求》中定义:良好的室内空气品质应该是“空气中没有已知的污染物达到公认的权威机构所确定的有害浓度指标,并且处于这种空气中的绝大多数人(≥80%)对此没有表示不满意”。这一定义体现了人们认识上的飞跃,它把客观评价和主观评价结合起来。不久,该组织在修订版ASHRAE 62-1989R中,又提出了可接受的室内空气品质(Acceptable Indoor Air Quality)和感官可接受的室内空气品质(Acceptable Perceived Indoor air Quality)等概念。

①可接受的室内空气品质:在室内环境中,绝大多数人没有对此空气表示不满意;同时空气内含有已知污染物的浓度不足以对人体健康造成严重威胁。

②感官可接受的室内空气品质:在室内环境中,绝大多数人没有因为气味或刺激性而表示不满意,它是达到可接受的室内空气品质的必要而非充分条件。

由于室内空气中有些气体，如氡、一氧化碳等没有气味，对人也没有刺激作用，不会被人感受到，但却对人的危害很大，因而仅用感官可接受的室内空气品质是不够的，必须同时引入可接受的室内空气品质。

另外，世界卫生组织(World Health Organization，WHO)建议："在非工业室内环境内，不必要的带气味的化合物浓度不应超越 ED50 检测阀限。同样，感官刺激物的浓度亦不应超越 ED10 检测阀限(ED50 是指在第 50 个百分间隔内的有效剂量)。"

ASHRAE 62-1989R 中对室内空气品质的描述相对于其他定义，最明显的变化是它涵盖了客观指标和人的主观感受两个方面的内容，相对比较科学和合理。因此，尽管当前各国学者对室内空气品质的定义仍存在着偏差，但基本上都认同 ASHRAE 62-1989R 中的这两个定义。

3)不良的室内空气品质对人体健康的影响

根据世界卫生组织的定义，健康是指"身体、精神及社会福利完全处于良好状态，而不仅仅只是没有疾病或虚弱"(世界卫生组织 1968—1969 年报)。

不良的室内空气品质带来的健康问题一般可分为以下两大类：病态建筑综合症和建筑并发症。

"病态建筑综合症"(Sick Building Syndrome，SBS)是工作或生活在特定建筑内而产生的一系列相关非特定症状的统称。不良的室内空气品质，再加上工作所带来的心理的压力，使得生活在中央空调房间的人容易染上"病态建筑综合症"。"病态建筑综合症"的有关症状如下：眼睛不适、鼻腔及咽喉干燥、全身无力、容易疲劳、经常发生精神性头疼、记忆力减退、胸部郁闷、间歇性皮肤发痒并出现疹子、头痛、嗜睡、难于集中精神和烦躁等现象。但当患者离开该建筑时，其症状便会有所缓和甚至会完全消失。

导致"病态建筑综合征"的原因多种多样。其中，不良的室内空气品质是一个非常重要的因素，它可以直接诱发"病态建筑物综合症"。

室内存在着各种各样的室内空气污染源：首先，最主要的是建筑材料，包括砖石、土壤等基本建材，以及各种填料、涂料、板材等装饰材料，它们能产生各种有害有机物、无机物，主要包括甲醛、苯系物及放射性氡；其次，室内设备、用品在使用过程中释放出来的有害气体，如复印机等带静电装置的设备产生的臭氧，燃料燃烧及烹调食物过程中产生的烟气，使用清洁剂、杀虫剂等所产生的有机化学污染物；再次，人体自身的新陈代谢及人类活动的挥发物质。例如：夏天出汗会把皮肤中的污物带入空气中；冬天空气干燥，人体会生成较多的皮屑和头屑；入夜安睡后卧室里充满了 CO_2 气体。

上述污染物在室内空气中的含量通常是很低的，但如果逐渐积累形成一种积聚效应，就会诱发"病态建筑物综合症"。

中央空调的使用，导致室内污染物循环积累，增加"病态建筑综合症"产生的概率。据统计，在有空调的密闭室内，5～6 h 后，室内氧气下降 13.2%，大肠杆菌升高 1.2%，红色霉菌升高 1.11%，白喉杆菌升高 0.5%，其他呼吸道有害细菌均有不同程度的增加。

虽然"病态建筑综合症"不会危害生命或导致永久性伤残，但会影响人们的生活质量和工作效率。

根据 1991 年欧洲室内空气质量及其健康影响联合行动组织的定义，"建筑并发症"

(Building Related Illness,简称为 BRI)是指特异性因素已经得到鉴定,并具有一致临床表现的症状。这些特异的因素包括过敏原、感染原、特异的空气污染物和特定的环境条件(如空气温度和湿度)。"建筑并发症"包括多种不同的疾病:过敏性反应、军团病(退伍军人症)、石棉肺等。经临床诊断,这些疾病的起因都与建筑内空气污染物有关,都可以准确地归咎于特定或确证的成因。

1.4 可持续建筑

1.4.1 可持续建筑的内涵

可持续建筑或者绿色建筑是比建筑能源和建筑室内环境范围更广的定义,指在建筑生命周期(生产、规划、施工、使用管理及拆除过程)中,以最节约能源、最有效利用资源、最低环境负荷的方式与手段,营造安全、健康、效率及舒适的居住空间,达到人、建筑与环境和谐相处的可持续发展目标。可见,可持续建筑还包括其他资源(材料)的高效利用,以及对降低环境负荷(即减少建筑物对地球环境的影响)。本专业关注可持续建筑或者绿色建筑的应用,学生将有机会选修建筑评估或绿色建筑之类的课程,就业方向也有可能会涉及关于可持续建筑或者绿色建筑的咨询和评估、认证等。

对可持续建筑世界各国有不同的评价方法和评价指标。一般认为,可持续建筑涉及以下方面,并应遵循以下原则:

1)材料与资源的综合利用和回收

具体包括采用优良的设计、优化工艺和采用新技术、新材料、新产品;就地取材,或将可回收物品进行储存和收集,以便对资源再利用;合理利用和优化配置资源,千方百计减少资源的占有和消耗,最大限度地提高原材料的利用率,积极促进资源的综合利用。

2)以人为本,保证室内环境质量

具体包括创造优美的外部空间环境;改善室内环境品质、提高热舒适程度;保障安全供水;对室内污染源进行有效控制;增加通风效率;吸烟环境控制;满足人们生理和心理的需求。

3)可持续发展的建筑场地

具体包括充分利用建筑场地周边的自然条件、减少对生态环境的破坏、保护或恢复空地;保留和利用地形、地貌、植被和自然水系、保持绿色空间、保持历史文化与景观的连续性;控制开发密度;治理水土流失和沉积控制。尽可能减少对自然环境的负面影响,如对雨水进行管理;减少有害气体、二氧化碳、废弃物的排放,降低热岛效应和光污染;减少对生物圈的破坏等。

4)能源利用和大气保护

具体包括使建筑的能源利用最优化;减少暖通空调制冷系统中的 CFC 物质使用量;对臭

氧层进行保护;尽量使用绿色电力和可再生能源;对建筑进行基本系统调试,使之达到最低能效要求。

5)水的高效利用和节水

水是一种特殊的资源,全球许多地方淡水匮乏。采用高效节水的设备,对雨水进行收集利用,对中水和废水进行处理和回收综合利用,成为可持续建筑的重要组成部分。

6)有创意的设计和高效的施工管理

通过科学合理的建筑规划设计、适宜的建筑技术和绿色建材的集成,延长建筑系统的使用寿命,增强其性能及灵活性。对建筑设计有创意,对如何使用可持续建筑进行教育。同时,通过技术进步和转变经营管理方式,提高建筑业的劳动生产率和科技贡献率;提高建筑工业化、现代化水平;积极发展智能建筑,提高设施管理效率和工作效率。

当前推进可持续建筑措施的科技任务是研究开发可持续建筑技术、材料和设备;促进可持续建筑技术的推广转化;建设可持续建筑示范工程;加强广泛的国际合作;提高公众可持续发展意识。

1.4.2 建筑环境性能评价方法

建筑材料、能源消耗情况,建筑建造和运行过程对环境的影响,建筑室内环境等各个方面构成建筑环境性能。对新建或既有建筑的环境性能进行评价是鼓励和引导建筑相关的各类人士,如设计人员、施工人员、用户、设备材料供应商对建筑环境问题更加重视,从而达到建筑可持续发展的目的。对可持续建筑进行评价、分级、认证和鉴定已成为全球性的基本潮流和趋势。建筑环境性能评价(绿色建筑评价)需要方法和工具,常见的绿色建筑评价方法和工具如下:

1)美国 LEED 评价体系

美国 LEED(Leadership in Energy and Environmental Design)评价体系是美国绿色建筑协会研究推出的评价系统,目前也是国际上最负盛名的绿色建筑评价体系。该系统以现有的建筑技术为基础,是一种建立在资源综合利用基础之上的、以市场为导向的建筑环境性能评价系统。与其他建筑环境性能评价系统不同,LEED 只采用已经得到公认的科学研究成果为基础,而对于一些存在争议的结果,LEED 暂时不考虑。LEED 可以对各种新建或已经使用的商用建筑、办公楼或高层建筑进行评价。LEED 采用与评价基准进行比较的方法,即当建筑的某个特性达到某个标准时,便会获得一定的分数。获得不同的总分,被评价的建筑物可以获得不同的可持续建筑认证资质。例如:总分为 24 ~29 分为认证通过;30 ~35 分为银级认证;36 ~47 分为金级认证;48 ~64 分为白金级认证。由于 LEED 的开发是由美国绿色建筑协会的会员们自发推动的,并且在使用前交给了公众进行了详细的审查,这就使得 LEED 代表着建筑行业各个方面的意见,具有全面、科学、客观的特点。

2)英国 BREEM 评价体系

英国建筑研究院环境评价体系(British Research Establishment Environmental Assessment

Methodology,BREEAM)是英国建筑研究院于1990年发布的,是世界上第一个建筑环境性能评价系统,也是国际上应用最为广泛的建筑环境性能评价工具之一。BREEAM首先将建筑对环境的影响分为三类:对室内环境的影响、对区域环境的影响和对全球环境的影响;然后,根据一定的基准分别对被评价建筑的管理、健康和舒适、能源、交通、用水量、原材料、土地使用、对生态环境的影响9个方面的情况进行评价,给出分数;最后,BREEAM将上述9个方面的得分进行综合,得出一个总的评价结果,并根据这个评价结果分别授予被评价建筑"一般、好、很好、优秀"等不同的分级。

3)澳大利亚NABERS评价体系

澳大利亚国家建筑环境评价体系(National Australian Building Environmental Rating System, NABERS)的目标是通过对建筑环境性能的评价来确保澳大利亚的建筑能够朝着可持续的方向发展。NABERS认为,在对建筑环境性能进行评价时,不仅要考虑建筑自身的对环境的影响,而且还要考虑为建筑服务的其他一些基本要素,如原材料加工对环境的影响,如NABERS在进行建筑能耗计算时详细地考虑了建筑的隐含耗能(Embodied Energy),即建筑材料加工运输过程中消耗的能量。

4)加拿大GBC评价体系

GBC建筑环境性能评价体系是由国际组织绿色建筑挑战协会(Green Building Challenge, GBC)采用国际合作的方法开发的一个建筑环境性能评价系统,加拿大采用这个评价系统。GBC是由一个由20多个国家的科学家组成的国际合作组织,其主要目标是提高建筑环境评价的水平,从可持续发展的角度来确定绿色建筑的含义及其建筑性能评价的内容和结构,促进建筑环境性能研究机构和建筑行业间的信息交换,并提供对建筑环境性能进行评价的示范工程。

GBC建筑环境性能评价系统只为各国的建筑环境性能评价提供一个框架,在具体的应用中,参与的国家可以选择将多个合作伙伴的方案集成起来,也可以选择根据GBC建筑环境性能评价系统提供的框架来制订自己的评价系统,GBC2000采用定性和定量的评价依据结合的方法,其评价操作系统称为GBTool,这是一套可以被调整适合不同国家,地区和建筑类型特征的软件系统,每个国家都可以根据本国的具体情况对系统中设置的一些参数进行调整。GBTool采用的也是评分制。

5)其他国家的绿色建筑评价体系

目前,许多国家都在绿色建筑评价领域开发自己的评价体系。例如:荷兰的ECO-Quantum、德国的ECO-PRO、法国的EQUER、日本的CASBEE等,各自都有不同的特点。由于受到知识和技术的制约,各国对于建筑和环境的关系认识还不完全,评价体系也存在着一些局限性。概括而言:一是某些评价因素的简单化,毫无疑问,建筑的环境影响是一个高度复杂的系统工程,特别是对许多社会和文化方面的因素的评价指标难以确定,量化更是不易,目前一些评价仅从技术的角度入手,回避了此类问题;二是各种因素的权值确定问题,即对于可以量化的指标,其评分的分值占总分值的比例是否与其对建筑的影响的重要性相符。尽管BREEAM,GBC等系统已经使用有关机构制定出的权值系数,但对这一问题还需要进行审慎的研究工作。此外,还有如何运用评价结果促进建筑环境性能的改善,如何保证评价的客观性和公平性等问题需要考虑。

6)我国的绿色建筑评价体系

我国的绿色建筑的建设还处于初期研究阶段。2001 年,全国工商联房地产商会组织编写出版了一套比较客观科学的绿色生态住宅评价体系——《中国生态住宅技术评估手册》,其指标体系主要参考了美国能源及环境设计先导计划(LEED2.0),同时融合了我国《国家康居示范工程建设技术要点》等法规的有关内容。2004 年,清华大学等单位研究了《奥运绿色建筑标准及评估体系》。2006 年,建设部正式公布了《绿色建筑评价标准》(征求意见稿),这是我国第一个国家标准的绿色建筑评价体系。这些标准和体系标志着我国在该方面的实践向前迈出了一大步。当然,绿色建筑评估是一个跨学科的、综合性的研究课题,为进一步建立我国完整的绿色建筑评价体系及评估方法,还需要借鉴国外的先进经验,进行更加深入有效的探索,这也是建筑环境与能源应用工程专业的使命、责任和机会。

1.5 本专业的内涵、外延与定位

1.5.1 建筑设备工程系统

建筑设备工程系统包括电梯、中央空调、采暖通风、给水、排水和热水供应、照明、供配电、楼宇自动化、消防及报警、人防系统和煤气供应系统等。这些设备系统为人们的工作和生活提供方便、安全、舒适的室内环境和工具。

中央空调和采暖通风系统的基本任务是为建筑内各种功能的空间提供合适的空气温度、湿度和洁净度环境,并保证室内风速、空气污染物、噪声、振动控制在一定范围内;煤气供应系统的作用是在住宅或酒店等建筑中输配煤气到户,提供生活用煤气,并可作为空调系统冷热源的能量来源;给排水系统的任务主要满足建筑生产、生活用冷水、热水及排水要求,以及对排放废水进行处理及综合利用;电气系统的任务是为建筑提供照明、动力用电和配电,并提供建筑物防雷接地等措施;弱电系统及楼宇自动化系统为建筑的智能化提供网络布线及设备,保证建筑设备的智能管理,提供建筑与外界的信息通道;消防系统包括报警系统、自动喷淋系统和防火排烟系统,是防止建筑火灾扩散及保证人员疏散安全的技术设施。

在这些建筑设备系统中,本专业的重点是暖通空调系统、建筑给排水系统、建筑自动化系统和燃气供应系统。

1)暖通空调系统

空调系统将夏天室内空气降低,冬天将室内空气温度升高,这一过程中同时伴有空气湿度、洁净度的控制和风速的调节。制冷技术是实现该过程的基础。制冷技术是改变人类生活的发明之一,能够利用能源使热量从低温物体传到高温物体。通常,夏天制冷的系统称为空调;如果该系统同时能够在冬天供热,被称为热泵。按照规模大小和系统形式不同,空调系统分为家用空调系统、中央空调系统以及介乎二者中间的户式中央空调系统。

家用空调系统规模较小,采用制冷剂直接冷却(加热)空气,一般不设置风道传输空气。

中央空调系统规模较大,采用冷水机组制取冷(热)水,通过水泵驱动冷(热)在水管流动,分布到空调机组中,与室内空气和部分室外空气进行热交换,冷却(加热)空气,商场、剧院等大型公共建筑中还需要通过风机驱动空气在风道中流动,分布到各个房间,在这个过程中,冷水机组从冷水中获取(散发)的热量,还需要通过冷却塔这类设备散发到空气、水、土壤中,或者从空气、水、土壤中获取等量热量,该换热过程大部分采用水为媒介,驱动该媒介流动的设备是冷却水泵,如果散发到空气中,需要采用冷却塔来增强传热。冷水机组、水泵、风机、冷却塔等构成中央空调系统能源消耗的主要部件。中央空调系统的规模从几千平方米的一栋大楼到数百万平方米的小区不等,而小区中央空调称为区域供冷供热系统。中央空调系统的设计运行是一个复杂的系统工程,是本专业研究的重点对象。

户式中央空调系统与室内空气换热的媒介可以分为水和制冷剂。户式中央空调系统的规模限于家庭,数百平米的建筑面积。与中央空调系统相比,户式中央空调系统一般不设置制冷机房,而是将室外换热器设置在走廊等处。与家用空调相比,户式中央空调系统可以采用一个家庭一套制冷主机,家庭装修、维护较为方便。

采暖系统和中央空调系统的差别是通过散热器将热水或者蒸汽中的热量散发到房间,而不像中央空调系统那样通过空气交换来调节温度。采暖系统的主要热源是锅炉,集中供热的规模从一栋建筑到一个城市的区域甚至整个城市。由于严寒地区采暖是人民生活的必要条件,所以我国采暖在建筑能耗中占有很大的比例。

广义的通风包括空调,狭义的通风可以理解为没有冷热交换的室内外空气的交换。当室外空气的温度和洁净度合适时,仅采用通风也能够将室内环境调节到可以接受的程度,这样比采暖和空调节省大量的能源。

2)建筑给排水系统

建筑给排水系统实际上包含两个方面的内容:建筑给水系统和建筑排水系统。

建筑给水系统是将城镇给水管网或自备水源给水管网的水引入室内,经配水管送至生活、生产和消防用水设备,并满足各用水点对水量、水压和水质要求的冷水供应系统。建筑给水系统按供水对象和要求可以分为生活给水系统、生产给水系统、消防给水系统和联合给水系统。建筑给水系统主要由引入管、水表节点,给水管网,配水或用水设备以及给水附件(阀门等)五大部分组成。建筑给水系统的给水方式即建筑内部的给水方案,是根据建筑物的性质、高度、配水点的布置情况以及室内所需水压、室外管网水压和水量等因素决定的。常见的给水方式有以下几种:①直接给水方式;②设水箱或水泵的给水方式;③仅设水泵(或水箱)的给水方式;④气压给水方式;⑤分区给水方式;⑥此外,还有一种分质给水方式,即根据不同用途所需要的不同水质,分别设置独立的给水系统。

建筑排水系统是排除居住建筑、公共建筑和生产建筑内的污水。建筑内部的排水系统一般由卫生器具或生产设备的受水器、排水管道、清通设施、通气管道、污废水的提升设备和局部处理构筑物组成。建筑内部的排水系统按排水立管和通气管的设置情况分为单立管排水系统、双立管排水系统和三立管排水系统。建筑排水系统所排除的污水应满足国家相关规范、标准规定的污水排放条件。

3)建筑自动化系统

建筑自动化系统就是将建筑物内的电力、照明、空调、给排水、消防、保安、广播和通信等设备以集中监视和管理为目的,构成一个计算机控制、管理、监视的综合系统,也有称作建筑设备自动化系统或楼宇自动化系统。建筑自动化系统按工作范围分广义的建筑自动化系统和狭义的建筑自动化系统两种。广义的建筑自动化系统包括建筑设备监控系统、火灾自动报警系统和安全防范系统等。狭义的建筑自动化系统即为建筑设备监控系统。建筑自动化系统的目的是使建筑物成为具有最佳工作与生活环境、设备高效运行,整体节能效果佳,而且安全的场所。建筑设备自动化系统的整体功能可以概括为以下四个方面:

①对建筑设备实现以最优控制为中心的过程控制自动化。

②以运行状态监视和积算为中心的设备管理自动化。

③以安全状态监控和灾害控制为中心的防灾自动化。

④以节能运行为中心的能量管理自动化。

建筑自动化系统软、硬件资源的共享性与可升级性、可扩充性、集成性和开放性是建筑成为生活舒适环境和高效工作环境的坚实保证。

4)燃气供应系统

城镇燃气供应系统是城镇建设的重要组成部分,也是城镇公用事业的主要设施。城镇燃气系统主要由燃气气源、燃气输配设施和燃气用户用气设备等部分组成。城镇燃气供应系统的规划设计、设备选取、维护管理以及燃烧设备等都与燃气的种类有关。燃气按来源或生产方式可以分为天然气、人工燃气、液化石油气和生物气,前面三种气体燃值高,适合作为城镇燃气供应系统的气源。燃气输配系统一般由门站、储配站、输配管网、调压站及运行管理操作和控制设施等组成。燃气用户主要由居民用户、商业用户、工业用户及其他一些扩展用户(如燃气交通工具)。这些用户的燃烧装置按其燃烧方式可以分为扩散式燃烧器、大气式燃烧器和完全预混式燃烧器。

随着我国天然气勘探与开发力度的加大,以及从国外引进天然气项目的实施,必将迎来我国天然气工业的大发展。城市燃气供应系统已开始应用于一些新的领域,并显示出了巨大的优越性。

1.5.2 专业内涵与外延的发展

1998年,教育部将“供热、供燃气、通风与空调工程”专业与“城市燃气工程”专业合并,调整为“建筑环境与设备工程”专业。2012年,普通高等学校本科专业目录中把“建筑智能设施”(部分)、“建筑节能技术与工程”两个专业将纳入本专业,专业范围扩展为建筑环境控制、城市燃气应用、建筑节能、建筑设施智能技术等领域,专业名称调整为“建筑环境与能源应用工程”。本专业的外延与内涵发生了深刻的变化。

建筑环境与能源应用工程专业以工程热力学、传热学、流体力学和建筑环境学为基础,利用最少的能源消耗,通过建筑设备系统营造建筑室内环境,同时尽量减少建筑对室外环境(包括区域和全球环境)的影响。而这个变化正是基于全球社会经济发展形势确定的,这种形势的特点包括:人类对自身健康和生活质量的重视、能源危机、区域和全球环境恶化,这就是可持续发展的重要方面。

建筑环境与能源应用工程专业是供暖、通风、空调、建筑电气、燃气等专业领域的内容合并整合而成,在建筑环境、智能建筑、建筑电气、建筑节能和可持续发展等领域有了新的延伸和发展,专业的内涵深了,外延广了。这些内容立足于建筑领域,考虑建筑对人类健康舒适的影响,研究最优化使用建筑和设备的问题;同时,又涉及使用建筑和建筑设备的过程中所消耗的能源问题以及对区域环境和全球环境的影响问题。当然,本专业范围尽管涉及水、暖、电、气、智能化方面的内容,实际上在大学期间不可能面面俱到,如何设置培养计划,处理好学生的基础和专业方向之间的关系,正是各个学校的办学和人才培养特色。

1.5.3 本专业在高等工程教育体系中的定位

一个学科、专业要取得迅速的发展,必须符合时代的需要,既要符合社会发展和市场经济的需要,又要有鲜明的时代特色。当然,一个学科专业在不同高校和地域有不同的定位和办学特色。社会需求是高等教育发展的最大动力。当前,我国社会和经济迅猛发展,特别是城市化进程加快,为本专业培养的人才提供了良好的舞台。

在全球范围内,本专业从建立开始,专业学科定位就显示了其交叉特性。

在我国,建筑环境与能源应用工程本科专业是土木建筑类6个本科专业之一(城市规划、建筑学、土木工程、建筑环境与能源应用工程、给水排水工程、建筑工程管理);对应的研究生学科供热、供燃气、通风及空调工程隶属于土木工程一级学科,是其6个二级学科之一(岩土工程、结构工程、防灾减灾与防护工程、供热、供燃气、通风及空调工程、市政工程、桥梁与隧道工程)。同时本学科具有交叉学科特点,是与土木工程、建筑学、环境科学与工程、动力工程及工程热物理4个一级学科都有关联的1个二级学科。虽然国内各高校基本上都采用专业指导委员会提倡的人才培养模式,但本专业分属在建筑、土木、机械、热能、市政、环境等不同的院系,体现了各校对专业定位和人才培养规格定位的不同理解和特色。例如,我国最早建立本专业的8所高校——“老八校”,目前本专业就设置在不同的院系:

哈尔滨工业大学:市政与环境工程学院;

清华大学:建筑学院;

同济大学:机械工程学院;

湖南大学:土木工程学院;

重庆大学:城市建设与环境工程学院;

天津大学:环境科学与工程学院;

西安建筑科技大学:环境与市政工程学院;

太原理工大学:环境科学与工程学院。

本专业在日本、美国和英国是三种典型的定位方式。日本大部分专业设置在建筑学院(系),是建筑学专业的一个方向;美国大部分专业设置在机械学院(系),偏重于培养制冷空调暖通设备制造方面的人才;英国设置在机械或者建筑学院(系),但相对独立地培养建筑设备(Building Service Engineering)方面的人才。

目前，建筑土木类专业的目标越来越重视建筑的节能和环境保护或者可持续发展性能，而这一使命需要建筑（各个专业）设计人员通过共同的努力。因此，建筑环境与能源应用工程专业学科与建筑学专业结合越来越紧密，建筑环境的主动式和被动式调节手段的结合越来越紧密，成为发达国家的一种趋势。相应地，高等建筑教育中学科专业设置，也有同样的发展趋势，如日本的京都大学、东北大学，本专业按建筑学招生，到三年级才分为建筑学、建筑结构、建筑环境与能源应用工程方向，各方向的学生都需要掌握建筑空间设计和建筑能源环境设备方面的知识。加拿大 Concordia 大学的建筑工程专业内容包括我国的建筑环境与能源应用工程、结构工程、工程管理、建筑技术等，学生要掌握有关建筑结构、设备和系统优化设计和匹配、建筑施工管理等知识，实现真正意义上的宽口径；丹麦 Aalborg 大学设置了建筑学专业，但与大部分学校的建筑学专业不同的是，对学生的教育是建筑设计和建筑技术几乎并重，建筑学专业的毕业生有 30% 左右的就业方向是建筑技术（包括建筑环境与能源应用工程相关工作），70% 左右的是建筑设计相关工作。

因此，简单地讲，建筑环境与能源应用工程专业学科的定位是面向国民经济和社会发展的重要领域——建筑领域，培养掌握暖通空调、建筑给排水、建筑电气和建筑智能化、城市燃气设备等方面的知识和能力的城市公用设备工程师、注册监理师、注册造价师、注册建造师等。随着建筑节能与环境工作的日益受到重视，建筑环境与能源应用工程专业将扩大培养方向，如培养能够掌握建筑能耗模拟的软件和方法为基础、从被动式到主动式进行建筑能源的设计与规划的建筑能源工程师；培养掌握建筑室内和区域环境模拟预测的软件和方法为基础、对包括从建筑室内环境到城市热岛，以及针对建筑对全球环境影响的建筑环境问题进行规划和设计的建筑环境工程师。

新的科学技术概念的提出和设计思想的产生，常常得益于其他学科的进展与启迪，常常出现在交叉和边缘学科。建筑环境与能源应用工程专业可以认为是在交叉区设立的专业学科，其研究领域也正在学科交叉区，随着我国和全球社会经济的发展，并在人类健康、能源环境和可持续发展的主题下得以迅速扩大。建筑环境与能源应用工程专业的设置和人才培养规格，除了对原有专业的归并、调整、拓宽的需要外，更重要的是社会和科学技术发展要求对本专业人才的特异性需求，以及对工程技术人才的复合型、应用型、素质型需求形成的。正因为如此，作为新设专业学科，它一成立就涉及了当代建筑科学技术和社会发展的许多新概念、新思维、新理论、新技术和新要求，呈现出人才培养模式和教学内容的纷繁复杂、面广多样，也为各高校办出自己的特色和学生按照自己的特性发展提供了广阔的空间。

1.5.4 本专业在国民经济中的地位与作用

人类要发展生产，需要有工业厂房和办公建筑；人类要生活，需要有住宅建筑和商业建筑。因此，建筑业和房地产业是我国国民经济发展中支柱产业，是国民经济和社会发展的重要基础。特别是我国目前城乡居民生活水平提高，城市化进度加快，建筑业和房地产成为发展最快的领域之一。因此，建筑行业具有很好的发展前景，在国民经济中占有重要地位。现代建筑的功能已不再是只有遮风挡雨的基本要求，没有健全的建筑设备并发挥正常功能的建筑，没有水、电、燃气、空调等人工环境调节系统的建筑，是不完整的建筑。这样的建筑，仅是一个建筑外壳或窝棚，无法在现代社会发挥建筑的功能。人类总是将自己的文明成果最大限度地应用到满足自己最基本需求的衣、食、住、行中,而先进的建筑设备和健康舒适的建筑环境,是人类在“住”方面的追求的目标。因此,现代建筑领域中,建筑学、建筑结构和建筑环境与设备3个专业的关系越来越复杂,在建筑中所占的比重也越来越大。在投资方面,建筑设备系统(包括集中供热、空调、给排水、通讯网络与自动控制及建筑电气)的投资占建筑总投资已达20%～40%,而且随着建筑智能化程度和其他功能要求的提高,该比例还会越来越大;工业厂房中精密、精细的工艺和产品对生产环境有严格的要求,如制药、电子、计算机、纺织、烟草等生产车间,必须有精确、稳定的人工环境控制,这类厂房中建筑环境与能源应用工程专业需要发挥更大的作用。在运行过程中,室内环境的健康舒适是最重要的目标,而能源消耗是现代建筑运行的最大费用。

按照国家科技发展规划,专业学科涉及的领域主要有两大类:社会发展领域和制造业领域。社会发展领域的主要任务是改善居民的生活环境等公益事业,土木建筑领域是典型的社会发展领域专业学科;制造业主要生产人民生活中必需的产品,空调、制冷和其他建筑设备的生产,又属于制造业。因此,本专业在国民经济中的定位,除了和土木建筑各专业一起构成建筑领域的社会服务功能外,还与一个国民经济中重要的制造业密切相关。相应地,本专业培养的人才既可以和土木建筑各个专业的学生一样从事建筑设计、施工、监理和维护管理工作,也可以和机械热能类专业的学生一样,到制冷空调和其他建筑设备制造企业从事产品研发、设计、销售和企业管理工作,这也是本专业的一大特点。

1.6　本课程的主要内容与学习方法

1.6.1　本课程的主要内容

本课程的目的在于对建筑环境与能源应用工程专业进行系统简明的介绍,对本专业的学生大学学习和生活进行引导,强调“导”的功能,使学生学完本门课程以后,对专业、学科、课程有系统的了解,对就业和职业有所认识,对大学生活有所规划。这门课程的学时不多,需要学习的内容包括以下几个方面:

建筑环境与能源应用工程学科是一个历史悠久的土木与建筑工程类专业,这个专业发展到今天,内涵和外延发生了深刻的变化。为了使学生了解和熟悉本专业的历史沿革和改革、发展情况,以及国外本专业教育的现状和趋势,本门课程专门介绍了国际专业教育发展、国内专业教育发展的过程以及专业教育改革的历史背景和将来的趋势。

国家对专业课程体系改革后,本专业的口径和宽度、人才培养的规格和质量要求都发生了新的变化。基于这个原因,本门课程结合中国高等教育发展的趋势,以及国家社会经济的发展和转型对创新型人才的需求,介绍了本专业新的培养目标、课程体系、理论教学和实践教学的内容。

建筑环境与能源应用工程学科专业包括的内容宽广,各学校有不同的办学特色和办学方向。为此,本课程介绍了专业所包括的方向和内容,专业方向的一些侧重点和常用的设计、学习、工作软件、工具等内容。为拓宽学生的知识面,适应各高校不同的定位要求和分层次人才培养需求目标,本课程专门介绍了本专业的重要学术资源,包括国内外学术会议、学术刊物、学术活动和学术组织。

教学必须与育人相结合,为了培养学生的独立精神、学习能力和综合素质,本门课程重点介绍和论述了大学的校园特色和校园文化,介绍了大学与中学学习的区别,就如何进行专业学习与素质培养进行了讨论,还介绍了与大部分学生未来就业方向相关的注册公用设备工程师资格考试和制度的相关情况,并就如何在大学阶段进行职业生涯规划进行了介绍。最后,特别设置了一节内容,讨论如何学好本门课程,如何愉快而充实地度过大学生活,如何学会做人与做事,为同学们在专业知识和自我成长方面的全面提高提供一个检验平台。书后列出了本专业常用信息,供同学们参考。

1.6.2 本门课程的学习方法

本门课程内容比较浅显,没有复杂的公式和推理,不需要对相关的知识点进行深入的探究。本书的目的是试图给建筑环境与设备专业的新生介绍本专业的特点和内容,以及关于大学生活和学习的一些方法,使学生能更好地、更快地理解专业和适应大学生活。因此,本书的特色重在"导",以一个"导游"的身份系统简明地介绍本专业和大学学习的知识和信息。要学习这门课相对比较容易,但要取得良好的学习效果,需要有比较好的学习方法。本门课程的内容以"介绍"和"认知"为主,适合讨论式、开放式、引导式和启发式教学。教师在教学时,可以组织相关的讨论和学习,切入相关的知识点后,组织和引导学生进行思考或自学。学生在学习时,可广泛查阅相关资料、文献、论坛、期刊及相关的网站。课程学习结束后,建议以论文、大作业等形式进行考查或进行开卷考试,当然也可以就某些知识点进行闭卷考试。

思考题

1.1 建筑、能源与环境的关系是什么?为什么说建筑是国民经济主要的能耗终端,请列举或查找数据说明。

1.2 建筑环境与人工环境的关系是什么?

1.3 为什么说建筑是人的第二皮肤?试说明现代建筑的功能。

1.4 建筑中的能源利用形式有哪些?现代建筑使用了哪些新的能源?

1.5 建筑环境与能源应用工程专业的外延和内涵是什么?

1.6 建筑环境与能源应用工程、学科在国民经济中的地位和作用是什么?

1.7 现在国际上绿色建筑运动迅速发展,我国也开始实行绿色建筑评价,请说明绿色建筑评价的意义,你对绿色建筑的认识又是怎样的呢?

1.8 讨论如何去学习导论课程,请拟出你对导论课程学习的计划和建议。

2

专业教育发展

建筑环境与能源应用工程技术的广泛使用和工程项目的建设需要大量的专业技术人才，这种需求促进了专业教育的发展，而专业教育的发展又提供了大量的科技人才和工程人才，推动建筑环境与能源应用工程学科的进步。因此，专业教育和工程应用相辅相成，互相促进，为社会发展作出贡献。迄今为止，国内外本专业的教育体系已经完全建立，该体系包括了从中专、专科、本科一直到研究生的多层次教育，为建筑环境与能源应用工程专业培养了大量的技术工人、工程师和科研人员。本章将介绍国内外建筑环境与能源应用工程专业教育的发展历程和现状，介绍建筑环境与能源应用工程专业教育的改革背景和未来的发展趋势。

2.1 国际专业教育发展

人类从穴居到建造不同功能、不同质量的建筑物，从取火御寒、摇扇驱暑到人工创造受控的室内环境，经历了漫长的岁月，但该方面专业教育的历史要短得多。建筑环境与能源应用工程专业高等教育的发展已有100多年的历史了。1985年，当第一届世界采暖通风和空气调节大会在欧洲召开时，欧洲许多著名的大学正在庆祝他们建立本专业100周年。

2.1.1 俄罗斯的专业教育

俄罗斯（苏联的主要部分）的供热、供燃气与通风专业成立于1928年，是俄罗斯大学最早设立的专业之一，专业教育层次为本科，学制一般为5年。目前，他们的专业教育开设有4个专门方向：

①供暖、通风与空气调节；

②供热、供燃气与锅炉设备；

③大气环境保护；

④建筑能量管理。

俄罗斯的专业教育特点在于综合性，供热、供燃气与通风系统是建筑物、构筑物中设备的主要部分。因此,尽管该专业在俄罗斯已有70多年历史,但专业主体变化不大,综合性的特点基本没有发生变化。近年来,他们的专业教育开始扩展到了大气环境保护方面。

俄罗斯设立暖通空调专业的著名高校是莫斯科建筑大学。这所大学在能源利用与转换、燃气燃烧技术、暖通空调节能技术、室内空气质量等方面具有较强的实力。

2.1.2 美国的专业教育

美国没有独立的本专业,本专业的内容大多分布在建筑系或机械系。有的三年制地方大学设有供热通风与空调工程专业,基础理论涉及不深,着重学习应用技术,学生毕业后在暖通空调行业就业,也可以进一步学习基础理论。美国实行学分制的大学在机械系的课程体系中设有暖通空调系统的相关理论,要求学习暖通空调课程前必须先修数学、物理、流体力学、工程热力学、传热学等课程。美国在该专业涉及的内容主要是暖通空调的冷热源设备,如制冷机、锅炉的构造原理和制造工艺等,而对本专业的工程系统设计涉及较少。所以,学生毕业后对机电一体化和新产品开发有较强的理解,这也是美国建筑设备制造业一直居于世界领先的原因。

美国的这种培养模式有如下特点:由于本科阶段实际只完成专业基础课程及设备相关的课程,接触专业课和系统相关的课程不多。因此,毕业生就业面较宽,可以到制冷设备生产企业工作,也可到其他部门工作。这些部门先对毕业生进行专业培训后才让其工作。

美国的培养模式也有致命的缺点:学生对建筑不甚了解,不知暖通空调系统如何与建筑、结构相协调。因此,美国该专业的系统理论研究和技术发展不及欧洲和日本。近年来美国已经意识到这一问题,一些美国的著名高校,如麻省理工学院(MIT)、加州大学Berkley分校,都已设立了Building Technology专业,专业范围与我国建筑环境与能源应用工程专业基本相同。

目前,美国开设暖通空调类专业的高校有几十所,比较知名的有:

(1)卡内基·梅隆大学

专业开设于土木与环境工程系,主要的研究方向有:空气品质评价;臭氧和气溶胶作用下的气候变化的综合评价;室内环境工程等。

(2)乔治亚理工学院

专业开设于机械工程学院,主要的研究方向有:能量系统转换;HVAC(Heating Ventilation Air-Conditioning)系统;吸附制冷;建筑物HVAC系统的运转与控制。

(3)麻省理工学院

专业开设于建筑学系,主要的研究方向有:HVAC系统性能的通风控制策略模拟;室内空气品质、建筑通风和建筑环境模型;建筑材料污染物释放与室内空气品质;置换通风设计;室内环境设计的图形界面等。

(4)俄克拉荷马州立大学

专业开设于机械与航空工程系,主要的研究方向有:环境系统(包括热系统)的模拟和最优化;建筑模拟和负荷计算;地源热泵;桥梁除冰;热反应的数学建模等。

(5)宾夕法尼亚州立大学

专业开设于建筑工程系,主要的研究方向有:建筑设备和能量系统工程;建筑照明工程;建筑能量分析;建筑自动控制;太阳能及其他可再生能源;室内空气品质控制。

(6)波特兰州立大学

专业开设于机械工程系,主要的研究方向有:室内空气品质;HVAC 系统;电子制冷;建筑动态系统建模;热流体系统中的计算力学。

(7)南达科他州立大学

专业开设于机械工程系,主要的研究方向有:地源热泵技术;HVAC 系统故障检测与诊断;建筑能量需求和设计负荷评估。

(8)斯坦福大学

专业开设于土木和环境工程系,主要的研究方向有:室内空气品质;建筑能量性能研究;建筑能量系统。

(9)德克萨斯 A&M 大学

专业设置于机械工程系,主要的研究方向有:燃烧与燃烧器;能量和质量传输;热交换设计;热泵系统;HVAC 系统建模。

(10)加利福尼亚大学伯克利分校

专业开设于建筑系,主要的研究方向有:人体舒适性;建筑节能技术;建筑环境模拟;建筑环境影响评估。

(11)迈阿密大学

专业开设于工学院,主要的研究方向有:流体流动模型;HVAC 的 CAD(计算机辅助设计)专家系统;两相流;建筑能源系统;电子制冷等。

(12)明尼苏达大学

专业开设于机械工程系,主要的研究方向有:太阳能技术及其在建筑中的利用;空气过滤技术;HVAC 系统;热质传输理论与设备。

(13)南佛罗里达大学

专业设于工学院机械工程系,主要的研究方向有:计算流体力学;热质传输理论;HVAC 系统;建筑物节能技术;压缩机技术等。

(14)威斯康辛大学——麦迪逊分校

专业开设于机械工程系,主要的研究方向有:建筑节能技术;生物质燃烧技术;建筑能量利用技术;太阳能利用;制冷与低温学;HVAC 系统分析和控制等。

2.1.3 西欧及北欧的专业教育

英国、瑞典、丹麦等西欧及北欧国家的教学模式与美国的教学模式正好相反,学生大部分时间是学习专业课和系统相关的课程,设备相关内容不多,基础课学时压至最低限,提倡“够用为度”,其专业内容覆盖了所有形成建筑功能的环境设备系统(暖通空调、照明、音响等)和公共设施系统(供电、通信、消防、给排水、电梯等)。在专业教学中,暖通空调与建筑电气技术所占比例很大。在英国,教学质量被认可学校的该专业毕业生可在 3 年后成为“注册设备师”。瑞典、丹麦有几所著名大学设置此专业,学习内容和范围与中国基本相同。由于学校具有雄厚的研究力量和系统的人才培养模式,欧洲一直在本领域的研究和发展中处于领先地位。

英国从事暖通空调教育最著名大学有:

(1)诺丁汉大学

专业设于建筑环境学院,主要的研究方向有:新建筑与既有建筑的能量与建筑环境的统一;自然通风与制冷系统;太阳能在建筑中的应用;建筑环境新技术;自然通风技术等。

(2)雷丁大学

专业设于建筑管理和工程系,主要的研究方向有:通风技术;室内环境与室内空气品质;太阳能利用与照明;计算流体力学;智能建筑技术;绿色制冷系统;HVAC 系统建模;可再生能源在建筑中的应用等。

丹麦的暖通空调教育也非常有名,开创室内舒适性技术研究先河的 P. O. Fanger 教授曾任职于丹麦技术大学。另外,丹麦技术大学是丹麦开设暖通空调专业最著名的大学,专业开设于机械工程系,主要的研究方向有:室内空气品质;室内环境参数选择对可感知空气品质与 SBS(病态建筑综合症)和生产率的影响;建筑能量性能和室内环境的整体设计最优化;车辆内热气候的评价标准方法等。

芬兰的赫尔辛基理工大学也开设了暖通空调专业,这所大学的研究方向主要有:室内空气品质和能量使用效率的相互作用;建筑热行为和 HVAC 系统的计算建模;建筑能量系统新技术;区域供冷供热技术及其设备等。

此外,比利时建筑研究学院的建筑物理和室内气候系,以及斯洛伐克工业大学的建筑设备系也比较有名。

2.1.4 日本的专业教育

日本有 40 多所高校中设置本专业。1994 年日本空调和卫生工学学会专门组织了大范围的专业教学讨论,交流和确定了本专业教学内容与教学计划。日本的本专业(建筑设备)是作为 3 个研究方向(建筑学、建筑结构、建筑设备)之一设在大学的建筑系中。进入建筑系的所有学生一年级均开设“建筑环境工学概论”,二年级均开设“建筑环境工学”“建筑设备”等课程,三年级以后选择专业方向,即建筑学、建筑结构、建筑设备 3 个方向。所以,日本的建筑设备专业与建筑结合紧密,他们的建筑设备工程系统设计也严谨完善。该教学模式使得学生对建筑的认识比较全面,对建筑及建筑设备系统有较深的理解,学生不仅有建筑的整体观念,而且还有建筑室内物理环境(包括声环境、光环境、热环境)的系统知识。因此,无论学生从事设计、施工,还是管理,都能比较好地处理建筑与建筑设备系统之间的各种关系,如建筑窗墙比、机房占地、技术夹层空间、运行节能、系统优化等。雄厚的研究力量加上系统的人才培养模式,使日本一直处于本专业领域的前列,尤其在空调领域的系统研究上已达世界领先水平。

日本开设暖通空调专业比较有名的大学有:

(1)东京大学

专业开设于工程学院建筑系,主要的研究方向有:计算流体力学(CFD);辐射热传输分析的有效计算方法;超高层住宅中的通风系统;气流和温度分布研究;对室内环境的人体感觉研究;室内消防控制研究;室内声学测量技术的数值模拟方法研究;室内环境噪声的预测和评估。

(2)鹿儿岛大学

专业开设于建筑学系,主要的研究方向有:居住空间的热环境的分析和评价;建筑环境控制模拟;室内空气品质评估;通风策略研究等。

(3)京都大学

专业开设于建筑系,主要的研究方向有:建筑环境控制;人类环境技术;空调设备与热交换器;热质传输理论等。

(4)名古屋大学

专业开设于建筑系,主要的研究方向有:建筑环境工程;人工环境工程及建筑设备工程技术等。

(5)东北大学

专业开设于工学部的土木工程建筑系,主要的研究方向有:建筑环境、热舒适等。

2.2 国内专业教育发展

新中国成立以前的中国,经济落后,民生凋敝,集中供暖和空调系统极少。直到 1901 年,我国才出现了第一套集中采暖系统,1915 年袁世凯称帝时在故宫太和殿安装的集中采暖系统是由德国西门子公司承建的。空调系统较集中采暖系统出现更晚,最早的空调系统出现在 20 世纪 20—30 年代的上海,1931 年我国首次在上海纺织厂安装了带喷水室的空气调节系统。新中国成立以后,我国开始了有计划、大规模的经济建设,为了满足国家经济建设对各专业建设人才的大量需求,国家对全国高等学校进行了一次大规模的院、系调整,暖通空调高等专业教育也应运而生。自 20 世纪 50 年代以来,本专业高校为国家培养了大批高素质人才,这些人才成了我国庞大的暖通空调专业队伍中的中坚力量。

2.2.1 专业教育发展历程

1)专业创建与起步阶段

1952 年我国高等学校开始创办暖通专业,当时正式的专业名为“供热、供煤气及通风”。为了造就这个专业的师资队伍,当时的国家教委首先在哈尔滨工业大学招收研究生,第一届研究生都是从全国各地抽调来的青年教师,其中有:郭骏、温强为、陈在康、张福臻和方怀德,他们先在预科专门学习一年俄语,以便为直接向苏联专家学习作准备。1953 年第一位应聘的苏联暖通专家 BX. 德拉兹多夫来华,他和他的中国研究生在哈工大组成了第一个暖通教研室。哈工大还抽调了 5 名本科生和研究生一起学习,他们是路煜、贺平、盛昌源、武建勋和刘祖忠。1952 年我国高校设立了第一批供热、供煤气及通风专业,除哈尔滨工业大学以外,还有清华大学、同济大学和东北工学院。1956 年,由于全国高校院系大调整,由东北工学院、西北工学院、青岛工学院和苏南工业专科学校的土木、建筑类系(科)合并组建了西安建筑工程学院,积淀了我国高等教育史上最早的一批土木、建筑类系科。1957 年教育部聘请苏联专家、著名暖通教授马克西莫夫博士来中国西安建筑工程学院任教,继续和加强东北工学院的本专业教育。

由于当时的历史原因,我国的教育和教学模式都是师从苏联模式,暖通专业也不例外,基本上是照搬苏联的教学模式,教学计划、课程设置、教学环节安排、教学大纲等都是依照苏联的模式制定出来的,甚至教材也是从苏联翻译过来的。

1955 年以后,哈尔滨工业大学培养出来的研究生和进修生开始毕业,作为骨干力量分赴各高校,从事这些高校暖通专业的创建工作,经过几年的努力和运作,又有几所高校建立了暖通专业。天津大学、太原工学院(现太原理工大学)、重庆建筑工程学院(现重庆大学)3 所院校均在 1956 年成立了暖通专业,湖南大学也于 1958 年正式设立了暖通专业。这 4 所高校,加上前面所提及的哈尔滨工业大学、清华大学、同济大学和东北工学院(后为西安建筑工程学院、西安冶金学院、西安冶金建筑学院,现为西安建筑科技大学),是我国最早设立暖通专业的高校,这就是后来人们常说的暖通专业"老八校"(见表 2.1)。

表 2.1　我国最早设立建筑环境与能源应用工程专业的高校

序号	学校名称	专业名称	学　制	专业设立时间
1	哈尔滨工业大学	供热、供煤气及通风	5 年	1952 年
2	清华大学	供热、供煤气及通风	2 年(专科)	1952 年
3	同济大学	供热、供煤气及通风	2 年(专科)	1952 年
4	东北工学院	供热、供煤气及通风	4 年	1952 年
5	天津大学	供热、供煤气及通风	4 年	1956 年
6	重庆建筑工程学院	供热、供煤气及通风	4 年	1956 年
7	太原工学院	供热、供煤气及通风	4 年	1956 年
8	湖南大学	供热、供煤气及通风	4 年	1958 年

2)探索与积累阶段

暖通专业创办初期,由于没有经验,一切都从苏联照搬过来。经过几年实践,发现了不少问题,首先是学制太长(苏联的学制为 5 年制)、计划总学时太多,教学内容有太多不符合我国具体情况。1958 年,国内提出了"教育为无产阶级政治服务,教育与生产劳动相结合"的方针,掀起了一场大规模的教育改革,开办暖通专业的各院校根据各自的经验和对政策的理解,解放思想,大胆改革,对专业教学进行了积极的探索。经过改革以后,课程设置有了很大的变化,在"削枝保干"思想的指导下,有关土建方面的课程,如工程结构、结构力学、测量学等课程都被省略,原"供暖通风"课程则分成了"供暖与供热工程""工业通风"和"空调工程"3 门课程;大多数学校把"供煤气"这个分支也削去了,成为后来专业名称"供热通风与空调工程"的雏形。之后,随着城市煤气事业的发展,在部分学校里又另外单独设立了"燃气工程"专业。这个时期的改革,各校差异较大,没有统一的教学计划和教学大纲,教材也多使用自编讲义。1960—1962 年,是我国三年经济困难时期,讲义使用粗糙的再生纸油印,印制质量低劣,这些教材也很难满足教学需要。直到 1963 年,在全国"调整、巩固、充实、提高"方针的指引下,暖通专业经历了一次规范化的整顿。在原建工部的领导下,成立了"全国高等学校供热供煤气及通风专业教材编审委员会”，负责制订了暖通专业全国统一的“指导性”教学计划和各门课程及实践性教学环节的教学大纲，并在此基础上组织编审了一整套暖通专业适用的全国统编教材。由此，暖通专业基本奠定了以后教材建设和教学改革设立的新起点，为进一步探索有中国特色的暖通专业教育发展奠定了基础。

3）专业大发展阶段

1978—1998 年，是我国暖通专业教育大力发展的时期。暖通专业教育和其他各项文化教育事业一样，经历了曲折的发展历程。1978 年，党的十一届三中全会以后，经过拨乱反正，国家进入了一个新的历史发展时期，国民经济和社会生活的秩序逐渐回到正常的轨道上来，经济的发展也推动着文化教育事业的发展。暖通专业教育从 20 世纪 80 年代开始，经历了由弱到强，由小到大，由点到面的跨越式发展。在短短的 20 多年间，设有暖通专业本科的高等院校，从原来的“老八校”迅猛发展为 100 多所院校，设有专科的高校也有近 100 所。同时，本专业建立了全国性的专业指导委员会，有全国统一的指导性教学计划和全国统编教材。在部分高校，本专业已经作为全国重点学科和省部级重点学科，并建有国家级、省部级重点实验室，影响日益扩大，招生初具规模。在这期间，本专业国际范围的人才培养合作与学术交流越来越活跃，在国际上的影响日益扩大，地位也日渐提高。

4）专业改革与扩展阶段

1998 年以后，随着改革开放的深入和社会主义市场经济体制的逐步建立，特别是中国加入 WTO 后，知识经济和全球化的趋势越来越明显。为适应新的形势，1998 年，国家教育部颁布了新的普通高等学校本科专业目录，根据科学规范设置本科专业、拓宽专业口径、增强适应性、加强专业建设和管理、提高办学水平和人才培养质量的要求，国家教育部对原有专业进行了大幅度削减和合并、调整，将原来的 504 种专业减少至 249 种。本领域密切相关的两个专业——供热通风与空调工程、城市燃气工程进行合并，增加建筑给排水、建筑电气等内容，形成的新专业定名为建筑环境与能源应用工程。

建立在科学基础上的专业学科才能有强大的生命力和发展后劲。原供热通风与空调工程专业以“流体力学”“工程热力学”“传热学”等课程为专业基础。在经历了半个世纪后，这些课程仍然是专业发展的支柱，并且得到了进一步的发展。但随着学科的发展和新专业名称所包含内涵的扩展，原有的专业基础已远远不能满足新的需求了。建筑环境与能源应用工程专业的突出特色是营造人工环境，创造适宜的人居（包括生产所需）环境是专业服务于社会的具体体现。21 世纪的工作和生活要求室内环境更舒适、更健康、更自然，更能提高工作效率和生产水平。因此，在专业教育方面，改革后的新专业培养目标方面对学生提出了更高的要求：要求培养的学生基础扎实、知识面宽、素质高、能力强、有创新意识，不仅要具备从事本专业设计、安装、调试运行的能力，而且还要具有制定建筑自动化系统方案的能力，具有初步应用研究和开发的能力。在课程设置上，对原有的“空气调节”“供热工程”和“工业通风”进行了整合，合并成一门“暖通空调”课程。考虑到建筑环境与能源应用工程专业的目标是营造建筑环境而各门课程均涉及共同的流体输配管网、热质交换等内容，所以主干课程中增加了“建筑环境学”“流体输配管网”“热质交换原理与设备”3 门课程；同时，也新增加了大量的选修课程，新专业是以“建筑环境学”“热质交换原理与设备”“流体输配管网”等为学科平台课程，并以此为基础拟订教学计划总体框架，这 3 门课程也是真正体现本专业的特点及其与其他专业的区别，同时也为专业课重组奠定了基础。因此，新的专业名称调整，绝不是简单的专业合并或增加几门专业课，而是产生了专业学科可持续发展和培养有创新能力人才观念的大变化。

近年来，随着我国经济的转型和社会结构的转轨，以及市场经济体制的基本确立，我国的高等教育从“精英教育”向“大众教育”进行快速的转变。高等学校的办学目标越来越考虑市场的需求。一些高校的专业设置、招生就业越来越充分考虑社会的需求。高校的价值越来越依赖于社会的认可和肯定。高校正从“象牙塔”走向社会，并最终完全融入国民经济的主战场。高等教育办学规模急剧扩大，相当多的高校实现了合并和重组，硕士点、博士点越来多，越来越普遍。目前开设建筑环境与能源应用工程本科专业的高校有 180 余所，已有多所具备博士生培养资格，部分高校名单见表 2.2。

表 2.2　全国各高校供热、供燃气、通风及空调工程学科博士生培养及研究方向简况

序号	学　校	博士点建立时间	研究方向
1	哈尔滨工业大学	1985 年	建筑能量系统与室内环境控制技术、集中供热理论与数字化技术、燃气输配理论与应用新技术、暖通空调系统数值模拟与优化分析等
2	清华大学	1991 年	建筑环境特性、建筑环境系统、建筑环境设备、城市能源、楼宇自动化
3	湖南大学	1993 年	生态建筑技术、建筑节能、IAQ(室内空气品质)、建筑环境模拟、仿真与自动控制
4	西安建筑科技大学	1998 年	气流组织、IAQ、节能新技术、建筑热工环境、建筑环境自动化等
5	浙江大学	1998 年	中国空调冷热源、空调系统节能、低品位能源利用、空气洁净技术、高精度恒温系统、人与热环境、空调系统自动化等
6	同济大学	2000 年	热湿交换与建筑节能、IAQ 与低浓度污染物控制、燃气应用等
7	重庆大学	2000 年	暖通空调设备、建筑节能、气象模型、建筑热湿环境、火灾安全、绿色建筑、清洁能源等
8	西南交通大学	2000 年	隧道和地下工程通风、空调节能技术、室内环境控制模拟、建筑节能和可再生能源技术等
9	东南大学	2000 年	建筑节能、设备新技术、清洁能源、CFD 应用、人工环境、智能化等
10	天津大学	2003 年	设备系统优化技术、建筑热湿环境、IAQ、清洁能源和建筑节能等

续表

序号	学 校	博士点建立时间	研究方向
11	大连理工大学	2003 年	建筑节能与生态建筑、热泵技术、人工环境特征与舒适性研究、区域供冷供热、空调系统控制研究等
12	中南大学	2003 年	新型设备、可再生能源利用、室内环境质量、传热传质等
13	北京工业大学	2003 年	太阳能热利用、建筑节能技术、建筑火灾控制
14	华中科技大学	2004 年	建筑物能源有效利用、空气品质与自动化、燃气高效利用、低污染等
15	兰州交通大学	2005 年	空调技术热湿交换过程、建筑节能技术、空气洁净技术、太阳能利用等
16	东华大学	2006 年	工业领域空调
17	广州大学	2011 年	空调理论与节能技术研究、建筑通风理论与技术研究、微纳系统传热与流动研究
18	上海交通大学	—	热舒适与效率、空调系统节能与控制、IAQ 改善等
19	长安大学	—	人工环境理论与技术、空调、制冷技术与设备、建筑节能与再生能源利用
20	中国矿业大学	—	城市地层新能源空调工程、深井降温原理与技术
21	武汉理工大学	—	暖通空调 CAD 与系统模拟仿真技术、高效换技术技术的研究及应用、室内污染物通风与空气品质控制、智能建筑设备控制理论与技术、建筑节能技术
22	北京交通大学	—	空气调节与制冷技术、热能利用技术、建筑热工与建筑节能技术、建筑环境与设备自动化、空调蓄能技术、太阳能的热利用

注:2006 年首届建筑环境与能源应用工程专业博士生导师研讨会,2006 年 8 月,北京.

该阶段,本专业的发展还有两个特点:一是国际化步伐加快,表现在教育和学术交流活跃,一些学校开展了与国际高校联合培养人才;二是我国正式实施注册设备工程师制度,本专业同其他土建类专业一样纳入注册工程(建筑)师范围。

2.2.2 专业教育发展趋势

1)21 世纪本专业的发展特点

改革开放以来,随着我国经济的发展和人民生活水平的逐渐提高,采暖、空调系统日益普及,空调器已成为许多家庭必不可少的家用电器。我国暖通空调设备的生产及其系统的设计、安装、维护管理已经形成一个庞大的产业:据统计,2001年暖通空调制冷行业的总产值在我国国民生产总值中的比例已超过2%,达到2 200亿元,比上年增长22.2%(杨炎如,中国制冷空调工业行业发展概况),2002年突破了2 500亿元,2004年接近4 000亿元。2006年,中国散热器的产值超过了130亿元,活塞式制冷机、空调末端等产品的产量已居世界前列,房间空调器、家用电冰箱等产品产量也稳居世界第一位;同时,中央空调市场的容量就超过了200亿元,到2010年,可能高达350亿~400亿元。预计到2010年,全行业工业生产总值、销售收入年平均增长10%~20%,2020年将在2010年基础上再翻一番。作为一个通过利用能源来创造室内环境的专业,暖通空调专业正越来越引起人们的重视,吸引着越来越多的人才投身于其中。

随着时代的进步,传统的水、暖、电被赋予了越来越多的专业内涵,它已不再是一般的生活供水、采暖、照明。建筑设备系统中的水系统和水质处理、室内空气品质的控制和环境的可调节性能、网络通信及楼宇自动控制、保安、消防等,都扩展了本专业的专业范围。特别是以满足和实现人所需要的各种功能为主要特征的现代智能建筑,对建筑环境与建筑设备提出了更高、更广泛的需求,而现代建筑本身也依赖良好的建筑环境与建筑设备去实现和强化日益扩大的建筑功能。所以,建筑环境和建筑设备的广泛应用也不断地丰富人们的工作内容,并扩大学科的研究领域。现代建筑中所安装的各种设备之间的相互关联、有机整合,日益表现出密不可分的趋势,共同创造良好的室内环境。社会越来越需要具备水、暖、电综合能力和最新知识的人才,这将是建筑环境与能源应用工程专业的发展趋势之一。

建筑一般分为工业建筑和民用建筑。工业建筑的建筑环境主要由工艺过程的要求决定。民用建筑的建筑环境则与人的感觉和健康密切相关。人们对于民用建筑要求的变化,从一个侧面反映了人类的发展历史:最初的要求只是遮日御寒;工业革命之后,随着科技的发展,人们开始追求“豪华”“舒适”的建筑环境,空调、电梯、豪华装饰日渐增多。21世纪的社会是信息化的社会,从事脑力劳动的人越来越多,相当多的人长期在建筑内生活、学习与工作。有研究表明:人们在室内停留的时间(包括住所、办公室、学校、医院和宾馆等)占人生的80%,而在寒冷的北美和欧洲地区,人们在室内停留的时间甚至将达到90%。而现代建筑由于功能越来越复杂,所需要的建筑设备越来越多,加之建筑非常密闭,造成室内环境恶化而建筑能耗增加。因此,在21世纪,本专业将越来越关注建筑的可持续发展技术和工程应用。所谓“可持续发展,就是既要考虑当前发展的需要,又要考虑未来发展的需要,不要以牺牲后代人的利益为代价来满足当代人的利益”。建筑的可持续性发展要求满足室内能耗最少,对室内外环境的影响最小。舒适、健康、方便、协调、美观、合理的建筑,即“智能建筑”“健康建筑”或“绿色建筑”将成为21世纪建筑的主流,而建筑环境与能源应用工程专业学科也将越来越注重可持续发展思想在建筑环境中的应用,这种可持续发展思想甚至将延伸到居住区、城市和整个自然环境。

绿色建筑、健康建筑、节能建筑、智能建筑、生态建筑等概念的提出和逐步应用,说明建筑环境与能源应用工程学科专业将呈现出明显的边缘交叉领域,专业学科的综合性、交叉性、边缘性会越来越明显,它的研究领域也会迅速扩大。要创建一个良好建筑环境,越来越需要本专业的人才有综合知识和能力,这个专业培养的人才,除了掌握流体力学、传统学、工程热力学外等热工方面的知识外,还需要掌握越来越多的人与环境、人与自然的知识,如生理学、心理学、生态学、气象学、美学、光学、声学等。因此，21 世纪本专业发展的特点是：在专业教育和工程应用领域中，确立的“以人为本”的建筑环境思想和人与自然和谐相处的理念，更加关注建筑节能和设备节能，更加关注建筑功能的扩展，使建筑和建筑环境成为提高人类生产效率和提高优质生活的载体。

2）新经济模式对本专业人才知识结构的要求

建筑环境与能源应用工程专业的内涵较为丰富，一般包括：空调工程、供热工程、通风工程、燃气工程、建筑给排水工程、建筑电气工程、建筑自动化工程等。而建筑环境的外延（即人工环境）还涉及汽车、火车、轮船、飞机等常规交通工具中的室内环境。因此，多专业、多学科相互交叉结合的特点决定了从事本专业的人才需要具有宽广的知识结构。

信息时代使传统的建筑行业已发生了深刻的变化，形成了信息技术与建筑技术相结合的产物——智能建筑。智能建筑作为多专业、多学科综合交叉的新兴学科，具有十分广阔的发展前景，并且需要大量具备宽广知识结构的智能建筑方面的高级人才。

目前，定位于智能型的建筑，其智能化的开通率、无故障运行率、节能增效的实际情况与预期的要求有较大的差距，其中一个重要原因就是缺乏智能建筑的专门人才。我国从事智能化系统工程的大部分人才是自动化专业、电气工程及其自动化专业或计算机专业的人员，大多数具备传统的强弱电知识，而对智能建筑、智能化系统及设备缺乏全面的了解和掌握，缺乏建筑结构、建筑设备、供热空调等方面的专业知识，缺乏对建筑设备性能技术方面的要求的理解。另一方面，掌握设备知识的人才又缺少对 BAS（建筑设备自动化系统）功能科学要求的理解，缺少有效的上层控制管理逻辑与算法相关的知识，两方面人才又缺少“接口”，从而制约了智能建筑技术的发展。由此可见，智能建筑对建筑环境与能源应用工程专业的人才提出了掌握自动控制相关知识和技术的要求。

目前，暖通空调自控领域以计算机控制、数字控制、网络系统为主流，常规仪表模拟控制中必须加强网络技术、通讯协议的内容，同时增加一些建筑自动化内容。因此，建筑环境与能源应用工程专业培养的人才应该在精通建筑环境的基本知识、制冷空调、采暖供热、通风除尘、冷热源设备、建筑物能源管理和给排水工艺设计等基础上，对建筑设备自动化系统的设计、调试，以及建筑物中弱电系统的集成要有相当程度的了解，这样才能保证建筑环境与能源应用工程专业的培养方向和培养规格下发展智能化专业方向，适应智能建筑发展对本专业人才的需求。

2.2.3　专业与产业结合更加紧密，产学研互动

21 世纪，建筑环境与能源应用工程教育将更加注重产、学、研结合，在专业方向、学科设置、人才培养等方面紧密结合经济发展趋势，为经济发展提供更大的发展动力，为工程应用提供更多的人才和智力支撑，而产业和工程的需求又使人才培养更具有针对性。

1）国外发展趋势

目前，国外本专业最重要的趋势之一是与建筑学专业结合越来越紧密，设备工程师与建筑师的密切合作的空间越来越大。而国外的建筑土木类专业的设计目标越来越重视建筑的节能

和环境保护或者可持续发展性能,随之而来的设计模式越发趋向于进行集成化建筑设计,设备工程师的工作越来越重要,其工作重心在建筑设计流程中更趋向于前端而不是末端,建筑师在进行方案设计甚至战略规划时,也更加需要听取设备工程师或环境工程师的意见和建议,保证设计的建筑物具有良好的可持续发展性能。高等教育中学科专业设置,也有同样的发展趋势:如日本的东北大学,本专业按建筑学招生,到三年级才分为建筑学、建筑环境与能源应用工程专业,学生要掌握建筑可持续发展性能的评价方法,与建筑师一起作为绿色建筑的主导;加拿大 Concordia 大学的建筑工程专业,就包括建筑环境与能源应用工程、结构工程、工程管理、建筑技术等,学生要掌握有关建筑结构、设备和系统优化设计和匹配、建筑施工管理等知识,实现真正意义上的宽口径;丹麦 Aalborg 大学设置了室内环境工程专业,学生要掌握室内环境污染和人类健康的相关知识和技术,与材料、环境和医学专业人员一起解决建筑环境对居民的健康影响问题,而该校同时设置有建筑学专业,但与大部分学校的建筑学专业不同的是,对学生的教育是建筑设计和建筑技术几乎并重,结果是,建筑学专业的毕业生有30%左右的就业方向是建筑技术包括建筑环境与能源应用工程相关工作、70%左右是建筑设计相关工作。以人才培养来说,一个明显的趋势是"课程国际化"(设置与国际接轨的核心课程体系)和"学科普遍化"(学科的全球适应性的推广与验证)。课程国际化已经成为实施课程内容和结构改革、提高教育质量、培养国际型人才的主要手段,不仅包含外语训练和国际区域学科研究的发展过程,而且还包含把一般学科的教学和研究过程。如丹麦 Aalborg 大学开设的混合通风英文课程,吸引来自全球的建筑学和建筑环境方面的学生。学科普遍化则着重于如何培养具有国际思维、国际视野、具有国际竞争力的人才。从本专业来说,环境与能源问题是世界各国可持续发展所面临的头号问题之一,是人类进行可持续发展的支持和保证,这是国界所无法划清的,也并非一个国家就可以单独解决的。特别是近年来,可持续的教育正成为世界各国的共性和共识,成为建筑环境与能源应用工程专业人才培养发展的重要趋势。

2)国内发展趋势

国内外两方面的发展趋势在土木建筑领域近年出现一个重要的融合现象发生在本专业密切相关的教学科研领域,这就是建筑可持续发展相关技术的国际合作。据统计,2003—2005年,欧盟资助土木建筑相关的领域的国际合作项目中,大部分与建筑可持续发展(能源环境)相关。湖南大学、天津大学、清华大学、重庆大学、西安建筑科技大学等高校的研究者分别负责或者参加了"可持续建筑课程与教育体系""各种有机废弃物的气化转化生产清洁能源产品的技术研究""面向更好的环境——中国的建筑节能技术研究""可持续城市规划、环境和能源""可持续发展城市住宅"等科研项目。这种现象从一个侧面很大力度地反映了建筑可持续发展的重要性、国际合作的必然趋势、建筑环境与能源应用工程专业学科发展方向和重新定位的趋势。

(1)办学方向强化市场意识

在人才培养和市场定位方面,人文、素质与专业培养紧密结合的趋势更为明显,即强调培养做人与做事的紧密结合。社会发展和经济转轨要求高等工科教育更加面向应用层面,我国建筑环境与能源应用工程学科专业的发展趋势将是由学历证书(毕业证、学位证)和执业资格证书(注册设备工程师、注册监理师、注册造价师等)构成的双证书人才认证制度。随着社会和经济的发展以及可持续发展国策的深入人心,将来在建筑环境与能源应用工程专业相关领域出现能源工程师、室内环境工程师的资格认证不是没有可能的。

从大观念上讲,高等教育逐渐转向其产业属性与市场属性、事业属性结合。市场成为高等教育最重要的资源支配力量。学校在办学方向上强化市场意识,在课程设置、就业等方面,充分考虑市场的需求。

(2)学科定位注重与经济、社会更加紧密的结合

进入21世纪,随着高等教育的普及、就业市场的变化,学科的定位既要求以社会需求为导向,即能够推动社会和经济发展,为经济发展提供持续的人力和智力支持,也要求有一定的前瞻性,能够引导本领域内的创新。高校的各学科要适当地根据地域保持特色,有所创新。建筑环境与能源应用工程专业培养的是面向工程实践的应用型人才,社会要求与学科供应的关系应该是“招之则来,来则能战,战则能胜”。因此,本专业加大了认识实习、施工实习、毕业实习的力度和广度,改革实践教学的模式,人才培养计划和教学大纲应该对社会和经济的发展以高效、动态的模式迅速进行反馈。特别是在可持续发展(节能与环保)已成为中国基本国策的今天,本专业学科面向的是国民经济的主战场。与建筑相关的产业消耗大量的能源,同时对环境产生重大影响,建筑环境与能源应用工程专业正在对此做出反应,在课程设置上、人才培养上应该积极参与进来,为国家的可持续发展作出重要贡献。还可针对本专业与建筑学、环境工程等学科专业的融合和渗透现象,设置与国际接轨的核心课程体系,鼓励学生根据自己的特长和兴趣在高年级选修跨学科大类的专业课程和人文社会科学课程。

(3)注重人才培养的质量

中国逐步进入了一个开放的全球市场,人才的培养必须适应人才全球化流动和竞争的需要。人才培养的模式和规格已从同一性向多样性转变,从“刚性”培养的规格转变到“刚性—弹性”结合的模式。人才培养质量备受注重,个性人才、创新性人才的培养力度逐渐加大,国际与国内相结合、教学与科研相结合、理论和实践相结合、本科生和研究生培养相结合、素质教育与专业培养相结合的“五结合”人才培养模式就是一种比较好的提高人才培养模式,目前已在某些高校实施。

高等教育的高度开放和走向国际是本专业参与竞争、提高人才培养质量的一个千载难逢的好机会,充分利用国际化的教育资源,积极借鉴先进国家的教育思想和教育手段,在竞争参与中提高与发展,这些既是本专业面临的挑战也是机遇。目前,住房和城乡建设部已成立高等教育建筑环境与能源应用工程专业评估委员会(表2.3),具体负责各高校建筑环境与能源应用工程专业的专业教学评估,和教育部的本科教学评估一起,促进人才培养的质量,注重人才培养的标准化。

中国的高等教育人才培养战略必须站在全球的高度,以培养适应21世纪知识经济及经济全球化所需要的、具有参与国际竞争能力的各类层次人才为目标。

表2.3　第二届建设部高等教育建筑环境与能源应用工程专业评估委员会名单

职　务	姓　名	单　位
主任委员	吴德绳	北京市建筑设计研究院
副主任委员	朱颖心	清华大学
	姚　杨	哈尔滨工业大学
委员	王　钊	华南理工大学建筑设计研究院
	付祥钊	重庆大学城市与环境学院
	安大伟	天津大学环境科学与工程学院
	张小松	东南大学能源与环境学院
	张小慧	五洲工程设计研究院
	张　旭	同济大学暖通空调及燃气研究所
	李著萱	中元国际工程公司
	李永安	山东建筑大学热能工程学院
	杨一凡	中国制冷学会
	沈恒根	东华大学环境科学与工程学院
	罗继杰	空军工程设计研究局
	范晓伟	中原工学院能源与环境学院
	徐　伟	中国建筑科学研究院建筑环境与节能研究院
	徐　明	中国建筑西南设计研究院
	潘云钢	中国建筑设计研究院
秘书长	—	建设部人事教育司担任

注：以上排名不分先后，任期为2007年3月至2011年7月。

阅读材料

人工环境奖学金介绍

“人工环境工程学科奖学金”(简称“人环奖”)是由全国高校建筑环境与能源应用工程专业指导委员会于1992年设立，每年评奖一次。截至2009年，已经为70多所院校的700余名建筑环境与能源应用工程专业本科学生提供了奖励资金。该奖项由清华同方人工环境有限公司捐赠出资，奖项共分为一等奖若干名、二等奖若干名、三等奖若干名、优秀奖若干名。其目的是激励青年学生的奋发进取精神，促进我国暖通行业的发展和进步，培育优秀的暖通人才，奖励立志在人工环境领域作出贡献的优秀在校大学生。此奖项的奖励对象为全国各高校建筑环境与能源应用工程在校三年级本科生,各高校必须至少有一届本科生才有推荐资格。该奖学金一般在每年九月进行评选,有关院校每年推荐一名学生,经考试评选后,颁发奖金和获奖证书。由清华同方人工环境有限公司会同有关专家、教授、企业管理者为获得奖项的莘莘学子颁奖。目前,该奖学金已成为建筑环境与能源应用工程行业内的最重要的奖学金之一,是我国建筑环境与能源应用工程专业面向本科生唯一的全国性奖学金。

住房和城乡建设部-特灵奖学金介绍

住房和城乡建设部-特灵奖学金是国家建设部科技司和美国中央空调制造厂商特灵(Trane)公司于 2005 年共同创立的,旨在用于培养资源节约、环境改善领域的高级人才。奖学金每届资助 5 名不仅在学术研究上有优秀表现,而且对节能及绿色建筑有强烈的责任感的中国博士生。当这些学生走向社会,成为建筑行业的决策者时,资源节约、环境改善的价值观念很可能会对他们的决策产生深远影响。

思考题

2.1　请说明美国、日本及欧洲一些国家建筑环境与能源应用工程专业教育的特点。
2.2　请简述我国建筑环境与能源应用工程专业教育的发展过程。
2.3　请预测 21 世纪建筑环境与能源应用工程专业的发展趋势。
2.4　请上网查找国际上开展建筑环境与能源应用工程专业教育的办学模式和人才培养方式。

3

专业教学与课程体系

本章的主要目的是帮助读者熟悉高等学校基本的教学组织形式和教育方法、教育技术，了解建筑环境与能源应用工程专业的专业设置和人才培养目标，了解建筑环境与能源应用工程专业的课程体系和培养计划，熟悉本专业学科的专业特色、社会地位（定位）和课程设置等问题。通过对专业课程的介绍，能够使学生对大学阶段的课程有基本了解。从而引导学生充分认识自己的专业特点和社会对本专业人才的需求，并且帮助学生稳定专业思想，树立专业学习信心，激发学习动力，以积极的心态投入学习。诺贝尔奖获得者丁肇中教授说过："任何科学研究，最重要的是要看对自己从事的工作有没有兴趣。"因此，树立对专业的兴趣，可帮助学生热爱本专业，自觉克服学习过程中枯燥的心理。

3.1 高等教育与培养目标

3.1.1 高等教育的目的与作用

高等教育是一种社会现象，对一个国家和社会的发展和强大起着重要作用。如果说科学技术是第一生产力的话，那么高等教育则是第一生产力的母机，是科学技术再生产的重要途径和手段。高等教育是在完全的中等教育基础上进行的专业教育，是培养高级专门人才的一种社会活动，在三级教育体系中处于最高层次。高等教育的目的可以集中表述为"培养德、智、体全面发展的社会主义高级专门人才"，是以培养高级专门人才为宗旨的专业教育，有别于普通教育为目的的基础教育和以职业训练为目的的职业教育。高等教育受一定社会政治、经济、文化发展的制约，并对社会政治、经济、文化的发展起到一定的作用。高等教育最大的作用是促进经济发展，美国著名经济学家丹尼森的研究发现，1929—1957 年美国国民收入的年增长率为 2.93%，其中因教育作用而增加的收入的年增长率达到 0.67%，在全部国民收入增长率中占 23%；同时，因知识进展而增加的国民收入的年增长率为 0.59%，在全部国民收入增长率中占 20%，其中知识进展的 60% 亦是教育的作用。所以，教育对国民收入增长率的总贡献达到35%。21世纪是经济全球化和知识经济的世纪,知识经济的两大支柱是人力资源和科技创新,而人力资源又是科技创新的必要条件,没有人力资源根本就谈不上技术创新,二者都与高等教育密切相关。所以,各国政府为了加强本国的竞争优势,加速经济发展,大力发展高等教育和职业培训。

大学是高等教育最主要的承担机构,是社会大系统的一个子系统和重要组成部分。大学是适应社会的需要而产生的,大学的历史使命就是满足社会的需要,其基本职能是培养人才、创造知识、服务社会。但大学的作用并不只是培养专门人才,随着年轻人上大学的比例迅猛增长,大学在促进人类文明、提高人的素质方面发挥了重要的作用,为未来更美好的社会和更高的人类文明服务的期望提供了基础。社会需要又可分为维持需要和进步需要两种,前者是社会维持现有状态所必须满足的需要,而后者则是实现社会进步所产生的需要,它以前者为基础,而又超越于前者。如果说培养人才是大学的功能定位的话,那么服务社会就应是满足社会维持需要和进步需要的统一。这就要求大学既要为现实社会的正常运行培养人才、创造知识,又要通过人才的培养和知识的创造来引领社会进步。按照服务社会的方式,可以认为大学的作用可以分为人才培养、科学研究和社会服务3大功能。

3.1.2 市场经济下高校专业的特征

自从改革开放以来,特别是我国加入WTO以来,我国的社会发生了很大的转型,经济也发生了急剧的转轨,符合中国特色的社会主义市场经济体系基本建立。市场经济的确立和贯彻,极大地促进了我国高等教育的发展,我国的高等教育事业日新月异,这主要体现在高等教育办学规模急剧扩大,高等教育教学科研实力迅速提高。进入20世纪90年代后期,随着知识经济的迅猛发展,以及科教兴国战略的实施,我国的高等教育迅速由精英教育向大众化教育转变。1999年6月15日在北京召开了第三次全国教育工作会议,通过了《深化教育改革,全面推进素质教育、为实现中华民族的伟大复兴而奋斗》报告,标志着我国高等教育向大众化趋势转变吹响了号角。经过近几年连续不断地扩招,到2002年底,全国各级各类高等教育在学人数达1 600万人,毛入学率达到15%(其中,北京市的毛入学率达到49%),按国际通行的统计口径,我国高等教育已经走向了大众化。

在市场经济条件下,一方面,高校正从"象牙塔"走向社会的中心,并最终完全融入国民经济的主战场,而高校的价值越来越依赖于社会的认可和肯定,社会对人才的需求情况将主宰着高校的发展,也决定了某些学科专业的前景;另一方面,高校的学科、专业设置也越来越灵活机动,富有市场特色。高校的办学模式和专业设置会迅速反映市场需求,甚至将主要由市场来决定。当然,市场经济条件下,高校教育中也有淡化专业设置界限的趋势,相当多的高校采用"宽口径、大专业"的人才培养模式,甚至按专业平台来进行人才培养。因此,在市场经济条件下,大学的办学目标逐步市场化,专业设置的主要特征是充分体现市场经济的需求。

与此同时,用人单位在考察员工知识结构的同时,更注重其综合素质的发展。另外,一些所谓的"热门""冷门"专业,本来就是相对的,没有绝对的热门专业,也没有绝对的冷门专业。近年来,一些学生一窝蜂报考所谓的"热门"专业,但由于供需不平衡,现在的所谓的"热门"专业几年后的就业情况未必良好,就算是勉强就业也可能难以有所作为。很多学生因盲目追逐所谓的"热门"专业而埋没了自身在其他"冷门"专业领域的潜在才华,还有的学生甚至因为专业选择失误而抱憾终身。这不仅给学生本人带来痛苦,也导致了整个社会人力资源的极大浪费。人类的生产、生活,既离不开建筑,也离不开能源,人类的生产力发展到一定水平,将更加注重舒适空间和环境的营造,建筑环境与能源应用工程专业在市场经济条件下,将迎来更大、更快的发展。所以,在大学学习阶段,首先要提高自己的素质,然后需要冷静地分析自己所学专业在国家建设和发展中的需求。这样,既能发挥自己的聪明才智,实现自己的理想和追求;又能为国家,为社会贡献自己的力量。

3.1.3 高等工程教育的发展趋势

随着全球化进程的加快,资源在全球范围内开始统一配置,特别是中国加入 WTO 以后,必加速了与国际的接轨。为适应经济全球化的竞争,发展中国家普遍加强了高等教育的国际间交流与合作,并积极推动高等教育教学改革,借助发达国家的教育理念、管理模式、教学经验为本国的高等教育注入新的活力。经济全球化对高等教育的影响深刻地表现在人才培养质量、知识能力结构和教学方法手段方面。当我们在讨论高等教育“国际化”和人才培养质量共同的“国际标准”的时候,应该认识到高等工程教育在国际层面的竞争十分激烈,而工程人才的质量又决定着学校乃至国家的竞争力,培养具有创新能力的高素质工程人才是适应经济全球化的必然要求。

交通和通信工具的发展,使地球成了一个村落(Global Village)。国际交往空前频繁,资源、能源、信息共享,国与国之间既互相竞争,又互相依存。与本专业密切相关的环境与能源问题是世界各国可持续发展所面临的头号问题之一。这是国界所无法划清的,也并非一个国家、一个民族就可以单独解决的问题。高等教育一个重要的任务是为人类的可持续发展提供支持和保证。近年来,可持续教育正成为世界各国的共性和共识。人才培养必须适应日益扩大的国际经济交流和日益加剧的国力竞争的需要,以及应具有国际视野、国际思维和国际交流的能力。在培养人才、发展科技和提供社会服务上有明确的“全球意识”,关注全球问题,大力发展跨国界的教育合作与科研协作,培养“世界上通用的人才”,融东西方文化于一体,集各国文明之所长。

面向21世纪,未来的高等工程教育将会与科学研究越来越紧密,也会与工业生产、工程实践结合越来越紧密。在相当长的历史时期内,教育、科研、生产作为知识传播、知识发现、知识物化的三大社会活动是相互独立的。然而,到了现代,三者又出现了向一体化回归的势头,“黑板上种田,书本上打拳”的时代一去不复返了。现代化大企业无一不是产学研紧密结合的综合体。产学研一体化的趋势,必然要在政治、经济、文化诸方面反映出来。对教育来说,既然高等工程教育与科研、生产不可分割,那么工科院校就会在人才培养和服务社会方面紧密结合,从而有利于工程人才的成长。

高等工程教育各学科的融合也越来越紧密,科技的综合化趋势会越来越明显。为适应这个趋势,目前相当多的大学拓宽了工程教育的专业面,甚至淡化专业,发展通用的综合工程技术教育。例如,一些高校按系,甚至按一级学科招生,然后按专业方向设置课程。此外,还大力开设第二专业或第二学位课程,培养复合型的人才。相应地,在科研和学科建设上,部分学校正在尝试建立矩阵式的管理结构:不仅有按序列分级的学科体系,还有按工程领域和对象综合的学科群(或工程研究中心),后者跟随工程领域和对象的变化,具有重组的活力。

3.1.4 高等工程教育的人才培养与改革

当前，我国处在工业化的中期，要实现我国经济社会持续稳定健康发展，到2020年实现GDP翻两番的目标，要靠走新型工业化的道路来保证。因此，我国迫切需要大量的、多层次的创新型工程科技人才来全面建设小康社会，参与激烈的国际竞争。世界范围的综合国力竞争，归根到底是人才，特别是创新型人才的竞争。谁能够培养、吸引、凝聚、配置好人才特别是创新型人才，谁就抓住了在激烈的国际竞争中掌握战略主动、实现发展目标的第一资源。人才培养是高等教育最基本的功能，为此，我国各工科院校正在进行教育、教学改革，加强人才培养的力度。

高等学校人才培养模式改革主要包括两个方面：一是遵循教育外部关系规律，以社会需要为参照基准，调整学校的专业设置以及专业的培养目标、培养规格，使人才培养更好地适应经济与社会发展的需要；二是遵循教育内部关系规律，以专业的培养目标、培养规格为参照基准，调整专业的培养方案、培养途径，使人才培养模式中的诸要素更加协调，提高人才培养质量与人才培养目标的符合程度。

根据毕业生面向地区经济与社会发展状况对不同层次、不同规格、不同类型人才的客观需求，在正确的教育思想（包括国家确定的教育方针）的指导下，对学校和专业的人才培养目标进行恰当的定位；根据培养目标设计培养规格；根据培养目标与培养规格制定培养方案；根据培养目标、培养规格与培养方案选择培养途径并予以实施。人才培养模式实施后所反映出来的培养结果（人才培养的类型、规格、质量等），即学校向社会输送的毕业生群体是否适应社会、经济、科技、文化以及教育的发展的需要反馈到学校，接受学校对人才培养质量的评价，即学校培养出来的毕业生群体的人才培养质量是否符合学校的专业培养目标的定位。当人才培养模式实施后所反映出来的培养结果与社会需求不相适应，或者滞后于社会发展的矛盾和问题时，学校必须对人才的培养目标、培养规格与培养方案、培养途径进行调整（见图3.1）。

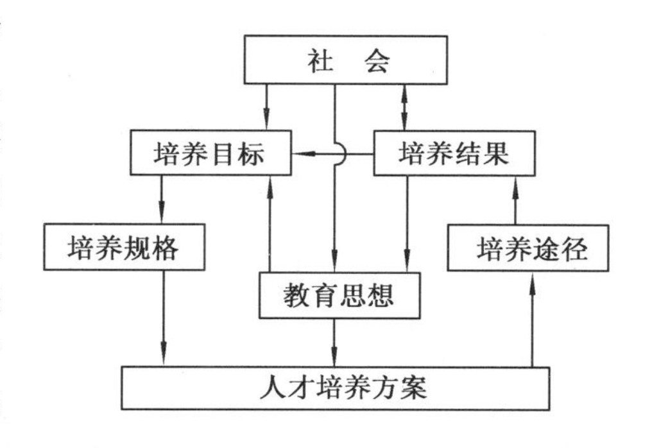

图3.1 人才培养模式改革结构示意图

3.1.5 本专业的人才培养

1) 人才培养体系

建筑环境与能源应用工程是工科专业，学习这个专业的学生，将接受一种高等工程教育。目前，我国建筑环境与能源应用工程专业人才培养体系从低到高已形成了一个系列的衔接，包括高等职业教育培训、普通成人教育（函授、夜大）、普通高等教育、工程硕士、工学硕士、工学博士等全系列的教育。建筑环境与能源应用工程专业的人才培养体系，以社会对建筑环境与能源应用工程专业人才需求为导向，为推动国家经济的发展做出了很大的贡献。

尽管我国建立了比较完整的人才培养体系，但高等工程教育人才培养质量还有待提高。

根据洛桑国际管理开发研究院的《国际竞争力年度报告》,2000 年在世界 47 个国家和地区的竞争力排序中,我国研究与开发人员总数占第 4 位,然而合格工程师可获得程度却排在 47 位;2002 年我国研究与开发人员总数居世界第 2 位,而拥有合格工程师这一指标却排名第 49 位(最末位)。2003 年,中国的科技竞争力在 51 个国家中排名第 32 位,在 2 000 万人口以上的 27 个国家中排名第 13 位。这表明我国科技竞争力在世界上处于中等偏下水平。我国每年补充进“高级专门人才”大军之中的工科毕业生约 30 万,普遍存在特色和个性不足的问题。无论是重点工科院校,还是普通工科院校的毕业生,普遍存在着动手能力差、专业面窄,又欠缺解决实际问题的经验,较难满足用人单位的实际需求。特别是在现阶段发展市场经济的时候,无法满足企业对管理人才和合格工程师的需要,直接影响了我国的国际竞争力。

2)人才培养目标

未来社会是一个财富和发展越来越依赖知识和技能的社会,是一个以脑力和创造力为标志的社会,科技创新、服务创新、管理创新将充斥世界每个角落,知识和技术将越来越向社会的每个环节渗透。因此,只有那些具有扎实的、宽厚的基础知识和基本技能,具有合理的知识和能力的人才才能适应世界、创造未来、发展社会、造福人类。这种人才应该持有三本教育“护照”,一本是学术性的,一本是职业性的,第三本是证明人的事业心、进取心、创造力和协调能力的。

根据全国建筑环境与能源应用工程专业指导委员会 2012 年 12 月提出的“建筑环境与能源应用工程专业本科(四年制)培养方案的说明,本专业的培养目标是培养具备从事本专业技术工作所需的基础理论知识及专业技术能力,在设计研究、工程建设、设备制造、运营等企事业单位从事采暖、通风、空调、净化、冷热源、供热、燃气等方面的规划设计、研发制造、施工安装、运行管理及系统保障等技术或管理岗位工作的复合型工程技术应用人才。

3)毕业生基本规格

毕业生的基本规格是指学生培养将要达到的总的要求。工科专业本科教育培养的基本规格是“适应社会主义建设需要的、德、智、体、美全面发展的、获得工程师基本训练的高级工程技术人才;学生毕业后主要去工程生产第一线,从事设计、制造、运行、研究和管理等工作”。按照建筑环境与能源应用工程专业本科教育(四年制)毕业生基本规格规定,本专业毕业生应达到以下知识、能力与素质要求:

(1)政治思想

具有强烈的社会责任感、科学的世界观、正确的人生观,具有求真务实的科学态度、踏实肯干的工作作风、高尚的职业道德以及较高的人文科学素养。

具有可持续发展的理念,以及工程质量与安全意识。

(2)知识结构

具有基本的人文社会科学知识,熟悉哲学、政治学、经济学、社会学、法学等方面的基本知识,了解文学、艺术等方面的基础知识,掌握一门外国语;掌握计算机原理等。

具有扎实的数学、物理、化学的自然科学基础,了解现代物理、信息科学、环境科学的基本知识,了解当代科学技术发展的主要方面和应用前景。

掌握工程力学(理论力学和材料力学)、电工学及电子学、机械设计基础及自动控制等有关工程技术基础的基本知识和分析方法。

掌握建筑环境学、流体力学、工程热力学、传热学、热质交换原理与设备及流体输配管网等专业基础知识。

系统掌握建筑环境与能源应用领域的专业理论知识、设计方法和基本技能;了解本专业领域的现状和发展趋势。

熟悉本专业施工安装、调试与试验的基本方法;熟悉工程经济、项目管理的基本原理与方法。

了解与本专业有关的法规、规范和标准。

(3)能力结构

具有应用语言(包括外语)、文字、图表、计算机和网络技术等进行工程表达和交流的基本能力。

具有综合应用各种手段查询资料、获取信息的能力,以及拓展知识领域、继续学习的能力。

具有一定的国际视野和跨文化环境下的交流、竞争与合作的初步能力。

具有综合运用所学专业知识与技能,提出工程应用的技术方案、进行工程设计以及解决本专业一般工程问题的能力。

具有使用常规测试仪器仪表的基本能力。

具有参与施工、调试、运行和维护管理的能力,以及进行产品开发、设计、技术改造的初步能力。

具有应对本专业领域的危机与突发事件的初步能力。

(4)身体素质

具有健全的心理和健康的体魄,掌握保持身体健康的体育锻炼方法,能够胜任并履行建设祖国的神圣义务,能够胜任建筑环境与能源应用专业的工作。

3.2 专业教学活动

高等学校教学活动的组织形式,是实现教学活动的组织结构。大学生应尽快了解高等学校的教学制度和教学组织形式,熟悉现代教学活动的主要环节,了解和掌握现代大学的教学方法、教育技术和管理制度,以便更好地适应大学生活,达到事半功倍的效果。

3.2.1 高等学校教学制度和教学组织

1)教学管理与学分制

现代大学的教学管理制度比较多,与学生有关的教学管理制度主要有学籍与学位管理制度、学生管理制度、考试纪律管理制度、学生考勤管理制度、学年制和学分制等教学管理制度等。在这些教学管理制度中,最基本的制度是学年制和学分制。

学年制是按学年或学期安排的课程进度进行教学,以学年规定学生达到的水平为教学计划的制度。在规定的学年内完成规定的教学计划课程即可获得学位。苏联和东欧国家普遍采用学年制,我国自20世纪50年代开始,几乎全部照搬苏联的学年制模式,实行学年制,各高校的同一专业可以有较统一的教学计划,各课程又有统一的教学大纲和教材,还有一套基本相同的规章制度。因此,这种教学制度实施起来比较容易,也有利于保证教学秩序的稳定,具有一定的教学质量。但是,这种体制刚性有余、灵活性不足,不利于学生按自己的发展水平、兴趣进行主动学习,也不利于学生进行交叉专业的学习。

学分制是指衡量某一种教学过程(如一门课程)对完成学位要求所作贡献的一种管理方法,也就是计算学生学习进程或学习份量的一种方法、手段或尺度。一般是将学生毕业时应掌握的知识、能力的总体分解成各"小单元",并分别确定为必修与选修两大类,规定每门课程的学分和取得该专业毕业应修满的总学分,把取得总学分作为学生毕业或获得学位的业务标准。

学分制诞生于19世纪末期的美国,20世纪初期在世界很多国家中被推广和使用。1980年以后,我国有相当数量的高校开始实施学分制。学分制是一种灵活的、机动的教学管理制度,能充分贯彻因材施教的教学原则,有利于人才的全面发展和个性发展,最大限度地发挥学生的学习潜能,也有利于高等学校主动适应市场经济的发展要求,及时增加新的课程。

学分制的主要特点是:允许学生在一定范围内根据自己的基础、特长、兴趣选修一些课程,甚至允许学生跨专业、跨院系、跨校区、跨学校选课。让学生选择自己的发展和主攻方向。高校为学生开设的课程将大幅度增加,按学分收费的制度将是最基本的方式。因此,在学分制的教学管理方式下,学生学习的主动性、灵活性得到了极大的增加。可以预见,以学分制为代表的教学体制改革将会进一步完善。

近年来,为适应学生综合素质的提高,使教学管理制度更加适应市场经济的发展,一些高校还在尝试主、辅修制、双主修制、双学位制等教学管理制度,更加方便学习。

2)教学组织

大学的教学组织形式最基本的制度是班级授课制,是将学生按大致相同的年龄和知识程度编成班级,教师根据专业教学大纲规定的教学内容和固定的教学时间表,面对由一定数量学生组成的班级进行教学的教学组织形式。班级授课制不仅有利于扩大教学规模,充分发挥教师在教学中的主导作用,而且有利于同学之间形成互相帮助、互相促进的协作精神、集体观念和社交能力。在我国,班级授课制基本上有两种形式:一种是大班上课制,由同年级、同专业(或不同专业)的几个班临时组合在一起进行不同课程的学习,如高等数学、大学物理、大学英语(口语除外)等课程的合班上课。大班上课制容易突出重点,清晰而又系统地对重要的定理、公式、方法进行充分的分析和论证,对难点进行剖析和讲解。但大班课过分强调统一教学,容易忽视学生的个性差异,不利于因材施教;另一种是小班上课制,体现为作为大班上课制的一种补充和配合,以小班的形式进行的习题课、辅导、答疑、讨论、实践等形式的教学方式,或需要师生进行大量交流的课程。小班课的作用在于消化和巩固大课的内容,并在大课的基础上,应用这些知识解决问题,就这些方面进行深化与补充。

近年来,教学组织形式有了一些新的发展趋势,小班教学、分层次教学、甚至个别教学模式成为新的变化趋势。随着学分制的广泛采用,长学程的课程逐渐被短学程的课程所代替。一些大学为了适应学分制等教学改革带来的选修课程和实践课程增加,以及充分利用教学资源网将原来的每年两个学期改为长短不一的3个学期,在短学期内设置更多的全校范围内的选修课及相对集中的生产实习课。虽然课程的门数增多了,但每门课的课时数却相对较少,相应的教学内容高度浓缩,教师在处理教学内容时也比较灵活。

另外,教学活动的场所更加多样化、非课程化。大学教学活动的组织形式开始走出课堂、走出校园,从单一的课堂形式走向课堂内外相结合的形式已成为一种发展趋势。对建筑环境与能源应用工程这种应用性比较强的工科专业来说,教学活动从课堂走向生产现场,以"现场教学""案例教学"等方式进行授课和人才培养将是一种发展趋势。

3)学位制度

根据我国学位条例规定,我国学位分三级:学士、硕士和博士。其中,学士学位的要求规定:"高等学校本科毕业生,成绩优良,能较好地掌握本学科的基础理论、专业知识和基本技能;具有从事科学研究或担负专门技术工作的初步能力。"建筑环境与能源应用工程本科专业的修业年限一般为4年,授予的学位为工学学士学位。值得注意的是,不少学校将学位与英语四、六级考试挂钩,英语四级考试成绩达不到一定标准的同学有可能不能获得学士学位。

3.2.2 现代教学活动的主要环节

高等学校的教学活动主要由课堂教学与实践教学等环节组成。其中,课堂教学是理论教学环节,实践教学环节包括计算机应用、实验课、社会实践、科研、课程设计、实习和毕业设计(论文)等,建筑环境与能源应用工程专业一般安排40周左右的实践教学。

1)知识体系的课程教学

理论课一般以课堂教学为中心,教师在规定的时间内,遵循教学的基本原则,根据教学目的,选择有效的教学形式和教学方法,使学生循序渐进地掌握教学大纲所规定的知识和技能,并获得多方面的能力。理论课是训练学生掌握知识的方法、科学研究的方法和科学思维的方法最基本的方式之一。公共基础课和专业平台课程一般为理论课。现在,很多大学生认为理论课比较枯燥,内容比较深奥,但用处较少。实际上,这种想法是非常错误的,因为大学生正处于思维生长的第二个高峰期,是理论逻辑思维迅速发展时期。这个时候通过理论课的学习,既能训练理性思维,又能为专业实践能力打下基础,这是符合大学生的成长规律的。因此,作为学生,要学会跟随教师的讲课思路,做到"眼到""手到""心到",及时做好笔记,认真思考,勇于提出疑问。对教师布置的作业,能及时完成,注重课后总结。

2)知识体系的实践教学

(1)实验课

实验课是教学环节的重要组成部分,包括公共基础实验(参照学校对工科学科的要求)、专业基础实验(建筑环境学、工程热力学、传热学、流体力学、热质交换原理与设备、流体输配管网)、专业实验(采暖、空调、通风系统相关的实验、冷热源设备相关的实验、燃气燃烧与输配储存系统相关实验、建筑设备自动化与测量技术相关的实验)等。对建筑环境与能源应用工程这类工科类专业来说,实验课尤为重要。实验课具有课堂讲授所无法比拟的优势,直观性、操作性、主动性、参与性、探索性和创造性是实验课的主要特点。长期的、大量的、规范的实验课教学可以培养学生的科学素养、实验技能、动手能力,也可以培养学生的科学研究方法和协作精神。建筑环境与能源应用工程专业的实验课程由验证性实验、设计性实验和综合性实验组成。学生在上实验课之前,必须认真预习实验教材,了解实验仪器、设备。实验开始后,学生要按操作规范和顺序准确操作,对实验显现的观察要力求客观、深入、全面、细致,及时记录实验中出现的现象和有关数据。对贵重的实验设备或有一定危险性的实验,要特别小心,使实验的进行井然有序,以提高实验课的效率,降低因操作失误或干扰因素造成实验中断的可能性。学生做完实验后,必须遵从指导教师的安排,收拾好实验器具,经检查合格后才准许离开实验室。

实验结束后,要总结实验过程,对各种实验现象进行分析和整理,得出实验结论,提交实验报告。实验报告可按教师或学校统一的格式进行,如没有统一的格式,可以按如下指引进行:

①实验名称;

②实验目的、要求;

③实验方法、步骤、条件;

④实验数据处理及实验结果;

⑤实验现象分析、讨论;

⑥实验的结论,如果有必要,还可以写上参考文献。

实验报告应用同一规格的实验纸书写,允许讨论,但应独立完成。实验报告尽可能做到书写认真、字迹工整、文字通顺、图表清晰,分析有见解又全面。

(2)专业实习

大学生参加实习和社会实践活动是实现高等学校教育目标的教育形式之一,是教学与生产相结合的途径之一,是培养高素质创新人才的重要环节,它与课堂教学相辅相成,共同完成高校的人才培养任务,实现学生全面发展的目的。

建筑环境与能源应用工程专业的实习时间和内容根据学校不同而异。一般为9~10周,内容包括:金工实习(2周左右);认识实习(1周左右);生产实习(一般不少于2周);毕业实习(4周左右)。

①金工实习是对设备相关的金属工艺了解的过程,认识实习、生产实习和毕业实习的内容各有所侧重。

②认识实习基本要求为:了解本专业建筑环境及其设备系统的知识要点和教学的整体安排;了解本专业的研究对象和学习内容,增加对本专业的兴趣和学习目的性;提高对建筑环境控制、城市燃气供应、建筑节能、建筑设施智能技术等工程领域的认识,为专业课程学习做好准备。

③生产实习基本要求为:了解本专业设备生产、施工安装、运行调试等过程的工作内容,主要专业工种,常用的技术规范、技术措施、验收标准等;增加对建筑业的组织机构、企业经营管理和工程监理等建立感性认识;增强对专业课程中有关专业系统、设备及其应用的感性认识等。

④毕业实习基本要求为:了解本专业工程的设计、施工、运行管理等过程的工作内容;了解专业相关新技术、新设备和新成果的应用;关注工程设计、施工和运行中应注意的问题;增强对

专业设计规范、标准、技术规程应用的认识。

大学生社会实践与高等学校其他的教育环节互相补充促进，是高等学校完成育人目标不可分割的一部分。大学生在社会实践中既是高校的学生，又是实践的主体，参加社会实践的目的是为了学习业务知识，也是为了接触社会、了解社会，参加社会实践是大学生参与社会生活的主要方式。大学生在社会实践活动中，可促进知识的转化和知识的拓展，有利于增强社会意识和社会技能，有利于发展创造才能和组织才能，有利于提高修养、完善个性品质。正因为社会实践有这么特殊的作用，所以大学生的社会实践活动受到了广泛的重视。

大学生的社会实践，从其内容主要进行以下几个方面的教育：国情民情教育、劳动技能与专业技术教育、科学人生观教育。从实践的主要方式看，主要有考察贫困山区、参观历史文化遗产、进行科技服务、开展智力扶贫等。从实践的时间看，有专门安排在教学计划中的，也有安排在寒、暑假的。教学计划内的社会实践通常由大学教务处组织，各院系实施，配合一定的教学过程，是一门课程，有学时保证，计算学分。教学计划外的社会实践一般由团委、学生会组织，如勤工俭学、科技文化下乡等，这样的社会实践无学时保证，不计算学分。

(3)专业设计

专业设计包括：专业课程设计总周数一般不少于5周；毕业设计(或毕业论文)一般不少于10周。

课程设计一般依附于某门课程，是为了巩固该门课程而设立的实践性教学环节。建筑环境与能源应用工程专业的课程设计时间安排因校而异，一般为8～10周，包括机械课程设计和专业课程设计。专业课程设计则包括供热工程课程设计、空调工程课程设计、锅炉房课程设计、制冷课程设计、建筑电气课程设计、燃气工程课程设计等。

课程设计基本要求为：掌握工程设计计算用室内外气象参数的确定方法，工程设计的基本方法，工程设计所需负荷计算、设备选型、输配管路设计、能源供给量等的基本计算方法；熟悉工程设计方案、设计思想的正确表达方法，熟悉建筑参数、工艺参数、使用要求与本专业工程设计的关系；了解工程设计的方法与步骤，所设计暖通空调与能源应用工程系统的设备性能等，以及工程设计规范、标准、设计手册的使用方法。

计算机操作和练习课结合课程教学或设计教学进行，建筑环境与能源应用工程专业计算机操作时间一般达到200学时左右。计算机操作和应用的基本要求是了解计算机基础、算法与数据结构；掌握计算机程序设计；掌握与专业相关的工程软件应用方法；熟悉计算机绘图。建筑环境与能源应用工程专业的学生，在大学期间将学习计算机文化基础、计算机语言(VC,VB等)、计算机辅助设计等课程。

毕业设计(或论文)是大学生在学校最后的学习环节，也是一个非常重要的教学环节。毕业设计是对大学生整个大学学习过程的总结和综合运用，既可以全面检查学生基础理论掌握的情况，也可以检查学生分析和解决问题的能力，还可以培养学生调查研究、文献调查和理论分析的能力。对建筑环境与能源应用工程专业的学生来说，通过毕业设计这个环节还可以培养学生进行方案设计、优化、运用标准规范和计算机绘图能力。目前，很多学校的毕业设计题目直接来自于生产实践。因此，毕业设计(论文)最大的特点在于它的独立性、综合性和实用性。

由于毕业设计教学环节一般安排在第四学年的第二学期进行，教学时间一般为12～14周。毕业设计(论文)的过程和步骤大体分为以下几个阶段：

①选择课题,确定题目。现在,很多学校的毕业设计都是可选择性的,学生可以根据自己的实际情况选择不同的指导教师,也可以选择不同的设计题目。

②查阅文献,收集资料。题目确定之后,就可以开始着手查找、收集文献资料。文献资料的收集与阅读阶段,一般安排2周左右。学生收集并阅读本专业内与毕业设计内容有关的书籍、文献、规范和参考资料,从文献和资料总进一步了解在此问题上前人研究的程度,为自己的工作打下基础。

③设计、计算、制图或实验研究阶段。这个阶段是毕业设计(论文)最主要的阶段,所需要的时间一般为12周左右。在这个阶段里,学生完成毕业设计任务书所规定的设计内容,完成设计的计算说明书,绘出设计图纸,写出毕业论文。毕业设计的计算说明书、设计说明书或论文要按学校统一的格式进行。

④答辩。毕业设计完成后,就可以申请答辩。答辩由学院(系)组织实施,通过答辩为学生评定成绩。成绩一般采用优秀、良好、中等、及格和不及格5级评定制。答辩结束后,答辩委员会根据学位授予条例提出是否授予学位的建议。

(4)科研训练

大学生参与实践性环节的学习的另一个重要方面是参与科学研究。高等学校教学必须与科研结合,教学不能和科研分家。从本质上看,这是一个涉及大学教育培养什么样的人的问题。科研促进教学,教学结合科研创新,让教师的科学研究直接进入人才培养平台,是进行复合型人才培养的一个重要措施,大学生参加科研也是大学生获取知识的重要渠道,是培养学生动手能力、发展智力的重要手段。俄罗斯是大学生参加科研最广泛的国家之一。他们认为大学生参加科研工作,是培养具有高等教育程度、能把科技和文化进步的新成就创造性地运用于实际工作人才的最重要手段之一。实践已经证明,把科研引入大学教学过程,能够在较大程度上激发学生的主观能动性和创造力,丰富大学生的学生生活,磨砺大学生的个人意志。因此,大学生应尽可能抓住科研机会,积极参与教师的科研课题,通过科研活动,了解和熟悉自己的专业,确立专业思想,在科研中认识自己。

大学生参加科学研究的另外一种形式是参与课外科技活动。工科大学生开展课外科技活动是提高学生科技创新能力、实现人才培养目标的主要途径之一,是创新教育的重要载体和第一课堂的有力补充。长期以来,由于受应试教育的影响,以及大学专业设置比较细、知识面相对较窄、技能方面训练不够、不注重思维方法训练等诸多因素,我国许多大学生缺乏创新精神,创新能力不强。目前,如何规范和促进工科大学生利用课外科技活动这个平台,实现课堂教学的顺利延伸,从而促进学生创新精神的培养和综合素质的全面提升,已成为高等教育部门重要的工作之一。

课堂教学是以理论为主的知识传授平台。而课外科技活动是培养学生创新精神、锻炼提高学生的科研实践能力的有效途径。是理论和实践相结合,是创新火花转化为科技成果的重要平台。通过这个平台,学生内在的学习动力、好奇心、学习乐趣和积极性得到了提高。因此,课外科技活动是学生运用所学的书本知识探索解决科技问题的重要途径,也是培养学生探索精神和科学思维的重要平台。通过科技活动,学生更勤于思考科技和学术问题。通过探讨科技活动的难点和热点问题,以及开设科技讲座等,为学生学习营造一个宽松、自由的氛围,从而使其创造个性得以发展。因此,课外科技活动对形成良好的学风和校风有非常重要的作用。

在学生的课外科技活动实践中,大学生要特别注意和鼓励成立各种课外科技小组,使课外科技活动有坚实的组织保证。实践证明,课外科技创新离不开与他人的合作,课外科技创新与实践能力的内涵应包括善于与他人合作的本领。当今社会,从某种意义上讲"单枪匹马闯世界"已不可能。因此,在实践中要鼓励并支持学生开展多种形式的课外科技活动,成立以兴趣为基础的学生课外科技小组或成立科技协会等科研社团。这种学生课外科技社团的组合不是简单的、随意的,而是基于兴趣、爱好、性格特长和能力等多方面的,这种课外科研社团成员既包括本科生、研究生,还可以包括指导教师。

3)考试制度

考试是大学教学活动的重要环节。在大学期间,从考试的级别来说,有国家统一举行的考试,如全国四、六级英语考试,计算机等级考试,各种资格考试,也有省级、市级、校级的考试;从考试的性质分,有选拔性的考试,如公务员考试,也有检验性的考试,如学校举行的各课程的期末考试;从考试的形式分,有闭卷考试、开卷考试;从考试的种类分,有考试和考查两类;从考试的媒介分,有计算机考试和纸质的试卷考试;从考试方式分,有笔试考试和动手操作考试。

大学期间的课程考试,只是检验教师教学效果和学生学习效果的一种测试方式,考试不是目的,而是手段。因此,适应大学考试也是大学生必须具备的一项基本技能。大学的考试方式也比较灵活,如以大作业的形式,或以综合性的论文提交作为考试成绩。还有的课程考试,可能要计算平时成绩、实验成绩或实习成绩,各部分的成绩之和才是这门课的最终成绩。大学生要正确对待考试,在考试过程中不要作弊,也不要对考试太紧张而影响发挥,更不能对考试无所谓而造成重修或补考。

3.2.3 教学方法

所谓教学方法,就是在教学过程中为完成一定的教学目的、任务所采取的教学途径或教学程序,是以解决教学任务为目的的师生间共同进行认识和实践的方法体系。大学教学方法与高中有很大的不同。作为一个大学生,应该了解大学各种教学方法的基本特点,从而有利于学习,获得更多的信息和知识。

大学的教学方法基本上可以分为三类:第一类是教师运用语言向学生传授知识和技能,如讲授法、问答法、讨论法等;第二类是教师指导学生通过感知获得知识和技能,如实验实习法、演示法、参观法等;第三类是教师指导学生独立获取知识和技能,如自学指导法、练习法等。最重要的教学方法是讲授法和讨论法。

1)讲授法

讲授法是最普遍的教学方法,是指通过教师的口头语言表述、讲解、讲演等形式系统地向学生传授知识的方法,通常也称为课堂讲授法。讲授法能完成一系列的教学任务,能够在较短的时间内,有计划、有目的地借助各种教学手段,传授给学生较多的有关各种现象和过程的知识和信息,教学的效率相对比较高。讲授法适宜于那些抽象程度比较高、内容比较复杂的课程。讲授法通常还借助于其他手段,如直观教具、示范实验或投影等。研究表明,需要给予更多指导的学生往往喜欢讲授,相反,灵活的学生进行独立学习的成绩会更好一些。因此,对刚进入大学生活的一年级学生来说,大多数学生喜欢教师讲授,而高年级学生则更适合于采用自学、讨论教学等方法。值得注意和必须纠正的是,不少学生把讲授法与灌输式、填鸭式教学联系在一起,以为教授教学呆板、照本宣科。其实,这不是讲授法本身的缺点,而是教学方法本身没有与教师、学生、教学内容及教学环境相协调。对那些思路清晰、有语言技巧、通俗易懂、妙趣横生、充满自信的教师,讲授法依然有不可替代的魅力。建筑环境与能源应用工程的很多公共基础课和专业基础课,都适合于采用讲授法教学。

2)讨论法

讨论式教学是指把学生组织起来,激发思维、各抒己见,以加深对所学知识的理解、明辨是非或获得新的结论为目的的教学方法。这种方法与讲授法教学最大的不同是,讨论法是双向的、互动的、开放的、民主的,它可以激发学生就要讨论的问题进行积极的思考,提高学生的思维能力和智力。经常的讨论还可以培养、锻炼学生的语言表达能力和反应的灵活性。实践证明,基于"问题解决式"的讨论式教学能提高学生的学习兴趣,变被动为主动,活跃课堂气氛,加深知识的理解和运用,对解决较复杂问题的能力培养很有帮助。讨论式教学方法主要有两种形式:一种是在教学过程中由教师提出问题,学生回答,使学生在问与答的过程中进一步弄清有关的原理和知识;另一种是组织学生就所学内容进行专门的讨论,以学生发言为主,主要讨论对所学知识的认识、收获和存在的问题,对于学生最终没有解决的问题,由教师进行解答。与传统的教学法相比,小组讨论式教学法在课堂气氛、同学间交流、同学与老师间的交流方面的优势比较明显。学生的注意力更为集中,笔记量明显减少,对课程更感兴趣,更易于营造活跃的课堂气氛,课堂枯燥程度大大降低,课堂参与度明显增加,学生对于课堂内容更易于理解,课堂提供的信息量更大,对于知识的印象更深,课堂提供的知识外延也更多,更易于调动学生的学习积极性,课堂交流明显加强。如此以来,讨论式教学在高校被广泛地采用和推广。

但是,小组讨论式教学方法也有一些不足之处,如教学中计划不强,教学任务常常难以完整地实现。因此,讨论式教学更适合于应用概念和学会解决问题的技能的教材内容,也适合于旨在改变学生学习态度的教学内容。另外,讨论式教学对不同类型的学生效果可能不同,如对那些班集体比较融洽的班级、对高年级学生,可能更适合采用讨论式教学。

3.2.4 教育技术

不同的教学内容可以采用不同的教学形式和教学方法,而各种教学形式和教学方法又总是通过一定的教学手段来实现的。传统的教学技术和媒介是书本、黑板、粉笔、图片和模型,进入21世纪以来,多媒体教学、远程教学、电视视频教学等新的教学模式相继出现,为教育的发展开辟了新的前景。这些新的教学模式在大学教育中应用越来越广泛,因此,大学生有必要了解各种先进的教学手段和教育技术的优点和特点,以便更好地为学习服务,提高获取知识的效率。

1)计算机辅助教学(CAI)

计算机辅助教学就是教师将计算机作为媒体,为学生创造一个良好的学习环境,学生通过与计算机的交互作用进行学习的一种教学形式。当把具有教学功能的软件配置到计算机系统中后,计算机就像教师一样,与学生构成教学系统,完成一定的教学任务。随着计算机辅助教学与人工智能的发展,一门以计算机辅助教学为基础的新的综合教育技术——智能教学系统正在蓬勃兴起。它是以学生为中心,以计算机为媒介,利用计算机模拟教学专家的思维过程形成开放式的人机交互系统。其最大的特点是可以主动地向系统索取知识,更能发挥学生的学习积极性,所以该教学方式在培养学生的自主学习精神方面有独特的优势。计算机辅助教学的基本模式,见图3.2。

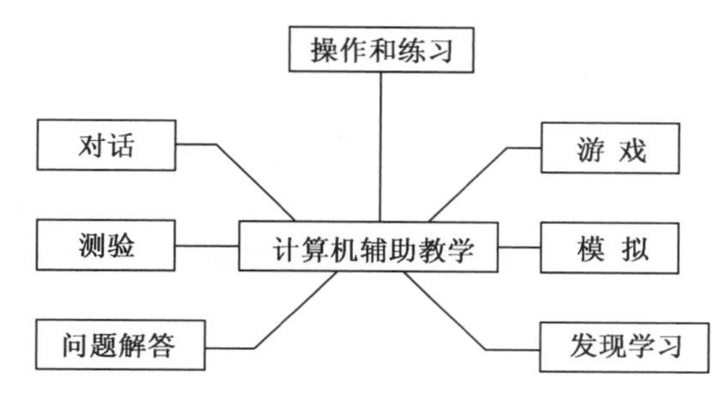

图3.2 计算机辅助教学的基本模式

2)多媒体教学法

多媒体教学是以计算机技术为基础,融合通信技术和信息技术,以交互式处理、传输和管理文本、图像、动画、图片、声音等信息的教学方法。多媒体教学能根据教学目标和教学对象的特点,通过教学设计,以多媒体信息作用于学生,形成合理的教学过程与结构,在课堂呈现教学内容和案例,具有生动形象的特点,能有效地促进学生的理解和思考,使学生在最佳的学习条件下进行学习。多媒体教学的好处是能大大提高单位时间的教学信息量,通过生动活泼的表述形式提高学生的学习效率和学习兴趣,能进行重复教学和交互教学。但存在的缺点是:在上多媒体的课程时,有些学生不容易跟上教师的进度,也不容易做笔记,不太容易记忆和推导复杂的公式。

3)网络教学法

可以将多媒体教学课件、电子讲义、计算机辅助教学软件等教学资源放在网络上供学生下载学习,包括建立某些课程的专题网站,提供参考文献书目、国内外相关网站的链接、专家报告等。还可以用BBS、电子邮件等网络环境进行师生沟通和交流,对问题进行讨论,教师进行答疑或提出建议,实现资源共享,这就是网络教学法。因此,网络教学法能开阔学生的视野,有助于学生自学、思考和探究,促进了学生的学习。

尽管新的教育技术给高校教学带来了生机和活力,也给学生提供了新的学习资源,并不意味着选用教学媒体越先进,教学质量就越高,学生的学习效果就越好。各种教育方法,包括传统的教育方法,它们各有其优势和特点。因此,学生在选课的时候,没有必要“一窝蜂”地选择用多媒体上课或计算机辅助教学上课的课程。

3.3 培养体系与专业课程

全国高等学校建筑环境与能源应用工程专业指导委员会（以下简称“专指委”）制定了本专业本科（四年制）培养方案，确定了本专业教育的基本模式和教学总体框架。本专业以“建筑环境学”为学科基础，既体现本学科的特点，又体现了本学科与其他学科的界限。“专指委”鼓励各高校在体现学科共性的同时，根据各院校的实际情况制定培养计划并组织实施，创造鲜明的院校特色。

建筑环境与能源应用工程专业培养的学生应系统掌握的本专业知识体系，包括通识知识、自然科学和工程技术基础知识、专业基础知识及专业知识。本专业知识体系包含的主要知识领域及与其相对应的知识单位为：

- 热学原理和方法：工程热力学、传热学、热质交换原理与设备；
- 力学原理和方法：理论力学、材料力学、流体力学、流体输配管网；
- 机械原理和方法：机械设计基础、画法几何与工程制图；
- 电学与智能化控制：电工与电子学、自动控制基础、建筑设备系统自动化；
- 建筑领域相关基础：建筑环境学、建筑概论；
- 建筑环境控制与能源应用技术：建筑环境控制系统（建筑环境方向）、冷热源设备与系统（建筑环境方向）、燃气储存与输配（建筑能源方向）、燃气燃烧与应用（建筑能源方向）、建筑环境与能源系统测试技术；
- 工程管理与经济；
- 计算机语言与软件应用。

3.3.1 专业方向

截至2011年，全国180余所高校（未统计港、澳、台地区）设置了建筑环境与能源应用工程专业，这些高校分布在全国不同地区，办学层次各有不同。因此，为适应自己的办学特色和历史优势，各高校开设了不同的专业方向，甚至按专业模块进行招生和培养。一般来说，建筑环境与能源应用工程最主要的专业方向和专业教育模块有暖通空调、城市燃气工程和建筑电气与智能化（或建筑电气与自动化）。但是，相当数量的高校在其他专业方向也进行了有益的探索和实践，有的还相当成功。如建筑给排水方向（如南京师范大学）、物业设备设施管理方向（如桂林电子科技大学）等。在这些专业方向中，招生最多的方向是暖通空调方向，物业设备设施管理方向以高等职业学校开设得比较多。近年来，随着智能建筑的兴起，以及学科的交叉融合，一些高校顺应社会经济的发展趋势，开设了建筑电气与建筑智能化方向。城市燃气供应方向也是本专业目前比较热门的一个办学方向，尤其是在南方的一些城市，由于大力推广天然气，这个方向的专业教育还具有相当大的潜力。图3.3为按照这种分方向办学模式设定的办学方向。

暖通空调方向是建筑环境与能源应用工程专业的主方向，学生就业一般为建筑、工业领域的建筑设备工程设计和建筑环境维护管理等工作。城市燃气方向一般为城市建设、规划及燃

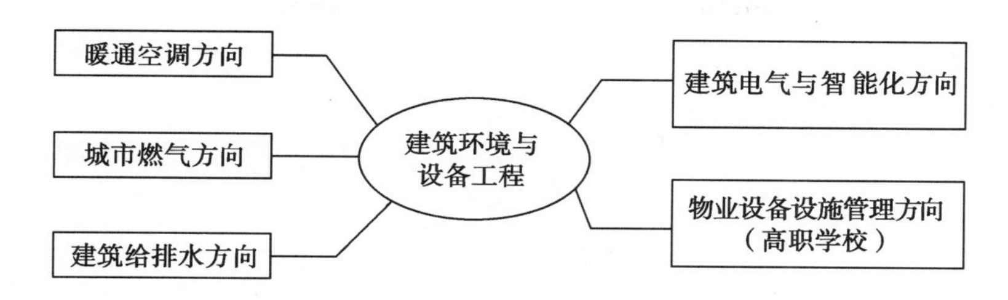

图3.3 建筑环境与能源应用工程分方向办学模式下的办学方向

气企业等部门的工作。建筑给排水方向的就业方向以设计院、消防、施工安装等单位为主，而建筑电气与智能化方向的毕业生能在建筑工程公司、物业管理公司、电信部门、市政规划设计研究院、智能大厦工程部、金融部门、高等院校等从事智能建筑工程等的规划、设计、施工、预算、管理、科学研究、教学等方面工作。

3.3.2 课程体系与教材

1）专业主干课程

建筑环境与能源应用工程的主干学科是建筑环境与能源应用工程学，本专业设置的专业主干课程介绍如下：

（1）工程热力学

工程热力学课程的任务是使学生掌握工程热力学的基本理论、计算方法和实验的基本技能，为进一步学习专业课，从事专业工作和进行科学研究打下基础。

课程主要内容有热力学基本概念、气体的热力性质、热力学第一定律、理想气体的热力过程及气体压缩、热力学第二定律、热力学的基本关系式、水蒸气、湿空气、气体和蒸汽的流动、动力循环、制冷循环、溶液热力学基础等。课程参考学时为56学时，其中实验学时为4学时，实验内容为空气定压比热的测定与 CO_2 气体的 P-V-T 关系测定（课程学时、实验学时、实验内容是一种典型设置的描述，仅供参考。各高校可能有不同的计划和安排，下同）。

（2）传热学

传热学课程的任务是通过各种教学环节，使学生理解和掌握有关热量传递的基本概念、基本理论和计算方法，并具备一定的理论联系实际、分析和解决工程传热问题的能力，为进一步学习专业课、从事专业工作和进行科学研究打下一定的理论基础。

课程主要内容有传热学的基本概念、导热基本定律、稳态导热和非稳态导热、对流换热、凝结与沸腾换热、辐射换热、换热器的传热原理等。课程参考学时为56学时，其中实验学时为4学时，实验内容为热电偶制作与标定、强迫对流换热和表面黑度测定或相变换热。

（3）流体力学

流体力学课程的任务是使学生掌握流体力学的基本理论、水力计算方法和实验的基本技能，为学习专业课程、从事专业工作和进行科学研究打下基础。

课程主要内容有流体力学基本概念、流体静力学、一元流动力学基础、流态与流动损失、孔口管嘴流动与气体射流、不可压缩流体动力学基础、流体绕流流动、相似性原理与因次分析、管路流动等。课程参考学时为64学时，其中实验学时为6学时，实验内容为动量实验、管道沿程阻力系数测定实验和气体射流实验。

(4)建筑环境学

建筑环境学课程的任务是使学生了解和掌握:人和生产过程需要的室内物理环境;各种外部和内部的因素如何影响建筑环境;改变或控制建筑环境的基本方法和原理。同时通过本课程的学习,为今后学习各门专业课程及研究生课程打下理论基础。

课程主要内容有建筑外环境、建筑热湿环境、人体对热湿环境的反应、室内空气品质、空气环境的理论基础、建筑声环境、建筑光环境等。课程参考学时为48学时。

(5)热质交换原理与设备

本课程是将流体力学、传热学、传质学、供热工程、工业通风、空气调节、制冷技术、锅炉与锅炉房设备等课程中牵涉到流体热质交换原理及相应设备的内容抽出,经综合整理、充实加工而形成的一门课程。它是以动量传输、热量传输及质量传输共同构成的传输理论为基础,重点研究发生在建筑环境与设备中的热质交换原理及相应的设备热工计算方法,为进一步学习创造良好的建筑室内环境打下基础。

课程任务是使学生掌握在传热传质同时进行时发生在建筑环境与设备中的热质交换基本理论,掌握对空气进行各种处理的基本方法及相应的设备热工计算方法,并具有对其进行性能评价和优化设计的初步能力。

课程的主要内容有:传质的理论基础,传热传质的分析和计算,空气热质处理方法,吸附和吸收处理空气的原理与方法,间壁式热质交换设备的热工计算,混合式热质交换设备的热工计算,复合式热质交换设备的热工计算等。课程参考学时为32学时,其中实验学时为4学时。实验内容为散热器性能实验、表冷器性能实验、淋水室性能实验、加热器性能实验、燃气灶性能实验(选择2个)。

(6)流体输配管网

本课程是将“空调工程”“燃气输配”“供热工程”“通风工程”“建筑给排水”“锅炉及锅炉房设备”“建筑消防工程”“动力工程”等课程中的管网系统原理抽出,经提炼后与“流体力学泵与风机”中的泵与风机部分进行整合、充实而成的一门课程。通过实践教学环节的配合,掌握进行管网系统设计分析、调试和调节的基本理论和方法,并形成初步的工程实践能力。能够正确应用设计手册和参考资料进行上述管网系统的设计、调试和调节,并为从事其他大型、复杂管网工程的设计和运行管理奠定初步基础。

课程主要内容有:管网功能与水力计算,泵与风机的理论基础,泵、风机与管网系统的匹配、枝状管网水力工况分析与调节、环状管网水力计算与水力工况分析等。课程参考学时为48学时,其中实验学时为4学时。实验内容为管道中的压力、流速、流量的测定,管网性能曲线的测定,泵与风机样本性能曲线与在管网系统中的工作性能曲线的对比测定,管网压力分布图,管网性能调节(以上实验任选2~4个)。

(7)建筑环境与能源系统测试技术

本课程综合利用先修课程学过的有关知识与技能,讲述建筑环境与能源应用专业常遇到的温度、压力、湿度、流速、流量、液位、气体成分、环境噪声、照度、环境中放射性等参量的基本测量方法、测试仪表的原理及应用,为学生将来从事设计、安装、运行管理及科学研究打下坚实的基础。

建筑环境测试技术的主要内容有测试技术的基本知识、温度、湿度的测定、压力的测定、流速流量的测定、热流量的测定、声光环境的测定、空气品质的测定、液位的测定、误差与数据处理、智能仪表与分布式自动测量等。课程参考学时为32学时,其中实验学时为4学时,实验内容:室内环境气象参数测定和风管流速和流量的测定。

(8)机械设计基础

本课程介绍常用机构和通用机械零件的基本知识和基本设计方法,是培养学生具有初步设计简单机械传动装置能力的技术基础课。通过课程教学使学生初步具有分析和设计基本机构的能力,以及设计简单的机械及普通机械传动装置的能力。

课程主要内容有平面机构的自由度和速度分析、平面连杆机构、凸轮机构、轮系、连接、齿轮传动、蜗杆传动、带传动和链传动、轴、滑动轴承和滚动轴承等。课程参考学时为48学时。

(9)电工与电子学

本课程是高等工业学校本科非电类专业的一门主要专业基础课,是一门适合非电类专业实践性较强的电类应用课程。学生通过本课程所规定的教学内容的学习,获得电工学和电子学最必要的基本理论、基本知识和基本技能,为学习后续课程及从事工程技术和科研工作打下基础。

课程主要内容有直流电路、交流电路、电路的暂态分析、磁路与变压器、电机与电接触器控制系统、安全用电与电工测量、二极管三极管和整流电路、交流放大电路、集成运算放大器和数字电路。课程参考学时为80学时,其中实验学时为4学时,实验内容是三相交流电路,整流滤波和稳压路。

(10)自动控制原理

本课程是高等工业学校本科非电类专业的一门主要专业基础课,是一门适合非电类专业实践性较强的电类应用课程。通过本教学内容的学习,使学生掌握和了解自动控制的基本原理和理论知识,能对本专业的控制问题提出控制方案,确定控制参数,配合控制工程师设计自动控制系统。

课程主要内容有自动控制系统的组成和基本概念、自动控制系统及其环节的数学模型和特性、自动控制系统各环节的综合与特性分析、自动控制仪表、自动控制系统和微型计算机控制系统。课程参考学时为48学时。

(11)暖通空调

本课程的主要任务是阐述创造建筑热、湿、空气品质环境的技术,即采暖、通风与空气调节技术,涵盖了所培养的毕业生将来从事专业工作所需要的主要专业知识。课程的基本要求是掌握建筑冷、热负荷的计算,掌握各种采暖、通风与空调系统的组成、功能、特点和调节方法。掌握系统中主要设备的构造、工作原理、特性和选用方法。了解建筑节能、暖通空调自动控制、暖通空调领域的新进展和新技术。

课程主要内容有热负荷、冷负荷与湿负荷的计算;全水系统的特点及设备;蒸汽系统的分类及特点、设备、应用等;辐射采暖与辐射供冷的特点与设计要点;全空气系统与空气-水系统的分类、组成、工况分析及运行调节;制冷剂空调系统的特点及应用;工业与民用建筑的通风;悬浮颗粒与有害气体净化、室内气流分布等;民用建筑火灾烟气的控制;特殊环境(洁净室、恒温恒湿室)的控制技术;冷热源、管路系统及消声减振;建筑节能的综合措施、热回收、太阳能应用等。课程参考学时为80学时,其中实验学时为6学时。实验内容有热水采暖系统实验、空调系统运行工况实验、除尘器的除尘效率或过滤器的过滤效率实验、排风罩的性能实验、气流分布实验等(任选 3 个实验)。

(12)燃气储存与输配

本课程的目的是使学生系统掌握燃气输配系统的构成和基本理论、城市燃气管网水力计算与工况分析,了解各种常用设备的工作原理及设备选择依据,培养学生能够进行城市燃气管网规划设计、燃气输配系统的设计,以及燃气输配工程施工、管理的能力。

课程教学基本内容有燃气负荷、燃气储存、燃气长距离输送系统、城镇燃气输配系统、建筑燃气系统、燃气输配主要设备、燃气输配主要场站、燃气管网系统的运行调节、燃气管网技术经济及可靠性、燃气安全等。课程参考学时为 64 学时,其中实验学时为 4 学时。实验内容为燃气流量计的校正、调压器的特性。

(13)建筑设备系统自动化

本课程的主要目的是通过本课程的学习,使学生掌握建筑自动化的基本内容,建筑自动化系统测控设备的使用,自动控制系统基本理论,相关的计算机网络技术。同时对建筑自动化系统有一个全面的了解,为进一步进行实际系统的设计和实施奠定一定的基础。课程的基本要求是通过对 BAS 基本内容由浅入深的介绍,配合与本专业领域密切相关的实际系统范例,使学生掌握 BAS 的组成和构建过程。

课程教学的基本内容是自动控制系统的基本概念和术语,不同调节方法的特点,传感器、执行器与控制器,暖通空调系统控制,冷热源及水系统控制,其他建筑设备系统控制,通讯网络技术,建筑自动化系统等。课程参考学时为 48 学时,课外实验参观为 20 学时。实验内容为 ON/OFF 控制恒温水箱;ON/OFF 控制恒温水箱的仿真;恒温恒湿机组的控制仿真;PID(比例积分微分)调节的过程和参数整定方法仿真实验;PID 参数自学习整定的仿真实验;空气处理室控制器的仿真实验。

2)技术基础课

建筑环境与能源应用工程专业开设的技术基础课程如下:建筑环境与能源应用工程导论、画法几何与工程制图、工程力学、工程热力学、传热学、流体力学、建筑环境学、机械设计基础、电工与电子学、建筑环境测试技术、自动控制原理、流体输配管网、热质交换原理与设备、建筑概论等。

在技术基础课中开设的“建筑环境学”“流体输配管网”“热质交换原理与设备”,是专业更名和改革后开设的新课程,目的在于反映本专业的特色和共性,与专业课更好地衔接,减少专业课程内容的重复,为专业课程的拆分和重组奠定基础,以及为学生在校学习专业课程和毕业后在专业的各领域继续学习提供坚实的基础。

3)专业课程

建筑环境与能源应用工程专业的主要专业课程如下:暖通空调、燃气输配、建筑设备自动化、智能建筑概论、空调用制冷技术、锅炉与锅炉房工艺、供热工程、暖通空调工程设计方法与系统分析、燃气燃烧与应用、城市燃气气源、燃气供应、建筑电气、空气污染控制、空气洁净技术、建筑设备施工安装技术、建筑设备工程施工组织与经济、暖通空调新进展、供热新技术、燃气新技术、建筑节能新技术、暖通空调典型工程分析等。

这些课程基本上涵盖了本专业不同专业方向的课程，为反映专业知识内容的最新变化，尤其增加了一些关于专业新技术的课程。但是，不同学校根据其办学特色对这些课程进行取舍，将有些课程作为必修课，有些课程作为选修课，而有些课程不予开设。必修课和选修课共同构成“专业课”。专业课程的教学目的在于通过具体的工程对象，使学生系统地掌握建筑环境与能源应用工程专业的基本理论，较深入地掌握专业技能，初步掌握工程设计的过程与方法，以适应市场对本专业人才的要求。

建筑环境与能源应用工程专业本科(四年制)课程体系的基本结构，见图3.4。从图3.4可以看出，本专业以公共基础课(大学物理、高等数学、普通化学、工程数学和人文类、思想政治类课程)为基础，以计算机课程、英语课程为依托，以技术基础课和专业基础课为过渡，以实验、实践课程相配合，以专业课、综合性专业训练为目的，加上辅修、第二学位课程作为专业拓展，共同组成了本专业四年制本科的课程体系。这个课程体系的规划原则是从低到高，从单独课程到综合训练，逐步深入，逐步提高。一般来说，大学一年级学习公共基础课，二年级开始学习专业基础课和部分实践课程，三年级逐步过渡到专业课、辅修课、第二学位课的学习，四年级进入到专业课和专业综合课的学习。

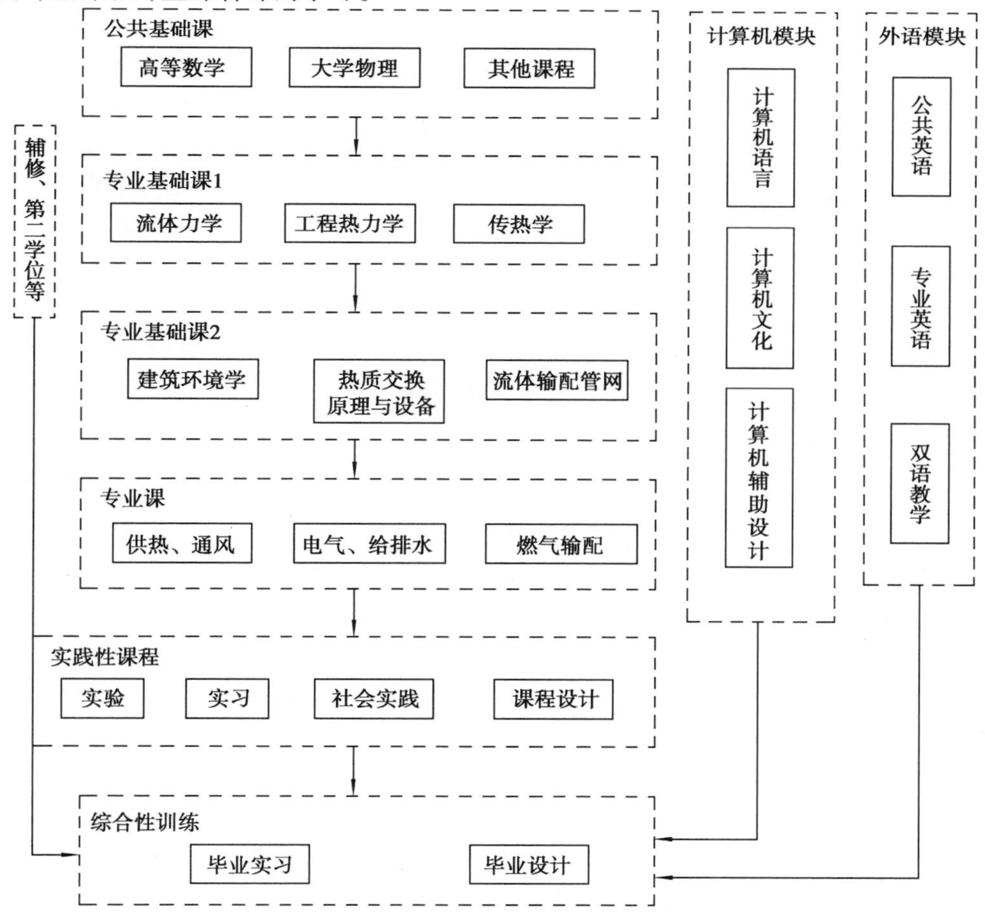

图3.4 某高校建筑环境与能源应用工程专业本科教学课程体系

4) 教材

教材建设对学科专业建设具有非常重要的作用。经过本专业领域内广大教师和教育工作者的努力,建筑环境与能源应用工程专业的系列教材基本完备。多家出版社出版了大量优秀的教材,可供各高校选用。其中,部分教材入选普通高等院校“十一五”国家级规划教材。

3.3.3 教学计划

专业教学计划总体框架是专业发展的蓝图,是培养适应21世纪专业人才的基础性文件。第三届专业指导委员会对新专业目录下的教学内容、教学组织安排、教材编写、课程建设及教学方法进行了大量的研讨工作,在“框架为主,计划为辅,明确共性,留有余地”的原则下,编制并通过了“建筑环境与能源应用工程专业本科(四年制)参考性教学计划”。在教学内容方面,加入“建筑环境学”课程,是对原暖通专业教学内容的拓宽,使专业侧重点产生重大转移,并以建筑环境科学为基础,体现本专业“以人为本”的思想,为创造适宜的建筑环境提供了专业基础理论,反映了本专业与热能动力工程专业的本质区别;在教学组织安排、课程建设、教学方法方面,以基础厚、口径宽、素质高、能力强为原则,增加了课程数目,不增加总学时,强调培养综合运用所学知识能力。新课程的导入,各课程的内容衔接、教学组织等也在不断探索之中。在办学特色和自主办学方面,强调在“整体框架”的指导下,各院校结合自身的实际情况探索各自教学计划与课程安排,形成自己的办学特色,如清华大学已经将各个课程单个的课程设计取消,合并为一个大型的综合性课程设计,对实践教学环节也进行了大幅度加强。各高校的教学计划一般由各大学的教务处组织实施,由各学院、系制订和执行。教学计划的主要内容包括专业培养目标、专业方向及特色、专业培养要求、学科主干课、课程类别及学分分配、授予学位、修业年限等内容。

教学计划的课程结构分公共基础课、技术基础课和专业课。按高等学校建筑环境与能源应用工程专业指导委员会的建议,各类课程的总学时比例一般为公共基础课不低于50%,技术基础课和专业课为30%和10%左右,其他10%由各校自行确定。课程性质分为必修课和选修课(包括必选课和选修课),其中至少应有10%左右的课程为选修课。本专业课内总学时(即对应课程总学分要求的课内总学时)上限一般控制在2 500学时左右。在实现课程整体优化的前提下,鼓励逐步减少课内总学时。

阅读材料

我们该怎么样教书——对专业课程教学方法改革的思考(有删减)

(朱颖心,在建筑环境与能源应用工程教学指导委员会第四届一次会议上的讲话)

1) 引言

随着我国国民经济的迅速发展,同时也是为了满足国家建设的需要。近年来,我国工程专业的本科教育得到了长足发展,其特征之一就是本科生扩招。不容忽视的是,扩招只是发展本科教育的一个形式，很多院校在扩招前并没有做好办学思路方面的充分准备，因此导致了教学质量下滑的现象。发展工程专业本科教育的目的是为国家建设培养更多的符合时代要求的高素质人才。目前在我国，优秀的暖通空调工程师和建筑环境相关专业的工程技术和研发人员是奇缺的。而我们现在培养出来的人才能够满足这个时代要求吗?

当前，绝大部分的院校都在强调教育改革，工科专业强调“重基础、宽口径”，采取了各种新的管理措施，但教学质量的下滑也是显著的问题。普遍的观点认为扩招后教学质量下滑的原因一是硬件和师资条件不够；二是教育管理部门要求压缩课内学时导致了教学质量下滑；三是社会影响导致学生思想浮躁不愿学习。但笔者认为，教育理念不能与时俱进才是导致工程专业教学质量下滑的根本原因。

2)存在的问题

会背书，有技能，缺分析能力。

通过历年的全国性本科生专业知识竞赛考评以及研究生入学考试评卷，笔者发现存在这样的问题：

①学生可能掌握了工程制图、施工操作等技能，但却缺乏分析专业相关问题的能力；

②学生可能背熟了书本上的概念定义，但面对一个具体的问题就不知道应该如何运用这些概念；

③学生可能很精于公式计算，但却对问题的大方向却缺乏定性的认识，而且还会人云亦云。

由于这些参加考研、专业竞赛的学生基本都是各院校优秀的高年级学生，因此这些存在的问题应该是具有代表性的。

以学生对一道试题的答案为例可以反映出教学中一些普遍存在的问题。该试题为：

“给在北京的一座办公楼设计空调系统，请对比一下变风量和风机盘管加新风两种系统在能耗和环境性能方面优缺点。”

变风量和风机盘管加新风这两种系统是专业课必讲的重点，而且也是现实生活中应用得非常普遍的系统，但极少有学生能够对这两个系统作出用自己正常的逻辑给出的评价和分析。绝大部分人答题的时候，会把教材上面关于两个系统的定义、组成和优缺点完整地写下来，然后给出结论是：“变风量比风机盘管各方面都好”，理由是变风量是国外大量采用的先进技术；但却忘了自己前面写的内容中已经提到变风量的优点风机盘管也都有，而变风量的缺点就忽略掉了，逻辑前后矛盾。有的人在回答中明显反映出他对这些系统形式基本的工作原理都不清楚，只是背书能力很强而已。

更严重的问题是很多学生在判定一种技术优劣时，不是依据自己所学到的基础理论和专业知识来分析，而是被商业宣传或者一些新技术的介绍左右自己的判断。当前，在暖通空调应用市场不加分析地为某些技术打上节能环保的标签强势推广已经是严重的社会弊病，很多学生缺乏分辨力，盲目跟着商业宣传跑，不加分析地人云亦云，不能不说是一个令人失望的现象。

思考题

3.1　试述市场经济下高等教育专业设置的特征及高等工程教育的发展趋势。

3.2　建筑环境与能源应用工程的人才培养目标是什么？该专业的毕业生应该具备怎样的素质？

3.3　如何上好理论课程及实验课程？

3.4　建筑环境与能源应用工程专业的教学环节有哪些？

3.5　建筑环境与能源应用工程专业本科教学课程体系是什么？其实践性教学环节又有哪些？如何利用学校课外科技活动的机会锻炼自己？

4 专业方向与专业内容

建筑环境与能源应用工程专业学科范围广泛。本章系统地概述本专业的研究方向、专业内容、常用软件与工具,详细的专业学习内容将在以后各专业课程中涉及。

4.1 专业方向

现代化的工业建筑、商业建筑和民用建筑,为了满足生产和生活的需要,必须提供安全、卫生、健康、舒适而高效的工作和生活环境,这种良好的建筑室内环境需要健全的建筑设备系统来提供。建筑环境与能源应用工程专业学科研究的主要内容就是如何妥善设置为建筑服务的设备系统,如供热、通风、空气调节、燃气、建筑供配电等设备系统,使建筑物发挥应有的功能,以及研究如何利用建筑和这些设备系统来创造良好的建筑室内环境,使建筑能满足生活和生产工艺的需求,并降低能源消耗,避免环境污染。同时,随着经济的发展和生活水平的提高,人们对建筑环境与能源应用工程的要求也可能不断发生变化,建筑环境与能源应用工程专业学科的内涵和外延可能不断扩展,也可能和其他专业学科互相渗透和互相影响,可能产生新的交叉和边缘学科或方向。这些因素使得本学科的专业内容不断推陈出新。

从学科和专业的研究内容来说,建筑环境与能源应用工程的研究领域已经涉及可持续建筑设计、建筑环境、建筑节能、智能建筑等方面。从专业教育的角度来说,很多开设建筑环境与能源应用工程专业的高等学校从自身的历史特点和地方特色出发,根据全国高等学校建筑环境与能源应用工程专业指导委员会的制订的专业框架,开设了不同的方向。目前,我国各高校建筑环境与能源应用工程专业所开设的主要专业方向或模块有:暖通空调方向、城市燃气供应方向、建筑电气与建筑智能化方向。这些高校在新修订各专业方向的专业培养目标、培养方案及主干课程时,较充分地考虑了当地地域特点、经济发展特点和自身的办学条件等。一般来讲,各高校以往开设的公共基础课和专业基础课是相同的,进入大学三年级以后,才按专业方向进行培养,各专业方向的专业课程(群)组及选修课的设置具有较大的特色。

专业和专业方向的关系就是共性与个性的关系,不管学生选学什么方向,建筑环境与能源应用工程专业要求的总学分基本不变，学制一般为四年，对完成并符合本科培养要求的学生授予工学学士学位。

由于学习时间有限，一名学生只能选修 1 个或者 2 个专业方向，而对其他方向进行基本了解。因此，学生在掌握基本知识的基础上，可以根据自己的兴趣和爱好，选择自己最合适的方向。基于这个原因，很多高校在大学三年级划分专业方向，对学生进行重点培养。

4.1.1 暖通空调方向

暖通空调方向是建筑环境与能源应用工程专业最大的、最基本的一个专业方向，很多高校如果没有进行分方向培养，一般只开设这个专业方向。主要培养的是从事工业与民用建筑的采暖、供热、通风净化、制冷空调、环境声学、区域冷热源站以及楼宇自动控制的工程设计、施工与运行管理，相关设备的研制和建筑新能源开发利用工作的高级工程技术人才。

暖通空调方向按专业基本的要求，所设的必修课程主要有：画法几何与工程制图、计算机基础、计算机辅助设计、暖通空调、空调用制冷技术、电子与电工学、专业英语等。选修课程有：安装工程造价、暖卫管道安装工程施工技术、建筑设备自动化、建筑供配电与照明、建筑弱电工程、建筑电气工程施工技术、专业英语等。

对暖通空调方向有较高的要求，则还要掌握建筑节能、热泵技术、燃气空调、太阳能利用、建筑环境评估等方面的知识和内容。表 4.1 是某高校开设的暖通空调专业方向的选修课程情况。

表 4.1 某高校建筑环境与能源应用工程暖通方向专业选修课

课程类别	课程名称	学分	总学时	实验学时	上机学时
专业方向选修课	建筑节能技术	2.0	32		
	冷热源工程	2.0	32		
	热泵技术	1.5	24		
	锅炉与锅炉房设计	1.5	24	4	
	暖通空调典型工程分析	1.0	16		
	燃气空调技术	1.0	16		
	工业通风	1.0	16		
	环境监测与评价	1.0	16		
	小计(至少选 10 学分)	11.0	176		

暖通空调方向的毕业生就业去向主要是建筑设计公司、建筑安装公司、建筑设备制造公司、房地产开发公司、物业管理公司、建筑监理公司、建筑环境控制、造价审计、施工管理等公司或部门。

4.1.2 城市燃气方向

城市燃气方向在经历了一段发展低潮期后，近年来受国家能源政策的影响，教学和科研重新活跃起来。我国城市化的快速发展,城市天然气事业的不断进步,对燃气行业的从业人员的数量和质量有了新的需求,从而刺激了城市燃气供应方向的发展。建设部制订的《建筑事业“十五”计划纲要》指出,“十五”期间要继续增强对城镇基础设施建设的投入,使城镇人居环境质量得到明显改善。其中,在城市市区人口中,燃气的普及率要达到92%。可以预见,随着对城市环境的重视和对清洁能源的需求,21世纪中国将迎来城市燃气发展的高峰期。我国将逐步形成以陕甘宁地区、四川盆地、新疆这三大天然气生产基地为龙头,向华北、东北、长江三角洲、珠江三角洲等经济发达地区辐射的燃气供应格局。以“西气东输”“俄气南供”“东南沿海进口液化天然气”“东部沿海近海天然气利用”等项目为代表的城市供气工程规划和建设,将极大地促进本专业城市燃气供应方向的发展。

城市燃气供应方向学习建筑物理环境、建筑室内环境和城市燃气供应、输配、储运等城市基础公共设施的基本理论、基础知识,以及燃气燃烧装置、燃气工程新技术和热能工程的相关专业技术,培养燃气、热力设施系统的设计、安装、调试、运行管理方面的高级工程技术人才。

城市燃气方向所设的必修课程主要有:传热学、工程热力学、流体力学、建筑环境学、画法几何与工程制图、机械设计基础、电子与电工学、流体输配管网、热质交换原理与设备、燃气输配、燃气工程施工等。选修课程有:燃气燃烧与应用、燃气气源概论、燃气安全技术、燃气测试实验技术、计算机辅助设计、暖通空调、自动控制原理、建筑设备自动化等。

城市燃气方向较高要求的课程有燃气工程计算机应用、燃气工程典型案例分析、燃气工程安全技术、新能源技术等方面的知识和内容。

表4.2是某高校城市燃气方向所开设的专业选修课程。

表4.2 某高校建筑环境与能源应用工程燃气方向专业选修课

课程类别	课程名称	学分	总学时	实验学时	上机学时
专业方向选修课	化工原理	1.5	24		
	燃气生产	1.5	24		
	城市燃气气源	2.0	32		
	燃气燃烧与应用	2.0	32	4	
	燃气工程计算机应用	2.0	32		16
	燃气空调技术	1.0	16		
	燃气工程典型案例分析	1.0	16		
	建筑环境与能源应用工程监理	1.5	24		
	小计(至少选10学分)	12.5	200		

城市燃气方向学生毕业后主要从事城镇燃气工程设计、规划、供应、施工、监理、油气工程等工作,以及燃气燃烧设备的开发研制和营销工作,工业与民用建筑和公共建筑的空调工程设计、施工、监理等工作。学生就业单位包括城市燃气供应公司、油气工程公司、燃气设备公司、建筑设计公司、建筑安装工程公司等。

4.1.3 建筑电气与建筑智能化方向

近年来,智能建筑大量兴起,社会对相关人才需求大增。为此,很多学校在自动控制专业或电气专业中开设了建筑电气与建筑智能化方向。很多开设建筑环境与能源应用工程专业的高校,也及时对市场的需求做出了反馈,在本专业设立这个新专业方向。该专业方向的建立有利于解决在建筑设备工程应用中存在已久的建筑设备专业与电气信息类专业难以衔接以及相关人才培养缺乏的问题。

建筑电气与智能化方向所开设的专业课程有:工程制图与 CAD、流体力学、工程热力学、电工电子技术、自动控制原理、智能建筑概论、建筑设备自动化、建筑供配电技术、建筑综合布线、建筑电气控制技术、楼宇自动化系统原理与应用、电力系统分析、建筑电气消防等。

对建筑电气与智能化方向有较高要求,所开设的专业课程还有:传热学、流体力学泵与风机、建筑环境学、空气调节工程、锅炉与供热工程、建筑给排水、制冷技术、微机控制技术等。表 4.3 列出了某高校建筑环境与能源应用工程建筑电气方向专业选修课。

表 4.3 某高校建筑环境与能源应用工程建筑电气方向专业选修课

课程类别	课程名称	学分	总学时	实验学时	上机学时
专业方向选修课	建筑自动化	2.5	40	4	
	智能建筑与综合布线	2.0	32	4	
	电力系统分析	2.0	32.	4	
	供配电技术	2.0	32		
	建筑电气消防	2.0	32	6	
	控制系统组态与编程	1.5	24	4	
	PLC 技术	1.0	16		
	小计(至少选 10 学分)	13.0	208		

建筑电气与智能建筑专业方向培养具有暖通空调系统与设备专业知识并掌握自动控制技术的复合型人才。毕业生应具备空调控制系统的技术应用及开发能力,空调控制系统施工、规划与管理能力,其就业去向主要是从事室内环境设备系统及建筑公共设施智能控制系统的设计、施工、安装调试、运行管理及建筑设备智能控制系统的开发、施工管理等工作。

4.1.4 建筑能源与环境模拟方向

人类在 21 世纪共同的主题是可持续发展,全球的资源短缺和环境问题,得到了世界各国的广泛关注,也吸引着建筑领域的专业人士开始研究和评估建筑对环境的影响。建筑师和设备工程师已经意识到,只有实现建筑业从传统的高能耗、高污染型发展模式转向高效节能环保型的可持续建筑,才能保证建筑领域支持国家,甚至全球的可持续发展战略。目前,在建筑设计领域,关于可持续建筑或者“绿色建筑”“生态建筑”“健康建筑”的设计和规划理念已经开始被广泛接受。随着可持续建筑的发展,世界上不少国家都相继推出了适合本国国情的“绿色建筑”评估体系,国际上对建筑节能和环境影响的研究和认证、评估的关注,从一个侧面反映了建筑可持续发展的重要性。不仅如此,发达国家还通过国际合作,大力帮助发展中国家开展可持续建筑研究和教育。

可持续建筑包括建筑与人和环境各方面的关系。其中,建筑能源消耗、建筑室内空气品质、水资源利用等方面占有重要地位,也与本专业密切相关。

该方向需要掌握的技能和可能从事的工作包括:一是面向建筑室内和区域环境模拟预测的软件和方法——建筑环境评估与模拟;二是面向建筑能耗模拟的软件和方法——建筑能源评估与优化;三是面向建筑设备的设计方法——建筑设备优化与控制。本专业调整专业名称和培养目标后,对毕业生的要求之一就是本专业学生成为绿色建筑技术方面的主要倡导者、良好室内环境与健康生活的主要技术实现者。

目前,建筑能源与环境模拟方向的课程在全国各高校本科教育中尚未开设,但一些较高层次的人才培养(如在硕士、博士的培养中),已有部分高校涉及这个方向,并做出了一些成绩。可以预见,随着可持续建筑设计和建设的需求增加,建筑能源与环境模拟方向的人才需求将越来越广,在不久的将来这个方向也可能成为本科层次人才的培养方向。

4.2 专业内容

4.2.1 基本的专业内容

1)供热工程

人们在日常生活和社会生产中都需要使用大量的热能。将自然界的能源直接或间接地转化为热能,以满足人们需要的一系列工程技术设施的总和,称为热能工程。生产、输配和应用中、低品位热能的工程设施,称为供热工程。建筑环境与能源应用工程专业领域内的供热(也称采暖)是指为了创造适宜的生活或工作条件,用人工的方法,保持一定室内温度的技术措施和设备系统。本专业主要研究集中供热的方法、技术、设备和系统应用。

在一个国家的能源消耗总量中,用以保证建筑物卫生和舒适条件的供暖、空调等能源消耗量占有较大的比例,在美国和日本约占 1/4 ~ 1/3;如果加上生产工艺用热所消耗的能源,所占比例就更大。因此,随着现代技术和经济的发展,以及节约能源的迫切要求,供热工程已成为热能工程中的一个重要组成部分,日益受到重视。

供热工程起源于 19 世纪。1877 年,首先出现区域供暖系统应用。供热工程主要的研究对象和专业内容,是以热水和蒸汽作为热媒的建筑物供热(采暖)系统和集中供热系统的工作原理和设计、施工运行的基本知识。集中供热系统由 3 大部分组成:热源、热力网(热网)和热用户。

①热源:在热能工程中,热源泛指外界能从中获得热量的任何物质、装置和天然能源。供热系统的热源,是指供热热媒的来源。目前,最广泛应用的是区域锅炉房和热电厂。在此热源范围内,用燃料燃烧产生的热能,将热水或蒸汽加热。此外,也可以利用核能、地热、电能、工业余热作为集中供热系统的热源。

②热网(热力网):由热源向用户输送和分配供热介质的管线系统,称为热网。

③热用户:利用集中供热系统热能的用户,称为热用户,如室内供暖、通风、空调、热水供应以及生产工艺用热系统等。图 4.1 是带混水器的供热管路系统原理图。

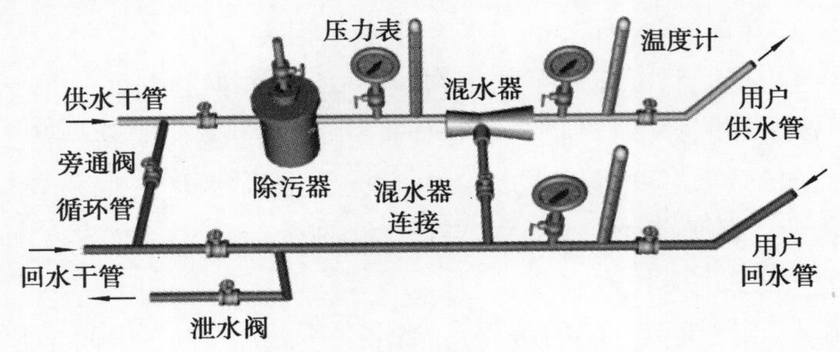

图 4.1 供热管路系统原理图

2)燃气供应工程

燃气供应工程是将固体或液体燃料加工取得的燃料气体,或直接从地下开采的天然气,经净化后作为生活和生产用的燃料输送给各类用户的工程。燃气包括天然气、人工燃气、液化石油气、生物质气等。中国是最早发现和最早利用燃气的国家之一。汉晋以来,常有关于“火井”和利用这种气源煮盐的史实记录。1792 年,苏格兰人 W. 默多克把煤干馏所得的煤气最先用于照明。燃气早期主要应用于照明,1882 年电灯的发明取代了燃气,于是燃气的主要用途从光源过渡到热源,灶具、热水器、采暖炉以及工业燃气设备和燃气炉窑等也都随之发展。1812 年在伦敦成立了世界上第一家煤气公司,其后,巴黎(1815 年)、利物浦和巴尔的摩(1816 年)、柏林(1826 年)、彼得堡(1835 年)等大城市相继建成了煤气厂。中国第一家经营城市煤气的企业设在上海,于 1865 年 11 月正式供气。

城市供燃气工程是城市建设的一项基础设施,通常由气源、输配系统和燃烧应用装置组成。中国较早建立供燃气设施的城市,除上海外,有大连(1907 年)、抚顺(1910 年)、鞍山(1919 年)、沈阳(1923 年)、丹东(1924 年)、长春(1925 年)、锦州(1938 年)、哈尔滨(1943 年)等 8 处。20 世纪 50 年代台湾地区引进了液化石油气。此后由于冶金工业的发展,推动了焦炉的建设,相应地促进了城市燃气事业。与此同时,四川省开始发展天然气。随着石油工业的发展,20 世纪 60 年代后期,北京、天津、南京等城市也开始使用液化石油气,并在上海、北京、沈阳等城市建成重油裂解制气装置。至今,已有 100 余个城市建有城市供燃气设施。

燃气供应工程的主要内容包括:

①气源方面:开发燃气的生产过程以及净化、加工等后处理工艺;因地制宜,合理选择气源和制气工艺;提高燃气质量,降低生产成本,保证安全可靠供气。

②输配方面:结合城市建设规划,优选合理的燃气输配系统,建立输气管线和配气管网,设置储气、压送和调压设备;监测管网运行工况,掌握消费规律,调节供需之间的不平衡性。

③应用方面:研究燃气的各种燃烧方式和规律,寻求高效的燃烧和传热方法,发展各种用途的燃气设备;完善燃气计量和测试方法;节约和安全使用燃气(见图 4.2)。这些内容可能由几门课程所组成。

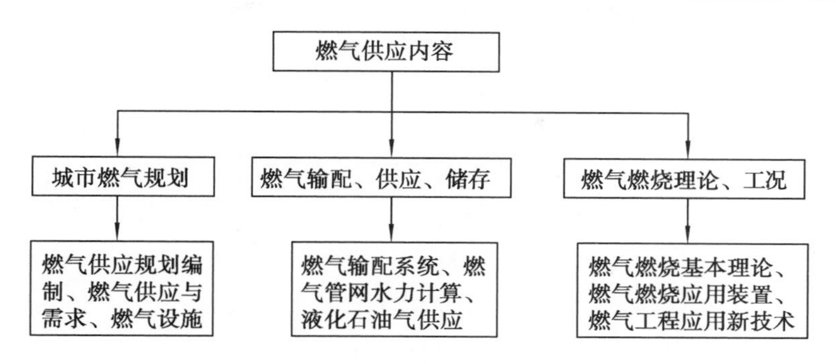

图4.2 燃气供应工程研究的主要内容

虽然我国是最早发现使用天然气的国家之一,但我国的天然气实际应用远远落在了欧美国家的后面。2002年我国的能源消费结构中,石油所占比例为23.4%,天然气所占比例仅为2.7%,均低于世界平均水平和主要能源消费国的一般水平。我国的燃气供应经过了3个发展阶段,第一阶段:20世纪80年代以前,以发展煤制气为主,用户少;第二阶段:20世纪80—90年代前期,LPG(液化石油气)、天然气得到很大发展,形成了煤气、LPG和天然气等多种气源的格局。LPG成为我国城镇燃气的主要气源之一;第三阶段:20世纪90年代后期,我国城镇天然气时代已经来临,小区管道燃气供应广泛使用。

3)通风工程

所谓通风,就是为了保持室内的空气环境满足卫生标准和生产工艺的要求,把室内被污染的空气直接或经过净化后排至室外,同时将室外新鲜空气或经过净化后的空气补充进来。通风工程就是研究通风的方法、设备、应用工程。按建筑对象来分,通风工程可以分为民用建筑通风和工业通风。建筑环境与能源应用工程专业开设的通风课程一般包括民用建筑通风和工业建筑通风的内容,讲授中不同学校有不同的侧重。

通风工程主要涉及的内容包括工业有害物种类及其来源和危害,消除工业和民用建筑空气中所含有害物的各种通风方法(自然通风、全面通风、局部通风、隧道通风、防烟排烟通风、空气净化原理与设备、通风管道设计计算、测量调试)。

按通风的方式来分,可以分为自然通风和机械通风方式。所谓自然通风方式,就是不需要任何动力,借助于自然压力——“风压”“热压”促使空气流动,通过计算,确定门、窗大小,方位或通过管道有组织,有计划的获得自然通风。机械通风是依靠通风机产生的作用力强制室内外空气交换的换气方法。机械通风的主要任务是:根据需要来确定调节通风量和组织气流,确定通风的范围,对进、排风可进行有效的处理。

工业与民用建筑中,应充分利用自然通风来改善室内空气环境,以尽量减少室内环境的能耗。

4)冷热源工程

冷热源工程是建筑环境与能源应用工程专业学习的主要内容。一般来讲,冷热源工程在这个专业中,学习的课程包含在多门课程之中(如锅炉与锅炉房设备、制冷技术、蓄冷技术等)。

冷热源工程涉及的主要内容是冷源及冷源设备（制冷技术、制冷机组、制冷设备、制冷剂等）、热源及热源设备（锅炉、热水机组）、冷热源一体化设备（热泵、吸收式制冷及设备）、冷热源系统设计（蓄冷技术）冷热源水处理系统、冷热源装置的自动控制、冷热源设备的运行管理和维护、冷热源机房设计等方面的内容。

①制冷技术：该技术是一门研究人工制冷原理、方法以及如何运用机械设备获得低温的应用技术。“制冷”就是使一空间内物体温度低于周围环境介质的温度，并连续维持这一温度的过程。实现制冷有 2 种途径：一是用天然冷源制冷，即利用地下水和天然冰；另一种是以消耗一定能量作为代价的“人工制冷”。制冷技术在国民经济中应用非常广泛。在食品工业方面，制冷技术应用最早。目前，在商业流通中冷库设施、冷藏船、冷藏列车、冷藏汽车以及冷藏柜台、冰箱等装置的使用逐渐普及，而冷藏库的服务范围，还扩大到了保存贵重皮毛、服装、药材、花卉、蚕种等方面。另外，由于制冷空调热泵行业广泛采用氢氟烃类物质（CFCs，包括 HCFC，HFC）对臭氧层有破坏作用，本领域面临严重的挑战。CFCs 替代已成为当前国际性的热门话题。

②冰蓄冷技术：该技术是 20 世纪 90 年代以来在国内外兴起的一门实用综合技术，它能对电网的电力起到“移峰填谷”的作用，有利于整个社会的资源优化配置。冰蓄冷空调是利用用电低谷时段制冷机组制冰，将冰量蓄存起来（见图 4.3 和图 4.4）。在用电高峰时段，化冰取冷，以供空调系统之需要。由于冰蓄冷技术的日益成熟，使得低温（低于常规空调 7 ℃供水温度）送风系统的应用成为可能。低温送风可以降低室内空气的湿度，使人感到空气更加清新，在满足人体舒适感的前提下，还可适当提高室内空气温度，在走出空调房间时，人体能很快地适应室外气温变化，而不会感到有太多的不适；同时，低温送风温度也可以抑止细菌的滋长，使人有一个健康的空气环境。

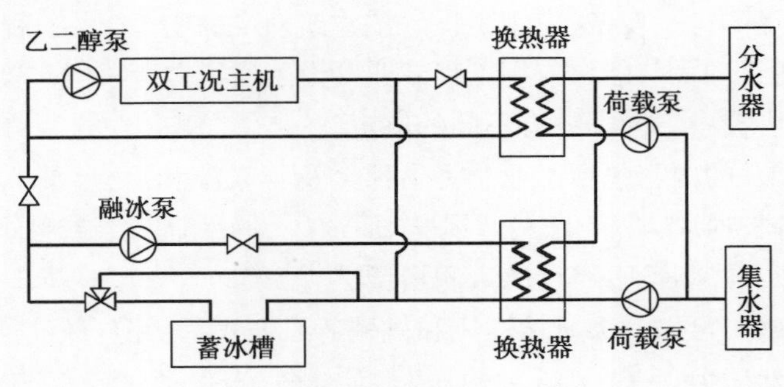

图 4.3　冰蓄冷系统示意图（并联方式）

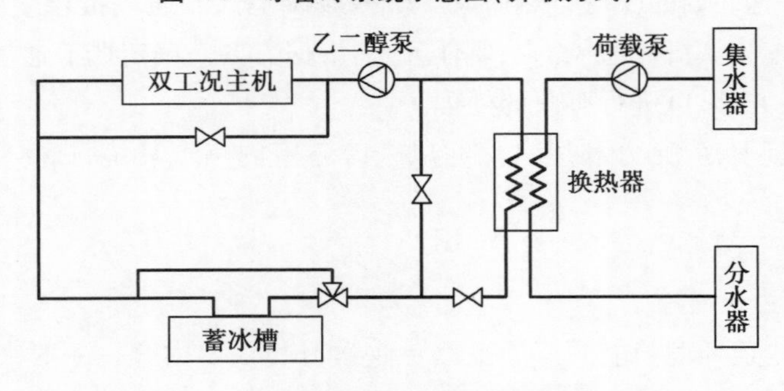

图 4.4　冰蓄冷系统示意图（串联方式）

③热泵技术:该技术是近年来建筑环境与能源应用工程领域研究和应用的一个热点。应该指出,热泵实质上是一种能量采掘机械,它以消耗一部分高品位能量(机械能、电能或高温热能等)把环境介质(水、空气、土壤、岩石等)储存的低品位能量发掘出来进行利用。其工作原理和制冷机相同,都是按热力学逆卡诺循环工作,所不同的是工作的温度范围和要求的效果不同。制冷利用的是低温物质(制冷剂)吸热所产生的低温环境,而热泵供热利用的是高温物体放热的能量,是一种比较合理的供热装置,经过合理的设计,它可以在不同的温差范围内运行;经过简单的工况转换,也可以变为制冷装置。因此,用户可以使用同一套装置在夏季用于空调,在冬季用于供热,非常方便。

根据热泵的热源介质不同,热泵可分为空气源热泵和水源热泵,而水源热泵又分为水环热泵和地源热泵。水环热泵是充分利用室内余热的一种热泵,冬季当室内余热不足时,可利用锅炉进行加热;夏季当室内余热过多时,可利用冷却塔进行排热(见图4.5)。地源热泵是利用地下的土壤、地表水、地下水温相对稳定的特性,通过消耗电能,在冬天把低位热源中的热量转移到需要供热或加温的地方,在夏天将室内的余热转移到低位热源中,达到降温或制冷的目的。采用地源热泵技术可以代替传统的利用锅炉作为热源和利用冷水机组作为冷源的空调系统。冬季它代替锅炉,从土壤、地下水或者地表水中取热向建筑物供暖;夏季它可以代替普通冷水机组向土壤、地下水或者地表水放热给建筑物制冷。同时,它还可供应生活用水,是一种有效地利用能源的方式。地源热泵(Ground Source Heat Pumps)系统包括3种不同的系统:以利用土壤作为冷热源的土壤源热泵,也有资料称为地下耦合热泵系统(Ground-coupled Heat Pump Systems)或者称为地下热交换器热泵系统(Ground Heat Exchanger);以利用地下水为冷热源的地下水热泵系统(Ground-water Heat Pumps);以利用地表水为冷热源的地表水热泵系统(Surface-water Heat Pumps)。

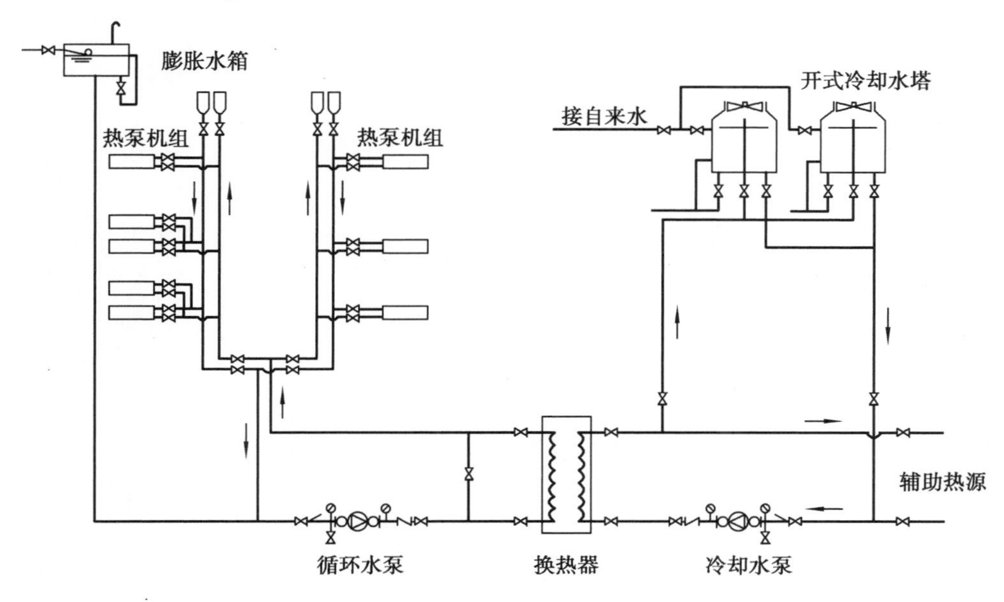

图4.5 水环热泵系统示意图

5）空气调节工程

空气调节工程是建筑环境与能源应用工程专业最基本的专业内容之一，是体现专业特色的学习内容。为学习空气调节工程的专业知识，很多高校开设了“空气调节”课程，有的学校在这门专业课之外，还开设了空气调节新技术课程、燃气空调技术、空气调节典型工程分析等专业选修课。

20 世纪，以工程热力学、传热学和流体力学为主要理论基础，综合机械、电工和电子等工程学科的成果，形成了一个独立的现代空调技术学科分支，它专门研究和解决各类工作、生活、生产和科学实验所要求的内部空气环境问题，空气调节的意义在于“使空气达到所要求的状态”或“使空气处于正常状态”。一个内部受控的空气环境，一般是指在某一特定空间（或房间）内，对空气温度、湿度、空气流动速度及清洁度甚至压力进行人工调节，以满足人体舒适和工艺生产过程的要求。有的还要求对空气的成分、气味及噪声等进行调节与控制。由此可见，采用技术手段创造并保持满足一定要求的空气环境，就是空气调节的任务。

一定空间内的空气环境一般受到两方面的干扰：一方面是来自空间内部生产过程、设备及人体等所产生的热、湿和其他有害物干扰；另一方面是来自空间外部气候变化、太阳辐射及外部空气中的有害物的干扰。所以，空气调节主要涉及以下内容：内部空间内、外扰量的计算；空气调节的方式和方法；空气的各种处理方法（如加热、加湿、冷却、干燥及净化等）；空气的输送与分配及在干扰量变化时的运行调节等。供暖及工业通风都是调节内部空气环境的技术手段，只是在调节的要求及在调节空气环境参数的全面性方面与空气调节有别而已。因此，可以说空气调节是供暖和通风技术的发展。空气调节对国民经济各部门的发展和人民物质文化生活水平的提高具都有重要的意义。这不仅意味着受控的空气环境对工业生产过程的稳定操作和保证产品质量有重要作用，而且对提高劳动生产率、保证安全操作、保护人体健康、创造舒适的工作和生活环境都有重要的意义。空气调节并非一种奢侈的手段，而是现代化生产和社会生活中不可缺少的保证条件。

空气调节应用于工业与科学试验过程一般称为工艺性空调，而应用于以人为主的空气环境调节则称为舒适性空调。需要工业空调起作用的典型部门，有以高精度恒温恒湿为特征的精密机械及仪器制造业。作为工业中常用的计量室、控制室及计算机房、均要求比较严格的空气调节。药品、食品工业及生物实验室、医院病房、手术室等，不仅要求一定的空气温湿度，而且要求空气的含尘浓度及细菌数量符合一定标准。此外，公共与民用建筑，交通运输工具均需空气调节。现代农业的发展与空气调节密切相关，宇航、核能、地下与水下设施以及军事领域，空气调节技术也都发挥着重要作用。然而，空气调节技术的发展，不仅要在能源利用、能量的节约和回收、能量的转换和传导设备性能的改进、系统的技术经济分析和优化及计算机控制等方面继续研究和开发，而且要进一步研究创造有利于健康的适于人类工作和生活的内部空间环境。

随着空调技术的不断发展，空气调节将由目前主要解决空间环境的温度与湿度控制，发展到对空间环境质量的全面调节与控制；同时，还将在能源利用、能量的节约和回收、能量转换和传递设备的性能改进、系统能量综合利用效果提高、寻求合理的运行规律等更广泛的领域展开研究，以求在更广泛的范围内，创造有利于健康的、适于人们工作和生活的安全舒适环境。

空气调节工程包括以下几个方面的学习内容：

①空气调节的基本原理和理论部分，重点介绍湿空气的物理性质，空气处理方法，空调冷(热)负荷的计算方法。

②空气调节设备及其系统部分，重点介绍主要的空气热湿处理设备的基本原理及一般空调系统的构成，空调系统的布置、形式。

③空气调节系统的相关知识，将重点介绍气流组织计算、空调系统的节能运行调节、净化处理、消声减振、防火排烟等内容。

④空调工程中的设计规范。

⑤空调工程的制图知识与技能。

6)建筑电气工程

建筑电气工程是建筑环境与能源应用工程专业的主要内容之一。建筑电气工程包括建筑强电工程与建筑弱电工程，涉及的课程包括电子与电工学、建筑自动化、智能建筑与综合布线、电力系统分析、供配电技术、建筑电气消防等。主要有以下几个方面的内容：

①建筑供配电系统：这部分的主要内容是确定建筑各部分的供电负荷和供电方式，学习供配电的主要设备的特点、性能和作用，建筑供配电线路的敷设，应急电源的设置、连接、选择、确定等。

②建筑电气照明：这部分的主要内容是学习照明的基本理论和知识，掌握各种光源的特点，掌握灯具的发光原理和特点，根据建筑环境设计照明。确定照明负荷，确定建筑电气的线路敷设等。

③建筑弱电与自动控制：这部分的主要内容是学习建筑电气中的电子技术用电系统，如火灾自动报警系统、电话通信、闭路监控电视、公用天线电视、公用建筑计算机经营管理、楼宇自动化系统、综合布线工程、建筑智能化等内容。

7)建筑消防设备工程

建筑消防设备工程的专业内容比较分散，实际上分布在不同的课程之中，如火灾探测和报警一般在“建筑电气”课程中学习，消防过程的防、排烟或防火分区理论和知识安排在空调与通风工程之中，建筑消防灭火、消火栓等知识则安排在建筑给水系统之中。

建筑消防设备工程系统介绍建筑消防系统设计、应用和维护管理方面的知识和各种实用技术措施。其主要包括火灾信息探测及数据处理方法，火灾探测器原理及应用，火灾自动报警系统结构及设计形式，建筑防火基础知识、建筑材料的高温性能、建筑防火和结构耐火、建筑灭火系统、建筑防烟、排烟系统和通风空调防火、电气防火、建筑消防设施及其维护保养、建筑消防安全管理的基本方法和工程应用、工程设计等。

8)室内空气品质

室内空气品质不同于室内污染，最初关于室内空气品质的定义是一系列污染物浓度指标，然而，随着研究的不断深入，人们发现单个的污染物浓度指标不能准确地反映室内空气质量的优劣,污染物浓度低的室内人们仍然感觉到很难受,室内空气品质的好坏还与居住者的主观感受、心理和生理条件紧密相关。在 ASHRAE 62-1989R 中,考虑了室内污染物浓度指标和人体主观感受两方面的因素,提出了可接受的室内空气品质(Acceptable Indoor Air Quality)和感受到可接受室内空气品质(Acceptable Perceived Indoor Air Quality)概念。可接受的室内空气品质定义为:空间中的绝大多数人对空气没有表示不满意,并且空气中没有已知污染物达到了可能对人体健康产生严重威胁的浓度。感受到可接受室内空气品质定义为:空调房中的绝大多数人没有因为气味和刺激而表示不满,它是可接受的室内空气品质的必要条件,不是充分条件,有些气体如 CO、氡、γ 射线等,对人体危害非常大,但无刺激,故仅用感受到可接受室内空气是不够的。

室内环境品质包括建筑室内热湿环境、室内空气品质、光环境和声环境,学习建筑环境的变化规律和控制要素,就是为了创造各种合适、舒适的室内环境。室内环境品质相关的专业知识主要在建筑环境学、空气调节、通风工程等课程中学习。

9)建筑节能技术

建筑节能涉及建筑、施工、采暖、通风、空调、照明、电器、建材、热工、能源、环境、检测、计算机应用等许多专业内容,是多学科边缘交叉和结合后形成的一门综合性的技术。它包含了多个领域,很多高校为综合讲述建筑节能的知识,专门开设了建筑节能课程。

建筑节能发展的重点领域为:研究新型低能耗的围护结构(包括墙体、门窗、屋面)体系成套节能技术及产品;新型能源的开发和能源的综合利用,包括太阳能、地下能源开发利用和能源综合利用;室内环境控制(采暖、通风、空调、照明等)成套节能技术的研究和设备开发;利用计算机模拟仿真技术分析暖通空调系统和对其进行智能控制、计量和管理,最大限度地降低运行能耗;现有建筑的节能改造成套技术,特别是围护结构和采暖空调系统改造。

建筑节能的关键技术为:围护结构的热传递机理;节能指标体系优化方法及建筑低能耗围护结构组合优化设计方法,冷热源的优化运行方式,包括暖通空调系统运行工况优化调控,冷热负荷的预测技术,调节控制软件等;建筑室内温度控制和冷热量计量控制成套技术,包括适合中国国情的控制产品和冷热量计量装置;新能源供热制冷成套技术的研究开发,包括地热能、太阳能、地下和地面水体蓄能等的开发利用,低能耗建筑的综合设计体系研究,建筑设计、环境控制和节能设计的优化匹配,节能建筑和节能设备优选和集成,以及相应优化节能设计软件的开发等。

4.2.2 专业新技术应用

按学习阶段和学生层次不同要求,本专业还需要掌握部分较深入的内容,这些内容也是一些新的技术,虽然有的高校并不一定会开设,但也许成为今后的专业方向之一。

现代新材料、新能源、计算机、电子技术的快速发展,促进了建筑设备工程技术的发展,建筑技术和建筑设备工程的面貌发生了巨大的变化:

第一,各种聚合材料、新功能材料在建筑设备工程中得到了广泛的应用。

第二,各种专业新技术使设备正朝着体积小、质量轻、功能全、噪声低的方向发展,使建筑设备工程越来越精致、美观、高效。

第三,新能源和计算机技术。

各种建筑设备能够采取自动化和最优化控制,既提高效率,又节约费用,还保护环境,使这个老专业焕发了新的光彩。例如,国外广泛使用的被动式太阳能采暖及降温装置,为采暖、通风、空调技术提供了新型的冷源和热源;使用程序控制装置调节建筑物的通风空调系统,可以使建筑物的通风量随气象参数自动调节,保证了室内卫生舒适条件。使用自动温度调节器,可以保证室内采暖及空调的设计温度,并节约了能源。

1)空调洁净技术

空气洁净技术是一门新兴的综合性现代化技术,它是控制室内微环境污染的技术,目的在于建立室内洁净环境。洁净环境的主要指标是空气洁净度,即对空气中尘埃颗粒浓度的要求。早在20世纪50年代,美国在朝鲜战场上就发现灰尘导致大量的电子仪器失灵、返修率高。于是,美国开始了室内生产环境空气尘埃污染的控制即空气洁净技术的研究,空气洁净技术由此而诞生。

社会发展使得洁净空调技术已经成为一个新的研究热点。洁净空调技术在医院、制药车间、电子车间等有非常广泛的应用。

空气洁净技术主要包含两个方面的内容:一是保证送进室内空气的洁净,二是保证可能污染室内洁净环境的潜在污染源处于可控制状态。因此,空气洁净技术应属于质量保证技术的范畴。空气洁净技术的主要控制指标是空气洁净度与室内静压,辅助指标还包括气流速度、新风比、噪声、照度和眩光等。空气洁净度是指洁净环境中空气所含尘埃颗粒量多少的程度,含尘浓度高则洁净度低,反之则洁净度高。空气洁净度的具体高低则是用空气洁净度级别来区分的。我国现行的洁净度标准分为9个等级,分别为0.01,0.1,1,10,100,1 000,10 000,100 000,1 000 000级,每立方米空气中粒径≥0.5 μm的尘埃颗粒量少于35颗即是1级,少于3 500颗的即是100级(见表4.4)。

表4.4　空气洁净度等级

等　级	每立方米空气中≥0.5 μm尘粒数	每立方米空气中≥5 μm尘粒数
100级	≤35×100(3.5)	—
1 000级	≤35×1 000(35)	≤250(0.25)
10 000级	≤35×1 000(350)	≤2 500(2.5)
100 000级	≤35×100 000(3 500)	≤25 000(25)

2)太阳能在建筑中的应用

利用太阳能供电、供热、供冷、照明,建成太阳能综合利用建筑物,是国际太阳能学术界的热门研究课题,也是太阳能利用的一个新发展方向。美国、德国、日本、意大利等国家都已建成这种全部依靠太阳能的示范建筑物。

太阳能建筑的发展大体可分为三个阶段:

第一阶段为被动式太阳房,它是一种完全通过建筑物结构、朝向、布置以及相关材料的应

图4.6 太阳能电池在建筑上的应用

用进行集取、储存和分配太阳能的建筑。

第二阶段为主动式太阳房，它是一种以太阳能集热器与风机、泵、散热器等组成的太阳能采暖系统或者与吸收式制冷机组成的太阳能空调及供热系统的建筑。

第三阶段是建筑应用太阳能电池(见图4.6)，为建筑物提供采暖、空调、照明和用电，完全实现“零能耗建筑”。

我国太阳能建筑的研究和应用还停留在第一阶段。太阳能空调及供热系统的成功，为第二阶段的主动式太阳房创造了条件。随着太阳能电池不断提高效率、降低成本，利用光伏技术解决建筑物用电问题日益可行。美国、欧洲和日本分别推出了“屋顶光伏计划”，美国计划至2010年安装1 000～3 000 MW，日本的目标是7 600 MW，太阳能电池与建筑结合成为一个必然趋势。

3)冷热电三联供

BCHP(Building Cooling Heating & Power)建筑冷热电联产，即通过能源的梯级利用，燃料通过热电联产装置发电后，变为低品味的热能用于采暖、生活供热等，这一热量也可驱动吸收式制冷机，用于夏季的空调，从而形成热电冷三联供系统。为了协调热、电和冷三种动态负荷，实现最佳的整体系统经济性，系统往往需要设置压缩式制冷机和锅炉，甚至蓄能装置等。BCHP主要由发电设备和吸收式制冷机两部分构成。

用于BCHP系统的发电设备有：常规涡轮发电机组、微型涡轮发电机组、柴油发电机组、燃气内燃发电机组、燃料电池和外燃发电机组。目前，与发电设备配套的吸收式制冷机组主要有：单效/双效蒸汽机、单效/双效热水机、单效/双效烟气机。

4)冷热计量

供热系统的计量与收费已成为目前专业内研究的一个热点。目前，常见的几种用热计量方式有：

(1)蒸发式热计量表

在传统供热方式的前提下，加装温控阀，采用蒸发式热计量表，一种来自欧洲的热计量方法，即在每一个热力入口设置热量表，根据各个房间在楼栋中的位置，合理设计蒸发式热计量表的刻度间距，采暖季结束后，按刻度值计算用热量。此方式操作复杂，准确性(蒸发式热计量表的安装位置、角度等的影响)、可靠性(人为破坏等因素)均不能得到保证；蒸发式热计量表需每年更换，读表工作量大且需进入每户的每个房间。所以，该方式在新建住宅中不宜使用，只适用于旧有系统改造加热计量的情况。

(2)集中供暖的分户式计量系统

每个热用户为一个独立的供热系统,各散热器水平连接(或采用地板采暖),将热表及关断阀门设置于公共空间,方便物业人员户外抄表计量。此方式优点明显,同时也存在一些问题。如水平管道安装位置的问题,采用管道明装,则存在美观问题,迫使户户吊顶、包管子;采用管道暗装,较合理的是埋地安装,则在需要采用新型管材,且地面做法也需要改进,加之管道增多,使得投资增加。另外,国产热表质量有待稳定。此方式是目前比较适合新建住宅的计量方式。

(3)分户式独立燃气炉供暖系统

这是一种最近被大量应用的供暖方式。此方式的优势在于将用热计量转化为用气计量,使得计量变得非常简单。对于开发商来说,省出了锅炉房、煤场、灰场(指燃煤锅炉)的投资,以及热力外线的施工。但对于热用户来说,与集中供热相比,在大致相等的运行费用下,只能得到比较差的供热质量;反之,如果要得到与集中供热方式相同的供热效果,则需要 2 ~3 倍的运行费用。而且,在这种供热方式下,本应该由开发商或物业方面承担的锅炉及外线的折旧费、维护费,均转嫁到热用户的头上。另外,从环境角度出发,分散的小燃气炉废气得不到有效的处理(甚至只是高空排放),将整个居住区整个采暖季笼罩在 CO_2 之中(小型电锅炉可以解决这一问题)。因此,此方式只是燃气资源丰富地区,在过渡时期的过渡方式。在上述两种新建住宅的用热计量方式中,分户式独立燃气炉供暖系统会很快被市场所淘汰,集中供暖的分户式计量系统将会在今后的很长一段时间内应用于大量的住宅中,当供暖不再存在欠费问题时,可能会再改为传统的供暖方式或其他更经济的方式。随着住宅商品化的来临,“用热可调,计量收费”是必然的,应尽快总结出最合理、最经济的供暖计量系统,并制定出相应的法令法规,以缩短这段“过渡时期”。

中央空调冷量计量与集中供暖的分户式计量系统有相似之处,但区别在于夏季供冷水温、空调供回水流量远比供暖温差小,水流量大。

5)CFD 技术

CFD(Computational Fluid Dynamics)是计算流体力学的英文简称。其基本原理是数值求解控制流体流动的微分方程,得出流体流动的流场在连续区域上的离散分布,从而近似地模拟流体流动情况,即 CFD = 流体力学 + 热学 + 数值分析 + 计算机科学。流体及其流动状态主要包括层流与湍流,牛顿流体与非牛顿流体,等等;热学包括热力学和传热学;数值分析是如何应用计算机解答人工难完成的计算,如处理无解析解的方程;计算机科学应用主要指计算机语言编写程序,如 C 语言,FORTRAN 语言。一般而言,CFD 通常包括以下几个主要步骤:建立数学物理模型(前处理)、数值算法求解、结果可视化(后处理)。

CFD 在暖通空调专业中的应用十分广泛,范围主要有:

①自然通风的数值模拟:主要借助各种流动模型研究自然通风问题。

②置换通风的数值模拟:如地板置换通风、座椅送风等。

③高大空间的数值模拟:以体育场馆为代表的高大空间的气流组织设计及其与空调负荷的关系研究。

④洁净室的数值模拟:对形式比较固定的洁净室空调气流组织形式进行数值模拟,指导工

程设计。

⑤有害物散发的数值模拟:借助 CFD 研究室内有机散发污染物在室内的分布,研究室内 IAQ 问题。

⑥室外空气流动的大涡模拟:目前,已经有很多建筑小区和自然通风模拟的实例(见图 4.7)。建筑外环境对建筑内部居住者的生活有着重要的影响,所谓的建筑小区二次风、小区热环境等问题日益受到关注。采用 CFD 可以方便对建筑外环境进行模拟分析,从而设计出合理的建筑风环境。

⑦设备研究:如风机风管设计,冰箱,空调等。

图 4.7 使用 CFD 模拟出来的建筑通风情况

6)智能建筑

智能建筑的概念于 20 世纪诞生于美国。第一幢智能大厦于 1984 年在美国 Hartford 市建成。智能建筑在我国于 20 世纪 90 年代起步,但发展势头迅猛。智能建筑是信息时代的必然产物,建筑物智能化程度随科学技术的发展而逐步提高。它是传统建筑艺术技术与现代信息与控制技术的结晶,利用各种先进的科学技术为建筑本体提供基本或配套设施、并成为建筑物不可或缺少的一部分,为建筑物用户以及建筑物周边环境最终提供良好环境。这里的环境还可以包括信息环境、生态环境、人文环境、交通环境等。智能建筑不仅反映在最终结果上,而且也体现在建筑工业化过程中的自动化、信息化、生态化和智能化。因此,广义概念下的智能建筑学科高度交叉、内涵十分丰富、功能不断提高,它涵盖了建筑规划设计、建筑施工和建筑物运营(管理)全寿命周期过程。

智能建筑主要包括通信网络系统(Communication Network, CN),办公室自动化(Ofice Automation, OA),建筑设备管理自动化(Building Automation, BA)及建筑环境人性化 Ergonomics 4 种要素。智能大楼定义为:通过对建筑物的 4 个基本要素,即结构系统、服务、管理以及它们之间的相互关联的最优化考虑,采用信息技术来提供一个投资合理但高效率的舒适、安全、便利的环境。

7)可持续建筑理论与技术

随着全球能源短缺和环境的恶化,人们越来越关注人类自身的生存方式,包括“住”的方式,即建筑的形态。现代建筑的目标除了满足建筑空间的功能外,还需要用最小的能源、资源消耗和对周围环境的最小影响,创造适宜的生活或工作环境。

从德国托马斯《太阳能在建筑与城市规划中的应用》一书出版到近年来美国建筑界的绿色建筑运动,从北京大兴义和庄的“新能源村”建设到国外在生态高技术下建造的各种形式的生态建筑,可持续建筑在理论上、技术上及建筑设计的实践上都取得可喜的成就。可持续建筑有时又被称为“绿色建筑”“生态建筑”,是从不同角度或习惯得来的不同名称。

可持续建筑的实践不仅需要建筑师和工程师具有生态节能环保的理念,并采取相应的设计方法,还需要管理者、业主都具有较强的环保意识。这种多层次合作关系的介入,需要在各个过程中确立明确的评价及认证系统,以定量的方式检测建筑设计可持续目标达到的效果,用一定量指标来衡量其所达到的预期环境性能实现的程度。评价系统不仅指导检验可持续建筑实践,同时也为建筑市场提供制约和规范。促使在设计、运行、管理和维护过程中更多考虑环境因素。引导建筑向节能、环保、健康舒适、讲求效益的轨道发展。

近十多年来,围绕着可持续建筑的推广和发展要求,世界一些发达国家相继推出了各自不同的建筑环境评价方法,并有相应的标准和模拟软件来评价。如美国 LEED 可持续建筑评估体系(见表4.5)、德国的生态导则 LNB,英国的 BREEM 评估体系、澳大利亚的建筑环境评价体系 NABERS、加拿大的 GBTool、挪威的 EcoProfile、法国的 ESCALE、荷兰的 ECO-Quantum、德国的 ECO-PRO、法国的 EQUER 等。日本等国家也相继推出了针对可持续建筑设计的评价体系。这些评价体系基本上都涵盖了可持续建筑的 3 大主题,并制定了定量的评分体系,对评价内容尽可能采用模拟预测的方法得到定量指标,再根据定量指标进行分级评分。对于难以定量预测的内容,采用定性分析、分级打分的方法。这些评估体系的制定及推广应用对于推动全球可持续建筑的发展起了重要的作用。

表4.5 LEED-CS 主要内容和分级标准

序号	内 容	分值/分	比例/%	先决条件
1	可持续的场地设计	15	23	1 项
2	有效利用水资源	5	8	—
3	能源与环境	16	25	3 项
4	材料与资源	11	17	1 项
5	室内环境质量	13	20	2 项
6	建筑革新设计	5	23	—
	总 分	65		
评级结果:24~29 分:通过;30~35 分:银级;36~47:金级;48 以上:白金				

4.3 专业应用软件简介

计算机应用于暖通空调领域始于 20 世纪 60 年代后期,最初是从空调负荷的动态计算开始的。由于世界性的能源危机,促使人们在空调设计中需要考虑运行过程中的能耗问题,从而发展了全年能耗分析方法和能耗模拟软件。计算机在建筑热、湿过程的模拟与仿真、通风空调气流的数值解、空调系统及冷热源设备的多工况最佳调节与集中管理、暖通空调设备的计算机故障检测、空调通风工程计算机设计等方面的应用发挥了巨大的作用。计算机技术和本专业相结合,显示出强大的生命力。

目前,已经开发出来专业软件数目众多,按用途来分,可以分为三类:

第一类是工程设计类,包括计算机绘图与计算软件,如 AutoCAD,暖通设计鸿业软件、天正软件等。

第二类是能耗和环境模拟软件,如美国的 DOE 能耗模拟工具等。

第三类是建筑设备诊断软件和工具等,如麦克维尔公司开发的制冷机组诊断软件等。

这些软件和工具在网站上一般都可以免费下载,有的提供了试用版本。这些软件除部分工程设计软件外,绝大多数商用软件在本科阶段一般不会涉及,但在更高层次的人才培养或以后的工作中可能接触,为扩大专业视野,在此做一些简单的介绍。

4.3.1 工程设计软件和工具

1) AutoCAD

CAD(Computer Aided Design)是计算机辅助设计的英文缩写,是计算机技术的一个重要的应用领域。AutoCAD 则是美国 Autodesk 企业开发的一个交互式绘图软件,是用于二维及三维设计、绘图的系统工具,用户可以使用它来创建、浏览、管理、打印、输出、共享及准确复用富含信息的设计图形。

AutoCAD 是目前世界上应用最广的 CAD 软件,具有如下特点:

①具有完善的二维图形绘制功能。

②有强大的图形编辑功能。

③可以采用多种方式进行二次开发或用户定制。

④可以进行多种图形格式的转换,具有较强的数据交换能力。

⑤支持多种硬件设备。

⑥支持多种操作平台。

⑦具有通用性、易用性,适用于各类用户。

此外,从 AutoCAD 2000 开始,该系统又增添了许多强大的功能,如 AutoCAD 设计中心(ADC)、多文档设计环境(MDE)、Internet 驱动、新的对象捕捉功能、增强的标注功能以及局部打开和局部加载的功能,从而使 AutoCAD 系统更加完善。虽然 AutoCAD 本身的功能集已经足以协助用户完成各种设计工作,但用户还可以通过 Autodesk 以及数千家软件开发商开发的五千多种应用软件把 AutoCAD 改造成为满足各专业领域的专用设计工具。这些领域中包括建筑、机械、测绘、电子以及航空航天等。

2) 天正建筑设计软件

天正建筑(TArch)系列设计软件是目前国内最普及的建筑软件之一,也是建筑设计各专业间文件交换的事实标准。天正建筑软件以工具集为突破口,结合 AutoCAD 图形平台的基本功能,使在建筑设计方案到施工图的各阶段在平面、立面、剖面都有灵活适用的辅助工具,还为三维方案提供了独特的三维建模工具。

天正建筑 CAD 系列软件包括了建筑设计软件、暖通空调设计软件、给水排水、建筑电气设计软件、建筑结构设计软件、市政道路设计软件、市政管线设计软件、日照分析软件、工程造价软件、节能设计软件等全系列的设计工具。这些软件都是基于 AutoCAD 平台开发,自带快速建模工具。

天正建筑系列设计软件功能贯穿了建筑方案、初步设计及施工详图的整个建筑设计全过程。在其中可任意选择适应当前设计阶段所需的工具加以使用,而并不要求一开始划分设计阶段,因此增加了设计的灵活性。它既满足方案设计中要求的灵活多变,又能达到施工图阶段的详细、准确程度。天正重视与其他建筑软件的接口,从其他软件绘制的平面图,甚至是纯AutoCAD下绘制的平面图,只要图层划分明晰,都可以转入TArch;同时,提供向建筑以外专业传条件图的功能,可将建筑平面图按各专业要求进行简化。天正图库支持网络共享,同时保留个人独立定义图库目录,个人图库在本机硬盘存储,安全可靠。

天正建筑节能分析软件TBEC基于天正建筑软件TArch开发,涵盖采暖地区(包括严寒A区、B区和寒冷地区)、夏热冬冷地区、夏热冬暖地区等国内各建筑气候分区,适用于居住建筑、公共建筑等各类建筑的节能分析和计算。TBEC既能进行建筑围护结构规定性指标的计算和验证,又能进行全年8 760 h的动态能耗指标的计算,也能进行采暖地区建筑物耗热量和采暖耗煤量计算,并与国家标准和各地方标准进行一致性判定,生成符合节能设计和施工图审查要求的节能分析报告书及审查表。

3)鸿业空调设计系列软件

鸿业工程类CAD系列设计软件由鸿业科技公司所开发,包括给水排水设计软件、暖通空调设计软件、规划总图设计软件、市政道路设计软件、市政管线设计软件、日照分析系列设计软件等。其中暖通空调工程软件包括空调冷负荷、空调热负荷、采暖热负荷的计算。负荷计算符合最新的国家规范,软件中建立了全国的气象参数库,通过简洁的数据输入,可快速生成Excel格式的计算书,简洁明了,便于验算。采暖热负荷的计算可对户间传热进行单独的计算和统计,适用于分户热计量系统的设计。这个软件也可以动态生成任意大气压下的.dwg格式焓湿图。可查询、标注图中任一点的空气状态参数。一次回风、二次回风等空气处理过程的计算结果,可以保存并标注于i-d图中。此外,还可以完成空调水系统设计。空调水系统设计模块中,末端设备风机盘管设备数据可以进行自行扩充,图形表示有多种可选择。能够进行平面图自动连线、水力计算,立管计算,能够自动由平面图生成系统图。

4.3.2 建筑能耗和环境模拟软件

1)FLUENT模拟软件

FLUENT是全球排名第一的CFD软件,一直主导着CFD的行业标准,用于计算流体流动和传热问题。它提供的非网格生成程序,对相对复杂的几何结构网络生成非常有效。可以生成的网格包括二维的三角形和四边形网格;三维的四面体、六面体及混合网格。FLUENT还可以根据计算结果调整网格,这种网格的自适应能力对于精确求解有较大梯度的流场有很实际的作用。由于网格自适应和调整只是在需要加密的流动区域里实施,而非整个流场,因此可以节约计算时间。

(1)FLUENT软件的主要应用范围

①可压缩与不可压缩流动问题。

②稳态和瞬态流动问题。

③无黏流,层流及湍流问题。

④牛顿流体及非牛顿流体。

⑤对流换热问题(包括自然对流和混合对流)。

⑥导热与对流换热耦合问题。

⑦辐射换热。

⑧惯性坐标系和非惯性坐标系下的流动问题模拟。

⑨用 Lagrangian 轨道模型模拟稀疏相(如颗粒、水滴、气泡等)。

⑩一维风扇、热交换器性能计算。

⑪两相流问题。

⑫复杂表面形状下的自由流动问题。

(2)FLUENT 程序软件的组成

①GAMBIT:用于建立几何结构和网格的生成。

②FLUENT:用于进行流动模拟计算的求解器。

③prePDF:用于模拟 PDF 燃烧过程。

④TGrid:用于从现有的边界网格生成体网格。

⑤Filters(Translators):转换其他程序生成的网格,用于 FLUENT 计算。

可以接口的程序包括 ANSYS,I-DEAS,NASTRAN,PATRAN 等。

2)DOE 能耗模拟软件

DOE 能耗模拟软件是在美国能源部(U. S. Department of Energy)和电力研究院的资助下,由美国劳伦斯伯克利国家实验室(LBNL)和 J. J. Hirsch 及其联盟(Associates)共同开发。经过近 20 年的开发和不断完善,DOE-2 成为目前世界上最为广泛使用的能源模拟程序。

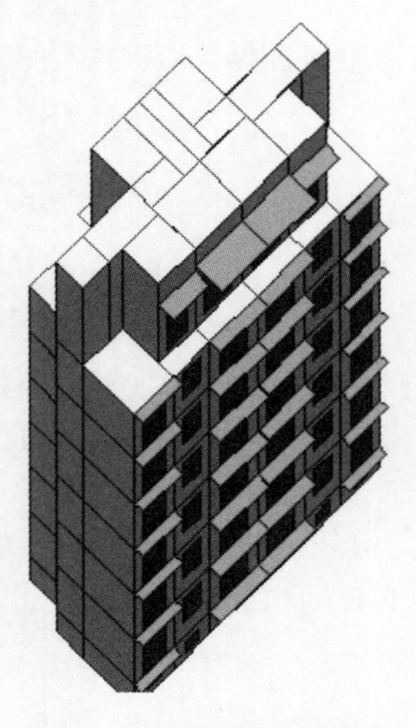

图 4.8 使用 DOE2.2 软件所建立的建筑模型

DOE-2 能够快速详细地分析建筑能量消耗,它包括负荷计算模块、空气系统模块、机房模块、经济分析模块和报告模块。负荷模块利用建筑描述信息以及气象数据计算建筑全年逐时冷热负荷。冷热负荷,包括显热和潜热,与室外气温、湿度、风速、太阳辐射、人员班次、灯光、设备、渗透、建筑结构的传热延迟以及遮阳等因素有关。空气系统模块利用负荷模块的结果以及用户输入的系统描述信息,确定需要系统移去或加入的热量。该模块考虑了新风需求、系统设备控制策略、送回风机功率以及系统运行特性。机房模块利用系统模块结果以及用户输入的设备信息,计算建筑及能量系统的燃料耗量和耗电量。该模块考虑了部分负荷性能。经济模块计算生命周期的运行费用。输入数据通常包括建筑及设备成本、维护费用、利率等。报告模块还能自动产生结果输出报告。图 4.8 是使用 DOE2.2 软件所建立的建筑模型,可以进一步模拟出建筑的能耗情况。

3) EnergyPlus

这是一个用来模拟建筑物及其相关的供热、通风和空调等设备的软件,于1996年开始研制开发,2001年投入使用,是美国劳伦斯·伯克利国家实验室等科研机构最新开发的能耗分析软件。其主要特点有:采用集成同步的负荷/系统/设备的模拟方法;在计算负荷时,用户可以定义小于1小时的时间步长,在系统模拟中,时间步长自动调整;采用热平衡法模拟负荷;采用CTF模拟墙体、屋顶、地板等的瞬态传热;采用三维有限差分土壤模型和简化的解析方法对土壤传热进行模拟;采用联立的传热和传质模型对墙体的传热和传湿进行模拟;采用基于人体活动量、室内温湿度等参数的热舒适模型模拟热舒适度;采用各向异性的天空模型以改进倾斜表面的天空散射强度;先进的窗户传热的计算,可以模拟包括可控的遮阳装置、可调光的电铬玻璃等;日光照明的模拟,包括室内照度的计算、眩光的模拟和控制、人工照明的减少对负荷的影响等;基于环路的可调整结构的空调系统模拟,用户可以模拟典型的系统,而无需修改源程序;与一些常用的模拟软件链接(如WINDOWS,COMIS,TRNSYS,SPARK等),以便用户对建筑系统做更详细的模拟;源代码开放,用户可以根据自己的需要加入新的模块或功能。

4) eQuest 快速能耗模拟软件

开发该软件的主要目的在于让逐时能耗模拟能够为更多的设计人员更方便地应用。eQuest最初只为加利福尼亚州开发,却得到了世界各地的反馈。建筑eQuest采用强大的计算核心DOE-2,但简化了DOE-2建模的过程。并在DOE-2的基础上作了大量的优化;使工程师能在极短的时间内做出一份非常专业的建筑能源分析报告。它适用于建筑设计的各个阶段,包括概念设计阶段,对任何设计团队(建筑师或者工程师而言)都适用图形化的模拟报表系统。

Quest(Doe-2)能够模拟的一些特殊的空调系统,如地源热泵系统水侧变流量系统、双风机双风管变风量系统(Dual-Fan Dual-Duct VAV systems)、自然通风、热电联产、蓄能系统、建筑能源光电转换(仅限高级用户)、热回收通风(仅限高级用户)等。

5) Ecotect 生态建筑分析大师

Ecotect是一款综合性的生态建筑分析软件,由英国和爱尔兰联合开发,这个软件的目标是"提供一种非常容易的建筑性能分析方式(the Easy Way to Building Performance Analysis)"。这个软件可分析的内容包括热量分析、日照辐射分析、遮阳分析、资源能耗分析、声环境分析(混响,及反射)、视线分析及材料统计等。软件有比较强的建模能力和直观强大的表现能力(见图4.9),分析的领域广,计算结果可靠,尤其适用于建筑方案的定性分析和多方案之间的性能比较。

6) 建筑热环境设计模拟软件包(DeST)

清华大学开发的DeST建筑热环境设计软件包是一个基于功能的模拟软件,用于对建筑、方案、系统及水力计算进行模拟,以保证设计的可靠性。DeST通过采用逆向的求解过程,基于全工况的设计,DeST在每一个设计阶段都计算出逐时的各项要求(如风量、送风状态、水量,等

图4.9　使用 Ecotect 软件建模分析的教堂

等),使得设计可以从传统的单点设计拓展到全工况设计;在实际设计过程中,减少消耗在数据输入上的时间是非常重要的,DeST 采用了各种集成技术并提供了良好的界面,因此可以很方便地应用到工程实际中。

DeST 是建筑热环境及 HVAC 系统模拟的软件平台,该平台以清华大学十余年的科研成果为理论基础,将现代模拟技术和独特的模拟思想运用到建筑热环境的模拟和 HVAC 系统的模拟中去,为建筑热环境的相关研究和建筑热环境的模拟预测、性能评估提供了方便实用可靠的软件工具,为建筑设计及 HVAC 系统的相关研究和系统的模拟预测、性能优化提供了一流的软件工具。目前,DeST 有两个版本,应用于住宅建筑的住宅版本(DeST-h)及应用于商业建筑的商建版本(DeST-c)。

住宅建筑热环境模拟工具包(简称"DeST-h",见图 4.10)为中国国家自然科学基金重点项目"住区微气候工程热物理问题研究"的子课题,面向住宅类建筑的设计、性能预测及评估并集成于 AutoCAD R14 上。主要用于住宅建筑热特性的影响因素分析、住宅建筑热特性指标的计算、住宅建筑的全年动态负荷计算、住宅室温计算、末端设备系统经济性分析等领域。

DeST-c 是 DeST 开发组针对商业建筑特点推出的专用于商业建筑辅助设计的版本,根据建筑及其空调方案设计的阶段性,DeST-c 对商业建筑的模拟分成建筑室内热环境模拟、空调方案模拟、输配系统模拟、冷热源经济性分析几个阶段,对应的服务于建筑设计的初步设计(研究建筑物本身的特性)、方案设计(研究系统方案)、详细设计(设备选型、管路布置、控制设计等)几个阶段,能够根据各个阶段设计模拟分析反馈指导各阶段设计。例如:

①在建筑设计阶段,为建筑围护结构方案(窗墙比、保温等)以及局部设计为建筑师提供参考建议。

②在空调方案设计阶段模拟分析空调系统分区是否合理、比较不同空调方案经济性、预测不同方案未来的室内热状况、不满意率情况。

③在详细设计阶段通过输配系统的模拟指导风机、泵设备的选型,以及不同输送系统方案的经济性。冷热源经济性分析指导设计者选择合适的冷热源。

DeST-c 现已广泛用于商业建筑设计过程中,先后应用于国家大剧院、深圳文化中心、西西工程等大型商业建筑的设计过程,并对中央电视台、解放军总医院、北京城乡贸易中心、发展大厦等多栋建筑空调系统改造进行模拟给出改造方案。

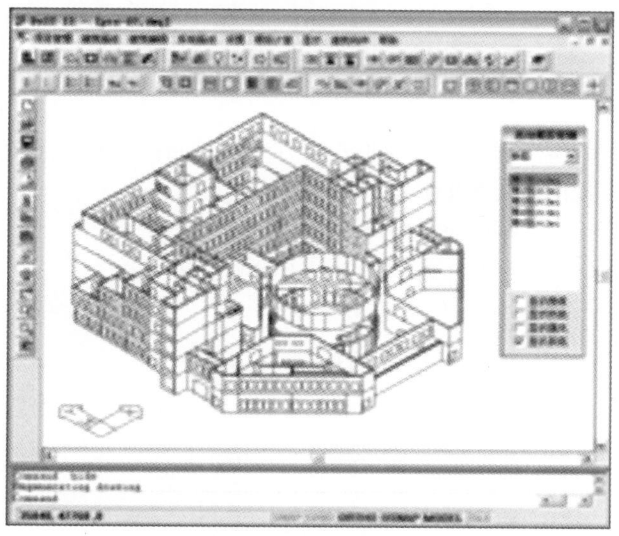

图 4.10　建筑热环境模拟工具包示意界面

阅读材料

日本专家:空调省电 40% 是什么概念?

(资料来源:光明日报,佚名)

近几年,变频空调能够节能的理念逐渐被消费者接受。变频空调与普通空调相比,在一个月内,能够省电 30% ~40%。遗憾的是,目前变频空调在中国普及率还很低。那么,该如何解决这个问题?

工藤明忠是日本大金空调企业的高级管理员,在上海工作了十几年,又被派到北京营业部当总经理。一到北京,工藤特别注意观察如何推广空调节能减排。几个月下来,他终于有了新发现。工藤明忠表示,奥运会让许多人发现北京的天蓝了、环境好了,北京市政府和市民付出了非常大的努力,其中很重要的是让人们少开车,这确实减少了大气污染,很成功。但是,人们不应该光盯着路上的汽车,其实大街小巷里建筑物的墙上挂着的无数空调机,每天消耗大量的电能,也和汽车差不多,需要治理。

遗憾的是,变频空调在中国的普及率现在还很低。在家用空调市场销量与变频比率方面,工藤推测:日本市场是 750 万台,变频空调比率 100%;欧洲市场是 800 万台,变频空调比率是 25%;而中国空调市场是 2 100 万台,但变频空调只占 7%,还处在很低的水平。如果中国未来的空调变频率达到 100% 的话,10 年内将能减少排放 2.7 亿吨的 CO_2,相当于植树 1 亿棵的减排效果。

工藤明忠认为:“中国政府在制定第十一个五年规划中,确定了单位 GDP 耗能降低 20%。实现这个目标并非易事,这就更值得我们认真考虑是否要加快空调变频化的步伐。”

思考题

4.1　建筑环境与能源应用工程专业的专业方向有哪些？每个方向主要的课程包括哪些？

4.2　建筑环境与能源应用工程专业主要的学习内容是什么？

4.3　建筑环境与能源应用工程专业有哪些新技术应用？

4.4　建筑环境与能源应用工程专业有哪些常用的应用软件工具？

5

专业活动与专业资源

本章主要介绍建筑环境与能源应用工程专业学科的国内外学术组织、学术会议、刊物、大学等专业活动和专业资源，这些专业活动和专业资源对推动本专业学科的技术发展、工程应用、人才培养起到了非常重要的作用。大学生通过了解这些专业活动和专业资源，既可以及时跟踪本领域的动态，也可以及时更新专业领域的最新知识，还可以利用这些专业资源进行课程学习。

5.1 专业学术组织

5.1.1 主要国际学术组织

1）美国供热、制冷、空调工程师学会（ASHRAE）

ASHRAE是American Society of Heating，Ventilation and Air-conditioning Engineering的缩写。它成立于1894年，是一个有55 000名会员的国际组织，其分会已经遍及于全世界。ASHRAE致力于通过研究、教育、制定规范、出版刊物来推动暖通空调及制冷行业的发展，以满足社会的需要。在暖通空调及制冷领域内，ASHRAE是世界上最久负盛名的国际性学术团体，所出版的国际性期刊在相关研究领域内具有重要影响。*ASHRAE Handbook*是暖通空调及制冷行业中最广为人知的参考用书，也是工程技术院校本专业学生最主要的参考书。

ASHRAE的网址：http://www.ashrae.org/

2）国际室内空气品质和气候学会（ISIAQ）

ISIAQ是International Society of Indoor Air Quality and Climate的缩写。在1990年多伦多召开第五届国际室内空气品质与气候会议后，由109个国际科学家和创业者在1992年建立ISIAQ。ISIAQ是一个国际性的、独立性的、跨学科的、非盈利性的组织。其目的是为建立健康的、舒适的和生产效率高的室内环境而努力。

ISIAQ 的会员包括室内空气品质各个方面的科学家;管理和制定规范的专家;职业医师;健康专家;建筑业主和管理人员;建筑结构和空调工程师;建筑师以及环境工程领域律师等。

ISIAQ 的一些重要的活动包括:

①出版内容丰富的专业杂志《室内空气》。该杂志报道非工业建筑室内环境的新颖的研究成果,是本领域目前影响因子最高的杂志。

②出版包含新闻和行业信息的时事通讯。

③组织研究一系列具体的问题,制订相关规范。

④主办健康建筑和室内空气两个国际学术会议。

ISIAQ 的网址:http://www.isiaq.org/

3)英国屋宇设备工程师学会(CIBSE)

CIBSE(Chartered Institute of Building Service Engineers)即英国屋宇设备工程师学会,它是面向建筑设备领域并向其提供服务的国际性学术团体。学会的两个主要功能是:①授予国际承认的质量认证;②从事大量团体性学术活动,其中包括印制系列的手册和其他出版物、提供优秀的工业应用的案例实例集、在全球范围内组织各种学术活动以及地域性的小组联谊活动。

1976 年,通过英国皇家授权,始建于 1897 年的供热与通风工程师学会与照明工程师学会合并,正式创建了 CIBSE。其宗旨是促进文化、科学、建筑设备工程实践的发展以及教育的提高,并致力于建筑设备工程方面的研究。

CIBSE 涉及与建筑设备有关的设计、安装、维修及制造的各个方面。CIBSE 工作组的会员资格对 CIBSE 成员和非 CIBSE 成员都是敞开的,只要你对它的某一特殊题目感兴趣就可以申请会员资格。CIBSE 的一个工作组可以只由几名成员组成,只要他们发现 CIBSE 所涉及领域里的某点缺陷就可以向学会秘书写信建议成立一个工作组。CIBSE 的主要的工作组包括日光、电器设备、物业管理、信息技术及控制、电梯、公共卫生工程、蓄热、自然通风等。

CIBSE 的网址:http://www.cibse.org/

4)国际制冷学会(IIR)

国际制冷学会(International Institute of Refrigeration,IIR)是一个政府间的科技组织,其宗旨是在世界范围内研究、推广和共享制冷领域所有的科学技术成果。IIR 的总部设在法国巴黎,它的使命是促进制冷技术及其机械的应用以解决当今的主要问题,包括食品安全和保护环境(减缓温室效应,保护臭氧层)、发展中国家存在的问题(如食物、健康)。它致力于改善生活和促进可持续发展,其会员分国家会员(至今已有 61 个)和其他会员。会员国通过他们自己选举的理事会参加 IIR 的活动。其他的 IIR 成员有合作会员、集体或赞助会员(如公司、研究所、大学等),或个人会员。IIR 尽量满足各会员国、国内或国际组织、决策者、研究者和制冷领域其他工作人员的要求。

IIR 的结构由以下两个方面组成:

①常规会议,常规会议由所有的会员国轮流申请举办,每隔 4 年举行 1 次国际制冷大会(International Congress of Refrigeration);

②执行委员会和管理委员会,管理委员会管理常规会议以外的其他会议。

IIR 为其会员提供的服务包括从全球任何地方都可进入的有大量信息和服务的 IIR 网站、常规会议和其他会议、包括制冷领域的所有数据库资料的 Fridoc 数据库(各种建议、满足用户需要的培训、信息资源等)、各种出版物(包括《IIR 公告》《国际制冷》《技术手册》《会议记录》《主要制冷相关事件的 IIR 笔记》)。

另外,IIR 所提供的信息资源主要有:

①IIR 的信息资源部门的网络图书馆拥有 20 万册书,可能是世界上最大的制冷相关文件中心。此外,还有 200 多种不同的刊物和 5 000 多册书(包括参考书、会议记录、专论、论文、词典和导读),涵盖广大制冷领域和制冷机械领域。

②IIR 报告(双语双月刊):摘录 300 多本杂志和书籍的论文摘要;科技综述;制冷领域的大事议程;来自产业机构和研究所的新闻。

③信息搜索服务。包括自 1982 年以来发表的关于所有制冷及其相关领域的书籍信息和文章信息 65 000 多条,每两天更新 1 次。这些文章和书籍包括领域内的所有文献(包括期刊、会议、记录、专著等)。搜索这些信息时,可以通过因特网,也可以通过光盘形式进入。

IIR 的网址:http://www.iifiir.org/

5)美国制冷空调工业协会(ARI)

美国制冷空调工业协会(Air-Conditioning and Refrigeration Institute,ARI)囊括了北美 90% 的生产中央空调和商业制冷设备的设备制造商,是一个制冷空调设备领域的行业协会。ARI 总部位于华盛顿附近的维吉尼亚的阿林顿(Alington,Virginia)。ARI 的历史可以追溯到 1953 年,当时只是美国一家制冰机器制造厂,经过几十年的发展,ARI 现在已经成为了国际上制冷空调行业最有名的行业协会。

ARI 主要的活动和工作包括以下几个方面:

①制定 ARI 标准。ARI 开发和出版了制冷工业产品的技术标准,这也是它最重要的一项功能。ARI 建立了测试制冷设备产品性能和鉴定其等级的标准程序。这些标准已成为消费者、设备制造商、零售商所共同遵守的准则,指导了北美众多的消费者去选购他们所需要的制冷设备或空调产品。

②产品性能证明。ARI 通过持续且大量的实验测试来检验各个生产商制冷产品的等级,并且为这些合格的产品进行认证,颁发认证证书。这个活动由厂商自愿参加,其他的非 ARI 成员也可以参加。ARI 每年都会在每个厂商的样品中选出重要的产品进行独立的测试。

③发展会员资格。只要是在北美生产和销售制冷设备的公司,都可以拥有 ARI 的会员资格,在美国之外生产且在北美销售制冷设备的公司拥有国际会员资格。不具备会员资格的生产商,只要他们也大量生产和销售制冷产品(这些产品都在协会所规定的产品范围内),就具有合作会员资格。

④开展教育和培训。ARI 设有教育和培训委员会开展全国性的 HVACR 培训工作,提高 HVACR 领域技术工人的技术水平,使他们安装、服务和维护 HVACR 的水平能够迅速提高。

ARI 的网址:http://www.ari.org/

6)国际能源组织(IEA)

国际能源组织(International Energy Agency,IEA)的总部在巴黎,是一个由26个成员国组成的能源领域的政府组织,IEA也吸收了经济合作和发展组织(OECD)作为成员国家。IEA成员国认识到了世界对能源日益依赖的重要性,因此,他们努力促进国际能源市场的高效运行并鼓励与所有各方开展对话。IEA每两年定期举行1次部长级官方会议,成员国政府共享能源信息,制订共同的能源政策以及在能源领域开展国际协调。IEA的使命是26个成员国探索如何创造条件,使能源供应对可持续发展、提高人民生活水平及环境保护做出最大的贡献。例如:如何维护和改善能源系统以适应石油供应的中断;如何在全球范围内通过与非成员国的协作制定合理的能源政策;如何在国际石油市场运行持久、可靠的信息系统;如何开发再生能源和提高能源利用率;如何改善世界的能源供应和需求结构;如何协助能源和环境政策的一体化等。

为了保证实现这个目标,IEA制订了以下的政策框架:

①能源的多样性、高效性、适应性,这是长期的能源安全的基本条件;

②能源系统应该具备对能源危机做出快速灵活的反应的能力;

③环境可持续和能源使用是这些共同目标的核心问题;

④鼓励和发展环境可接受的新能源;

⑤提高能源效率,既保护环境又保证能源安全,而且成本低;

⑥对能源技术的继续研究、开发和市场配置;

⑦促进符合价值规律的油价,让市场高效运行;

⑧促进自由开放的交易以及安全的投资结构,保证能源市场高效运行和能源安全;

⑨能源市场所有的参与者共同参加有助于改善能源信息,增加能源系统的灵活性和市场全球化的活动;

⑩在国际上在与不稳定的气候斗争中起带头作用;

⑪通过关于能源的《执行协议》,达到开发新能源技术的目的。

国际能源组织的网站:http://www.iea.org/

5.1.2 国内学术组织

1)中国制冷学会

中国制冷学会(Chinese Association of Refrigerator)是全国制冷、空调行业的学术团体,是中国科学技术协会所属的全国一级学会之一,成立于1977年4月25日。中国制冷学会于1978年1月加入国际制冷学会,成为二级会员国。学会现有单位接近600家,下设6个专业委员会,即:

第一专业委员会:低温专业委员会;

第二专业委员会:制冷机械设备专业委员会;

第三专业委员会:冷藏冻结专业委员会;

第四专业委员会:冷藏运输专业委员会;

第五专业委员会:空调热泵专业委员会;

第六专业委员会:小型制冷机、低温生物医学专业委员会。

中国制冷学会的主要任务是:

①组织学术交流和科技咨询;

②编辑和出版《制冷学报》等技术资料和科普读物;

③组织各类培训班;

④促进国际间学术交流,与世界各国的制冷团体和专家进行友好交往;

⑤组织和鼓励会员向政府有关部门提出促进制冷科技发展的建议、技术政策以及重大措施,向有关部门推荐优秀科技工作者;

⑥举办国际性空调、制冷及食品加工展览会和各类技术交流会,引进国外先进技术和产品,促进中国制冷事业的发展。

此外,中国制冷学会还承担了全国制冷标准化技术委员会的工作,在制冷行业各项标准的制订、修订和推广中起重要作用。

中国制冷学会网站:http://www.car.org.cn/

2)中国建筑学会(ASC)

中国建筑学会(Architectural Society of China)成立于1953年,是经国家民政部批准注册的独立法人社团,是中国科学技术协会所属的一级学会之一。中国建筑学会设有个人会员(包括一般会员、资深会员、名誉会员、学生会员、外籍会员)和团体会员,目前共有个人会员10万余人,团体会员300余个;学会设有9个工作委员会、秘书处和包括建筑热能动力分会、暖通空调分会在内的22个分会。

中国建筑学会是国际建筑师学会(UIA)和亚洲建筑师学会(ARCASIA)的国家会员,并支持和参与其所组织的活动。此外,中国建筑学会与英国皇家建筑师学会、美国建筑师学会、日本建筑学会、俄罗斯建筑师联盟、韩国建筑师学会、蒙古建筑家联盟等签订有学术交流协议;与世界其他各主要国家和地区的建筑学术团体保持有相互交往的密切联系。中国建筑学会的地方组织是全国各省、自治区、直辖市设置的各省级建筑学会或土木建筑学会。中国建筑学会委托各地方学会发展会员,并实行属地管理。

中国建筑学会的基本宗旨和任务是:贯彻百花齐放、百家争鸣方针,开展各种学术活动,编辑出版学术、科技刊物,对重大科技问题及工程项目进行咨询、评估,组织国际学术交流、考察,促进建筑创作繁荣与科技进步。中国建筑学会设置并定期评、颁的奖项有"建筑创作奖""青年建筑师奖""优秀建筑结构奖""暖通空调工程优秀设计奖"和"优秀论文奖"。并受建设部的委托,负责全国"梁思成建筑奖"的评审工作。

中国建筑学会编辑出版的刊物包括《建筑学报》《建筑结构学报》《建筑知识》《建筑热能通风空调》《工程勘察》《建筑经济》《小城镇建设》《工程抗震》《建筑电气》《暖通空调》《施工技术》。

中国建筑学会网站:http://www.chinaasc.org/

3)中国环境科学学会(CSES)

中国环境科学学会(China Society for Environmental Sciences)成立于1978年,是国家一级

学会,也是我国环境学科最高学术团体和我国目前规模最大的环保科技社团组织。它主要由全国环境科技工作者、环境工程技术人员、环境教育工作者和环境管理工作者组成,现有全国会员 42 000 余名,除设有理事会、常务理事会、秘书处外,还下设 7 个工作委员会,32 个分会及专业委员会。在管理体制上实行国家环境保护总局和中国科学技术协会双重领导。

CSES 的网址:http://www. chinacses. org/cn/index/html/

4)中国建筑业协会(CCIA)

中国建筑业协会于 1986 年 10 月成立,当时名为中国建筑业联合会,自 1993 年第二届理事会改为现在的名称。中国建筑业协会是全国各地区、各部门从事土木工程、建筑工程、线路管道设备安装、建筑装修装饰和科研等企事业单位、地方建筑业协会、部门建筑业协会及有关专业人士,自愿参加组成的全国性行业组织,是在民政部注册登记具有法人资格的非营利性社会团体。

中国建筑业协会分建筑节能专业委员会、智能建筑委员会等 10 个专门委员会,中国建筑业协会的业务范围是:

①研究探讨建筑业改革和发展的理论、方针、政策,向政府及有关部门反映广大建筑业企业的要求和意愿,提出行业发展的经济技术政策和法规等建议。

②协助政府主管部门研究制定和实施行业发展规划及有关法规,推进行业管理,协调执行中出现的问题,提高全行业的整体素质和经济效益、社会效益。

③经政府主管部门授权或委托,参与或组织制订标准规范,组织实施行业统计,参与诚信评价、资质及职业资格审核、工地达标评估等工作。

④引导和推动建筑业企业面向市场,建立现代企业制度,完善经营机制,增强市场竞争力,提高企业经营管理水平和经济效益,保障工程质量和安全生产。

⑤对地方、部门建筑业会员协会进行工作指导,组织经验交流,建立健全行业自律机制,开展行检行评,规范行业行为,表彰和奖励优质工程项目、优秀企业、优秀人才等。

⑥维护会员单位的合法权益,组织开展法律咨询、法律援助和法律救济,帮助企业协调劳动关系。

⑦编辑会刊,搞好建筑业网站体系建设,收集、分析和发布国内外政策法规、文献资料和行业市场信息,推广与展示建筑科技成果,组织开展各种专业培训、岗位技能培训,不断提高建筑业企业和建筑职工素质。

⑧发展同国外和香港、澳门特别行政区及台湾地区同业民间社团组织的友好往来,组织开展国际经济技术交流与合作。

⑨承办政府部门、社会团体和会员单位委托办理的事项。

⑩根据需要开展有利于行业发展的其他活动。

中国建筑业协会出版的刊物有《中国建筑业》《建筑业动态》《中国建筑业年鉴》《工程项目管理》等。

中国建筑业协会网站:http://www. zgjzy. org/

5)中国制冷空调工业协会(CRAA)

中国制冷空调工业协会(China Refrigeration and Air-Conditioning Industry Association)成立

于1989年，并于1998年加入国际空调制冷制造商联合会（ICARMA）。中国制冷空调工业协会是以生产制冷、空调设备企业为主体，包括有关科研、设计、高等院校等事业单位和社会团体自愿组成的跨地区、跨部门的全国性行业组织，是以推动行业生产与技术发展，加强行业规划管理为目标的全国性社会团体。协会现有会员约600家，这些行业中的骨干单位分布在机械、电子、商业、建筑、轻工、航空、航天等10多个部门，遍布在全国22个省、市、区，代表着90%制冷空调制造商。中国制冷空调工业协会秘书处设在北京。

目前，协会开展的主要工作：

①组织行业基本状况及某些共性问题的情况调研，反映行业发展中问题并提出发展建议。

②向政府部门提出有利于制冷空调行业振兴和发展的政策建议，并为国家政策的制定和实施提供帮助。

③制定协会标准，参与并组织国家、行业标准的宣传、贯彻、制定活动，跟踪国外同行最新标准信息。

④对制冷空调产品进行性能认证，提高消费者对产品性能的信任度。

⑤进行全行业生产经营活动数据统计和分析工作，为企业提供市场信息。

⑥开展技术咨询、服务、交流活动，推动行业技术进步。

⑦开展与国外同行的交流与合作，组织举办国内外展览会和专业考察，帮助企业开辟国外市场。

⑧编辑出版行业期刊、技术资料，沟通行业内外信息。

《制冷与空调》杂志是中国制冷空调工业协会会刊，内容以实用技术为主，关注本行业国内外发展现状，交流全球关注的热点问题，展示新产品、新技术的开发和应用。

中国制冷空调工业协会网站：http://www.chinacraa.org/

6）中国建筑装饰协会（CBDA）

中国建筑装饰协会（China Building Decoration Association）是经中华人民共和国民政部批准的、全国性的以建筑装饰装修承包商会员企业为主体的（法人）社会团体。协会成立于1984年9月，业务指导归属于中华人民共和国建设部，拥有直属会员企业3 000余家。协会设有综合部、行业发展部、质量技术部、组织联络部、信息部、国际部、培训部、会展部8个工作部门，另有信息咨询委员会、设计委员会、施工委员会、厨卫工程委员会、材料委员会、建筑电气委员会、幕墙工程委员会、住宅装饰装修委员会8个专业委员会，在全国各地有81个地方装饰协会，总计会员15 000余家。

20多年来，中国建筑装饰协会以促进行业生产力发展为目标，组织行业相关活动，在行业标准、法规建设、组织行业调研、推动行业科技进步、参与行业管理、开展行业培训、组织国际交流等方面取得优异成绩，为规范行业行为、维护市场秩序、推动公平竞争、加强国际交流合作，做出了积极的贡献。

中国建筑装饰协会拥有《中国建筑装饰装修》和《中华建筑报》等国内外公开发行的刊物等。

中国建筑装饰协会网站：http://www.ccd.com.cn/

7) 中国城镇供热协会

中国城镇供热协会是以全国各地供热企业为主体有关设计、科研、院校、厂家参加的全国性行业社团，业务主管部门为中华人民共和国建设部。其主要任务有：

①宣传、贯彻党和国家有关城镇集中供热方面的方针政策，反映供热行业的愿望和要求，争取国家有关部门对城镇供热事业的支持。

②开展调查研究、收集、整理基础资料，为政府主管部门制订城镇供热技术、经济政策、行业法规、规划等提供依据。接受政府主管部门委托，参与有关活动。

③组织交流和推广供热行为在科研、设计、施工、企业经营管理等方面的成果和经验。

④协调同行业和相关行业间的技术经济合作，培训技术，管理人才，对供热行业管理进行指导，促进技术进步，提高经营管理水平。

⑤开展技术咨询服务，接受政府主管部门委托，参与重大供热工程项目的审查和验收。组织本行业新设备、新工艺的技术鉴定。

⑥编辑出版协会刊物和信息资料。

⑦代表中国城镇供热行业参加国际同行组织的技术、经验交流活动，邀请国外专家来华考察和讲学，选派人员出国考察和进修。与国外同行业进行技术合作，互惠互利。促进我国供热事业的发展。

⑧承担政府主管部门委托协会办事的事项，开展有益于本行业的其他活动。

中国城镇供热协会网址：http://www. china-heating. org. cn/

5.2 专业学术刊物

学术刊物是专家、学者和科技工作者进行学术交流的重要平台，很多学者和专家都会把最新的研究成果发表在这些学术刊物上，近年来，随着专业领域知识更新速度的加快，学术刊物的数量越来越多，质量越来越高，已成为本领域内重要的学习资源之一。

5.2.1 国际刊物

1) HVAC&R Research

Heating, Ventilation, Air-conditioning and Refrigeration Research 为季刊，是国际权威刊物，稿件必须足够详细地介绍所作研究，以便研究成果可被其他的研究人员参考。它创办于 1995 年，主要刊登来自全球暖通空调制冷领域的原创性研究论文，是本领域研究人员必不可少的工具书之一，也是各大学和各公司图书馆的基本收藏刊物。

网址：http://www. ashrae. org/

2) *ASHRAE Journal*

ASHRAE Journal 是行业内最有可读性、实用性以及最受欢迎的出版刊物之一。*ASHRAE*

*Journal*在线网站提供了时事新闻、技术和产品信息、工程文献等。它向 ASHRAE 会员、暖通空调及制冷行业技术人员和用户、政府部门决策者展示本领域的最新进展。这份刊物的月发行量为 60 000 份,订户遍及 120 多个国家。

与 HVAC&R Research 偏重于科研论文不同,*ASHRAE Journal* 与所包含的内容有:标准新闻类的官方记录,ASHRAE 手册的更新,会议、研讨会和展示,课题研究报告、政府活动及行业新闻等。杂志的编委吸收了 2 000 多个行业从业人员的意见,邀请领域内的专家来评审各方面的论文。每篇被评审的文章都力求准确、符合时宜、有影响力,并同当前的实践工作相关联。

网址:http://www. ashrae. org/

3)*ASHRAE Transactions*

ASHRAE Transactions 自 1895 年创刊以来,主要发表研究报告和应用经验方面的论文。*ASHRAE Transactions* 登载每半年召开 1 次的 ASHRAE 国际会议论文。这些论文包括技术论文、具有收藏价值的论文。*ASHRAE Transactions* 也刊载发表在 HVAC&R 技术专题应用论文集中的文章。

有两种类型的文章可在 ASHRAE 会议上宣读并在 *ASHRAE Transactions* 上发表:一种是技术论文,这种论文阐述调查和技术研究;另一种是会议论文,这种论文介绍应用经验,其中也包括 ASHRAE 成员对论文发表的评论及其他与会者的反应。

网址:http://www. ashrae. org/

4)*ASHRAE IAQ Application*

ASHRAE IAQ Application 为从事建筑系统设计、运行和维护人员提供实践性的应用资料。这个刊物的内容包括应用研究、有关 IAQ 的新闻、对健康问题的评论、有关 IAQ 的标准发展情况以及实际工作者和工程师发表的评论。

ASHRAE IAQ Application 发表两种基本文章:专栏文章和特邀文章。专栏文章着重于标准、出现的健康问题及法律责任之类的主题。专栏文章和特邀文章的重点在于读者可使用的应用性资料。

网址:http://www. ashrae. org/

5)*Indoor and Built Environment*

Indoor and Built Environment 主要刊登原创性研究成果,涉及的主题有室内和建筑环境品质,以及建筑环境对人员健康、行为、工作效率和舒适感可能造成的影响等。这些主题包括市政基础建设(包括道路和交通管理)、建筑设计、建筑材料、通风、心理因素、由流行病理学和其他方法确定的职业的和非职业的健康影响因素、动物模拟、来自任何污染源的室内和室外空气污染及其可能的影响等各方面的研究结果。此外,该刊物还刊登一些特别主题的研究结果,如生物学、燃烧产物、工厂排放物、氡、汽车排放物、挥发气体等。

网址:http://ibe. sagepub. com/

6)*International Journal of Heat and Mass Transfer*

International Journal of Heat and Mass Transfer 是世界各国研究人员和工程师之间交流传

热、传质方面基本研究成果的主要媒介。其重点放在分析性和实验性的原创研究,优先考虑那些增进传热传质基本过程理解及它们在解决工程问题中的应用之类的文章。涉及的主题有测量新方法或有关传输特性资料、能源工程及传热或传质在环境中的应用。

该刊物的读者包括从事理论和工程应用的研究人员、专门从事传热和热力系统工作的能源工程师、从事化学和相关部门工作的工艺工程师等。

网址:http://www. elsevier. com/

7) *Building and Environment*

Building and Environment 刊登有关建筑研究及其应用的原始论文和评论文章以及关于建筑研究和建筑科学的社会、文化和技术背景之类的文章。*Building and Environment* 刊登的专业领域包括:建筑、设备及材料的环境行为;环境设计及性能;人对室内和室外物理环境的反应;环境设计方法及技术(包括计算机建模);在设计、规划和决策等方面的建筑实例应用研究;建筑维护、能源再利用和节能;传统建筑及社区的环境性能(包括与经济、社会和文化有关的因素);与当地传统相结合的国际建筑技术;建筑研究和建筑科学的理论和方针;建筑科学技术的发展历史;建筑设计专业教育。

该期刊的读者包括土木建筑工程师、环境保护人士、规划师、建筑师和设计师。

网址:http://www. elsevier. com/

8) *Applied Thermal Engineering*

Applied Thermal Engineering 刊登原创性的、高质量的研究论文和特邀文章,涉及的范围包括基础研究和对现有装置和设备的故障排除,包括能源在建筑中的利用(其中包括被动式建筑设计技术)和能源在生产工艺中的利用。对于后者,也包括将部件与整个设施整合的设计问题。该刊物在先进工艺的热力工程方面独具特色,如工艺改造、强化和工艺过程开发以及热力设备在传统工艺设备中的应用(包括热能的回收利用)。

该刊物适合于应用传热方面的理论工作者和技术工程师、操作工程师。

网址:http://www. elsevier. com/

9) *International Journal of Refrigeration*

International Journal of Refrigeration 主要刊登制冷理论和实践方面的文章,特别是热泵、空调和食品储藏与运输方面的原创性论文。它是国际制冷学会主办发行,定位于制冷、空调及相关领域的研究和工业信息的学术期刊。该刊物还出版关于制冷剂替代问题的专刊或专集。

除了发表原创性论文外,制冷国际期刊还刊登评论文章、在国际制冷学会会议上发表的论文、短讯。此外,也刊登制冷界即将发生的重大事件、会议报道和书评。

该刊物的读者对象包括从事制冷、冷藏、空调及相关领域理论和实践工作的研究人员和工程师。

网址:http://www. elsevier. com/

10) *Journal of Thermal Sciences*

Journal of Thermal Sciences 专门发表传热过程机理的基础性研究论文,特别是侧重于热力

学和传热学新技术和新应用,此外,也刊登各种热能利用过程、能源系统优化和环境影响的应用研究论文。

该刊物涉及的主题有:在各种材料中的传热、传质理论;传热的建模和数值方法;在反应(如燃烧等)或非反应中强迫、自然或混合对流换热;相变或多相流体的传热理论;辐射传热和传质的复合模式;等离子体中的传热和传质过程;非线性动力学;不可逆现象的研究等。

在热能应用研究方面,该刊物主要包括热交换器的优化及除垢;热管换热技术;内燃机和一般的能源系统及其优化和控制。该刊物还涉及与能源有关的过程对环境的影响(如热机排放物造成的污染等)。除了介绍实验或实践研究结果的科学论文外,该刊物还发表关于该领域知名学者对特定科学成果的评论文章。另外,还报道涉及热学的国际学术团体举办的科研活动。*Journal of Thermal Sciences* 是从事热学工作的研究人员和工程师的重要读物。

网址:http://www.elsevier.com/

11) *Solar Energy*

Solar Energy 是由国际太阳能学会主办的学术性刊物。*Solar Energy* 刊登关于太阳能研究、发展、应用、测量或政策等各方面原创性的论文。*Solar Energy* 主要的读者对象为对太阳能系统、构件、材料和服务领域感兴趣的工程师、科学家、建筑师和经济学家。

网址:http://www.elsevier.com/

12) *Energy and Buildings*

Energy and Buildings 主要介绍与建筑领域内的能源利用有关的研究成果,其刊登的内容有:新建建筑与改造建筑的能量需求和消耗;热舒适和室内空气品质;自然通风和机械通风;建筑内的气流分布;太阳能和其他可再生能源在建筑中的应用;建筑能耗分析;建筑 HVAC 系统;建筑热回收系统;建筑及其小区供热;建筑环境中的能源保护;建筑能效评估;建筑物理理论和技术应用;可持续建筑和能源需求;建筑室内环境的评估和控制;智能建筑;建筑设计与建筑设备的优化;建筑新兴材料应用;建筑节能的理论及其应用。

Energy and Buildings 主要读者对象为建筑师、机械工程师、土木工程师、建筑设备工程师、能源研究者和能源政策制订者等。

网址:http://www.elsevier.com/

13) *International Journal of Heat and Fluid Flow*

International Journal of Heat and Fluid Flow 主要刊登原创性的传热、传质论文,如与工程相关的两相流对流换热的实验和理论计算论文等。近年来,关于传热与流动的新技术领域如微电子、微医疗装置和公共设施的环境控制方面的研究成果也是它的刊登重点。

International Journal of Heat and Fluid Flow 主要的读者对象为热工与流体传热领域的工程师和研究人员。

网址:http://www.elsevier.com/

14) *Energy Policy*

Energy Policy 是一本关于能源领域的政治、经济、环境和社会方面的国际期刊。在能源政

策制定、能源供给安全和能源需求利用分析等方面，Energy Policy 期刊上的文章具有国际权威性。*Energy Policy* 的主要读者对象为能源经济学家、能源工业的研究人员和政府官员。

网址：http://www. elsevier. com/

15) *Energy Conversion and Management*

Energy Conversion and Management 提供了一个能源转化和能源管理学科间的交流平台。该刊物所刊登的文章体现了能源转化和利用领域内的重要进步和技术发展水平。所有的能源资源如太阳能、核能、化石能、地热能、水力能、风能、生物能、过程热、电解热、供热和制冷系统中涉及能源的利用和转化过程的研究论文。它的主要读者对象为能源系统或能源管理方面的研究人员和工程师等。

网址：http://www. elsevier. com/

16) *Energy*

Energy 是一本多学科的综合性学术刊物，主要关注能源相关的发展、评估和管理方面的科学研究，如能源系统的输入-输出分析、能源保护措施及其应用、能源管理系统的评估和能源政策措施等。它的主要读者对象为能源研究、规划、使用、生产和能源政策制定人员。

网址：http://www. elsevier. com/

17) *Applied Energy*

Applied Energy 主要刊登能源保护、转化、优化管理领域的原创性论文、报告和综述。此外，*Applied Energy* 还关注能源建模、预测、使用对环境和社会的影响。它的主要读者对象为机械工程师、土木工程师、设备工程师和能源环保领域的专家学者等。

网址：http://www. elsevier. com/

18) *Indoor Air*

Indoor Air 主要刊登建筑室内舒适性控制、热舒适模型、通风优化、建筑室内控制以及建筑室内公共政策制定方面的原创性研究论文。它的主要读者对象为建筑师、设备工程师、结构工程师等工程科技人员和学者。

网址：http://www. blackweupublishing. com/

5.2.2 国内刊物

1)《制冷学报》

《制冷学报》由中国科学技术协会主管，中国制冷学会主办，属于制冷领域内的权威刊物，主要反映制冷科技领域中低温与超导、制冷机器与设备、食品冷冻、冷藏工艺、冷藏运输、空调工程、低温医学及器械等方面的科技新成果和实用技术，同时也报道制冷领域内的科技动态、信息以及制冷学会学术科研活动等。《制冷学报》创刊于 1979 年，目前为双月刊。

网址：http://www. car. org. cn/

2)《暖通空调》

《暖通空调》创刊于1971年，是中国建筑科学类中文核心期刊。该刊物由建设部主管，由中国建筑技术研究院、中国建筑装饰协会、中国建筑学会暖通空调委员会联合主办。《暖通空调》杂志刊登实稿件以用技术为主，兼具学术性和信息性，在行业中具有广泛深远的影响力。

《暖通空调》杂志开辟的版面有专题研讨、科技综述、国外技术介绍、设备开发、计算机技术、网上信息、设计参考、设计实例、工程实录、运行管理、技术交流园地等多个栏目。因此，报道的重点主要是工业与民用建筑中供暖、通风、空调、制冷及洁净方面的国内外新技术、新经验、新设备以及研究成果和国内外学术动态，包括国家有关节能和环境保护方面的重大方针政策等。

网址：http://www.hvacjournal.cn/

3)《建筑热能通风空调》

《建筑热能通风空调》由中国科学技术协会主管，中国建筑学会主办，创刊于1982年，原名《通风除尘》，于1998年正式更名为《建筑热能通风空调》。自更名以来，这个刊物的质量和影响迅速提高，已成为行业内颇具影响的建筑类学术刊物。这个刊物坚持创新性、实用性和导向性原则，所刊登的论文主体是楼宇建筑能源与环境工程，面向暖通空调和热能动力两大行业的科研、设计、教学、施工及运行管理人员，涵盖两大行业的主要专业内容，侧重点是冷热源工程、暖通空调及洁净技术、绿色能源开发利用、通风除尘及有害气体控制。

网址：http://www.chinabee.org/

4)《发电与空调》

《发电与空调》由国家电力公司主办。它是一份报道暖通空调与制冷（含太阳能、水处理和给排水）以及电力机械（含多种施工机械）行业的以工程应用技术为重点的综合性刊物。该刊物的主要读者是全国各类建筑设计院、科研机构、大专院校、设备制造商、开发商、承包商以及相关政府审批部门等。

5)《洁净与空调技术》

《洁净与空调技术》是国内目前唯一公开发行的以宣传洁净技术为主要目的的科技期刊。刊登的内容以应用技术为主，兼具学术性和信息性，内容涉及各类洁净室、洁净厂房系统及辅助系统、高纯水、高纯气体制备及其输配系统和洁净度检测等方面的设备开发、工程设计、施工和运行管理经验、相关行业标准、规范实施动态。其读者对象主要分布在制药、电子、大学、科研设计单位以及净化企业。

网址：http://KTJS.chinajournal.net.cn/

6)《制冷与空调》

《制冷与空调》所刊登的内容以实用技术为主，及时报道国家有关技术创新政策，有关行业发展的重大技术方向及国内外最新技术动态和成果。该刊物设立的主要栏目有：行业综述、企业发展、市场调查分析、技术专题、工程评价、设备开发及应用。该刊物主要面向制冷空调及相关行业广大职工及科技工作者,包括工程设计、科研、施工及设备制造与运行管理的专业人员及院校师生。

网址:http://zldt.chinajournal.net.cn/

7)《制冷》

《制冷》期刊创刊于1982年,内容主要包括低温技术、制冷工艺与设备、速冻、冷藏库与制冰、冷藏运输、空调技术与设备、低温医学、制冷自控与计算机应用等方面的新技术、新设备、新材料,同时刊登当代重大课题和科研项目、制冷技术在各行业领域中的应用、决策论证等内容的论文及动态信息。该期刊的栏目有试验研究、专题综述、科技与决策、经验交流、低温医学、讨论园地、新技术新产品、应用园地以及简讯动态、新产品信息等。它的主要读者对象为设计院所、研究单位、大专院校、制冷空调各行业的管理和技术人员。

网址:http://www.gdar.com.cn/

8)《节能技术》

《节能技术》杂志是1983年由国防科工委批准创办的技术理论与应用综合类刊物。《节能技术》发表的文章有创新、突破、立论科学,有较高学术价值,很多论文受到国内外著名科学家的高度评价。《节能技术》面向基层,面向生产,积极宣传和贯彻国家的能源方针、政策、交流节能理论研究成果,推广行之有效的节能技术和节能产品,介绍能源科学管理和技术改造的经验,着眼于经济效益,促进企业节能工作向深广发展。《节能技术》的读者是从事能源转换和能源利用的技术人员和管理干部。

网址:http://www.jnjshit.com/

9)《建筑节能》

《建筑节能》期刊由中国建筑东北设计研究院主办,以刊登建筑节能技术、工艺、设计、设备、材料为主要内容。主要栏目有高端论坛、业界要闻、建筑节能设计、建筑节能技术、墙改与节能、产品与应用、法规与标准、行业资讯等。《建筑节能》的读者定位为建筑设计技术人员,房产开发公司、施工企业、监理公司的技术主管及技术人员,建筑节能产品生产技术人员,建筑节能行业管理人员,相关科研单位技术人员和专业院校师生等,是管、产、学、研人员进行学术交流的理想平台。

网址:http://www.62123873.com/

10)《中国建设信息·供热制冷》

《中国建设信息·供热制冷》主要以介绍供热、采暖、制冷、空调、通风除尘、水处理、给排水、环保节能等领域的信息为主。其主要栏目有政策与标准、名家访谈、热点关注、工程设计、技术交流、企业纵横、行业动态、选型参考、运行管理、海外动态、专题讲座、市场与管理12个栏目。该刊物主要的读者对象为供热、制冷行业的设备制造商、经销商、设计人员等。

网址:http://www.xueshutougao.com/qikan/show8057.html#jieshao/

11)《暖通制冷设备》

《暖通制冷设备》属于在全国暖通制冷设备生产商、经销商与最终用户之间提供信息的专业期刊，面向全国各生产、设计、科研、销售、流通等企事业单位提供专业全面的信息服务。这些信息主要集中在供暖、制冷、空调、通风、空气净化、自控设备、变频设备、太阳能等相关领域，主要阅读对象为暖通制冷工程师、建筑师、设备制造商、代理商、经销商、物资供应公司等。

网址：http://042100012527.b2b.hc360.com/

12)《西部制冷·空调与暖通》

《西部制冷·空调与暖通》立足西部，面向全国，是西部唯一的制冷、空调、暖通学术杂志，它着力介绍西部制冷、空调及暖通领域的科技成果，工程设计安装信息，报道科技动态以及学会学术交流活动，引领西部制冷、空调、暖通行业的发展潮流。《西部制冷·空调与暖通》主要以介绍实用技术为主，兼具学术性和信息性，及时报道西部重大技术政策，工业与民用建筑供暖通风空调制冷洁净技术等方面的最新科技成果。《西部制冷·空调与暖通》主要的读者对象为工程设计、科研、教学、生产、施工安装、运行管理、房地产开发等单位及相关人员。

网址：http://05600874.b2b.hc360.com/

13)《中央空调市场》

《中央空调市场》是一本新兴的期刊，原来为内部交流刊物，从 2005 年 10 月份开始，改为面向全国公开发行的正式期刊，这是一本以行业市场信息为重点的期刊。它目前主要读者对象为中央空调工程(经销)商、设备安装公司、中央空调生产企业、设计研究院、大专院校、房地产开发商及招标公司和政府采购部门等。

网址：http://www.machineinfo.com.cn/cam/zd.asp/

5.3 专业学术会议

学术会议是广大专家、学者、工程师等科技工作者面对面的学术交流形式。召开学术会议，既能够及时总结和交流学术领域的发展成就和研究方向，也能使参加者激发思想碰撞的火花，因而对科学研究工作非常有利，在信息迅速传播的今天，学术会议的频率将会进一步加大，对本领域的发展有更加突出的作用。

5.3.1 国际学术会议

国际学术会议一般由政府机关、行业协会、研究机构或大学举办，大规模、高规格的系列国际学术会议往往由全球各国相关机构轮流申办，吸引着世界各国顶尖的学者参加。

1) ASHRAE Annual Meeting

ASHRAE Annual Meeting(ASHRAE 年度会议)由 ASHRAE 资助,每 2 年在美国举行 1 次。参加者来自世界各地,其中大多数为 ASHRAE 会员。ASHRAE 年度会议及其冬季会议论文集是世界暖通空调及制冷领域的重要参考文献之一。在 ASHRAE 会议上,每个研究项目的成果都会无偿提供给学会的会员。ASHRAE 会议同时举办的展会邀请工程承包商、建筑师、建筑业主和设备操作人员共同参观暖通空调及制冷行业的技术成果。此外,ASHRAE 会议上专业发展研讨会、函授课程及专门会议为从业的工程技术人员形成了一个全方位的继续教育体系。

2) International Conference on Indoor Air and Climate

International Conference on Indoor Air and Climate(国际室内空气品质与气候会议)由室内空气学会举办。国际室内气候会议是室内空气科学领域中最大型的跨学科国际会议。自 1978 年以来,国际室内气候会议每 3 年举行 1 次,每届会议都吸引了约 1 000 位代表参加,许多学科的专业人员聚在一起讨论和解决与室内空气品质和气候的有关问题。该会议对参与研究、技术开发、建筑运行与维护、管理室内环境的一切活动的人们和组织产生了重要影响。

2005 年的第十届国际室内空气品质与气候会议在北京召开,由清华大学承办。

3) International Congress of Refrigeration

International Congress of Refrigeration(国际制冷大会)由国际制冷学会(IIR)主办,至今已有 95 年的历史,每 4 年举行 1 次,每届会议举行的同时换届选举国际制冷学会各机构负责人。国际制冷学会的宗旨是传播新技术、新观点、新设备,促进制冷科技的发展;向有关国际组织和各国政府提供有关制冷的咨询建议,造福全人类。

目前,国际制冷大会已经成为全世界制冷领域的最重要的国际会议和重大事件,被誉为“制冷领域的奥林匹克大会”,该会议是全世界制冷学界科学家和工程技术人员了解和掌握制冷领域近年来的发展动态、研究前沿和未来发展趋势的大好机会,也是各国学者和研究开发人员向全世界同行展示自己的最新研究成果、探讨研究心得的极好舞台。

2007 年的第 22 届国际制冷大会在北京召开,由中国制冷学会承办。

4) Cold Climate HVAC

Cold Climate HVAC(HVAC 国际寒冷气候暖通空调会议)由北欧地区“斯堪的维亚那”国家(瑞典、挪威、丹麦、冰岛等)的暖通空调学会 SCANVAC 发起,该国际会议着重为科学家、设计师、工程师、生产商和其他决策者在处理建筑能源利用与室内环境质量之间的平衡关系时提供对策和参考。该国际会议最早成立于 1994 年,以后每 3 年举行 1 届,由各寒冷地区国家轮流举办,到目前为止,共举行了 5 届。

会议的主要议题有:区域供热系统、热回收;建筑围护结构、热保护、建筑寿命;室内气候环境、空气品质;供热、制冷、通风新技术及应用;建筑节能、建筑能源效率;暖通空调标准等。

5) Building Simulation

Building Simulation(建筑仿真国际会议)每 2 年举行 1 次,是致力于建筑仿真的 IBPSA(国际建筑性能仿真学会)国际组织举行的关于建筑仿真领域的一个重要活动,它涉及建筑计算机仿真领域的所有问题。

鉴于通过计算机模拟来预测建筑寿命周期内的各个阶段(设计、投标、使用和管理)中建筑能耗和建筑环境特性越来越流行,影响越来越大,为推动建筑性能仿真技术的发展,同时改善建筑设计、建造、使用和维护方面存在的问题,IBPSA 在 1986 年创立,并且设立了该国际会议。建筑师、设计师、环境工程师、城市规划师、软件开发人员都可参加该会议。该国际会议关注的议题主要是:建筑建模;流体流动建模;HVAC 组件和系统建模;系统模拟方法和模拟工具;控制系统的应用;应用能源管理和维护。

2007 年第 10 届建筑仿真国际会议在北京举行,由清华大学等承办。

6) Healthy Buildings

Healthy Buildings(健康建筑)国际会议在 1988 年开始举办,以将研究理论和成果转化为工程实践为目标。该会议基于科学事实基础,主要讨论工程上一些实际问题的解决方法以及最新技术进展等。健康建筑国际会议的重点是讨论各种气候条件下如何实现高能效的健康建筑。

该国际会议的讨论范围为:增加人们对健康室内环境和高效建筑的了解;开展关于室内空气品质和气候的研究进展的推广工作,从而以创造健康、舒适和高效的环境;为科学家、政府决策者、医务人员、法律和建筑专业人员提供交流建筑设计、建造、使用和改造中遇到的实际问题的机会。此外,会议还讨论各种气候条件下各种建筑类型中遇到的难题。

7) Indoor air quality, Ventilation and Energy Conservation in Buildings

Indoor air quality, Ventilation and Energy Conservation in Buildings(国际室内空气品质、建筑通风和节能议)国际会议是探讨室内环境、通风和建筑节能集成途径的系列国际学术会议,每 3 年召开 1 次。第 4 届国际室内空气品质、建筑通风和节能会议(IAQVEC 2001)于 2001 年 10 月在湖南省长沙市举行,由湖南大学和香港城市大学联合承办。

8) ROOMVENT

ROOMVENT(室内通风国际会议)是室内空气分布领域中最高水平国际学术会议。该学术会议于 1987 年由北欧暖通空调学会创办。其目的是为各大学和研究机构的研究者、工程师和顾问、政府官员和参与室内环境设计的政策制定者提供讨论室内环境的目前发展状况和指定未来发展途径的机会。该会议还讨论在建筑室内和车厢等封闭空间内,由机械通风或自然通风产生的气流的可视化、测量、分析及计算机模拟问题。

9) International Conference for Enhanced Building Operations(ICEBO)

International Conference for Enhanced Building Operations(建筑能源效率与性能优化国际会议,ICEBO)是关于建筑能源利用效率和室内环境质量的系列国际学术会议,该会议于 2000 年在美国创办,旨在提高建筑能源利用效率,缓解世界能源紧张形势。自首届会议以来,得到了美国能源部、美国采暖制冷与空调工程师学会和绿色建筑协会的大力支持。ICEBO 已成为国际上建筑能源利用效率和先进节能技术领域重要年度论坛,每年轮流在美国及其他国家召开。

该国际会议的议题一般为:建筑室内环境质量及室内人员健康与工作效率;建筑围护结构节能新技术及能效检测与评价;建筑采暖、通风、空调、制冷系统优化设计与运行调节;建筑能源系统能耗测试与系统优化控制、优化调试与节能改造技术、优化调试与能源政策法规;建筑能源效率与性能优化技术商业化运行管理模式;可再生能源与绿色建筑设计、评估及运行保证,等等。

2007 年,第六届建筑能源效率与性能优化国际会议在深圳召开,由中国建筑学会性能动力分会承办。

10) Asia Congress of Refrigeration and air-conditioning

Asia Congress of Refrigeration and Air-conditioning(亚洲制冷空调大会,简称 ACRA)由中国、日本和韩国三国制冷学会发起,旨在为亚洲制冷空调专家、学者和技术人员提供一个学术与信息交流的平台,促进亚洲地区制冷空调科学技术和学术的发展,主要参加者为国内外致力于制冷研究的专家和相关研究人员,也有少数国际性大企业在此展示他们最新科研动态。该会议正常情况下每两年举行一次,第一届会议在日本神户举行,截至到 2009 年 8 月已举办 4 次(见表 5.1)。

表 5.1　ACRA 会议情况简表

届　次	时　间	地　点	承办单位
1	2002 年 11 月	日本神户	日本制冷空调工程师学会(JSRAE)
2	2004 年 8 月	中国北京	中国制冷学会(CAR)和北京制冷学会
3	2006 年 5 月	韩国庆州	韩国制冷与空调工程师协会(SAREK)
4	2009 年 5 月	中国台湾	台湾供暖制冷空调工程师学会(TSHRAE)
5	2010 年 6 月	日本东京	日本冷冻学会、日本早稻田大学

亚洲制冷空调大会的主要内容包括:新型制冷空调压缩机及机组的研发与应用、制冷空调和热泵新系统研究、空气净化和室内空气品质、冷藏链设备及技术发展、新工质的特性研究与应用、冻干设备及技术发展、能源效率、IT 技术在制冷空调系统中的应用等。

第一届 ACRA 会议(ACRA2002)于 2002 年 12 月 4 日在日本神户举行。此次会议由日本制冷空调工程师学会举办,国际制冷学会 B1、B2、E1 和 E2 委员会协办,得到中国制冷学会、泰国空调工程师学会、印度制冷学会、韩国制冷空调工程师学会和中华台北制冷空调空调技术师学会支持。会议的主要内容是:①基础理论如包括制冷剂的热力学性质;热交换器中的传热与传质特性;②系统分析如包括新的热泵、空调和制冷系统、制冷循环等;③IT 技术在制冷空调中的应用、制冷空调设备的控制等。

第二届 ACRA 大会(ACRA2004)于 2004 年 5 月 12—13 日在中国北京举行,由中国制冷学会和北京制冷学会举办。大会主题是:为亚洲持续发展做出新贡献。来自日本、韩国的制冷界专家,国内空调制冷界泰斗,中国台北的资深技术人员以及清华大学、天津大学等国内一流院校的学者们,约 200 人齐聚一堂,共同交流制冷界前沿技术,探讨其最新发展动向。大多参会者认为本次大会使他们了解了未来制冷空调行业的发展趋向和前沿技术,开拓了视野;大多数人士表示节能、环保、高效将是空调制冷界的整体发展趋势。

第三届 ACRA(ACRA2006)于 2006 年 5 月 21—27 日在韩国庆州举行,由韩国制冷与空调工程师协会(SAREK)主办。会议吸引了来自中国、日本、印度、新加坡、韩国等 200 余名制冷行业人士参会,发表论文 200 余篇,其中中方投稿 108 篇,出席人数 50 余人。会议设 3 个主题报告(日本的 Koichi Watanabe 教授、中国的李连生教授和韩国的 Tae Ho Song 教授),7 个分会场。

第四届 ACRA 大会(ACRA2009)于 2009 年 5 月 20—22 日在中国台湾台北市"国立"台北科技大学举行,由台湾供暖制冷空调工程师学会(TSHRAE)承办。大会的目的是提出亚洲制冷空调界的技术进展和促进技术应用。会议吸引了大约 200 人参加,提交了大约 135 篇论文,其中中国内地和香港 65 篇,日本 19 篇,中国台湾 24 篇,新加坡 2 篇,美国 1 篇,意大利 2 篇,乌克兰 2 篇,印度 1 篇。

5.3.2 国内学术会议

1)全国暖通空调制冷学术年会

全国暖通空调制冷学术年会始于 1978 年,每 2 年举行 1 次,由中国建筑学会暖通空调分会主办,到 2008 年为止,一共举办了 16 次(见表 5.2)。随着我国经济和社会发展,暖通空调行业的影响迅速壮大,该学术年会受到各界越来越多的关注,最近几届的年会,每届的参会人数近 2 000 人。该会议吸引了全国各地的科研工作者和工程师进行面对面的交流和研讨,已成为人才脱颖而出、提高认同度、促进学术界与企业界高效接触的最佳场所之一。

目前,该会议已成为国内建筑行业内规模最大、最具影响的学术会议。

表 5.2 全国暖通空调制冷学术年会情况

届 次	时 间	地 点	参加人数	主要议题
1	1978 年 11 月	南京	168	
2	1980 年 11 月	成都	214	
3	1982 年 11 月	武汉	212	
4	1984 年 11 月	西安	293	
5	1986 年 10 月	唐山	316	
6	1988 年 9 月	大连	235	
7	1990 年 10 月	承德	44	
8	1992 年 10 月	九江	487	
9	1994 年 10 月	张家界	620	

续表

届　次	时　间	地　点	参加人数	主要议题
10	1996 年 8 月	昆明	760	
11	1998 年 11 月	武夷山	700	
12	2000 年 10 月	南宁	630	
13	2002 年 11 月	珠海	700	
14	2004 年 8 月	兰州	746	节能减排,我们的责任
15	2006 年 11 月	合肥	1 088	暖通空调的未来——创新与责任
16	2008 年 11 月	重庆	1 200	节能减排,我们的责任
17	2010 年 9 月	杭州	—	

2)中国制冷年会

中国制冷年会是制冷、节能、环保界一年一度的行业盛会。会议内容主要包括空调热泵、制冷技术、冷冻冷藏、冷藏运输等各个方面。其中空调热泵涉及以下几方面:

①室内环境和热回收、地源热泵技术应用、提高热泵系统性能的途径以及空调系统节能研究。

②制冷技术部分有 CO_2 制冷及制冷新工质、吸收、吸附式制冷技术及蓄冷、制冷压缩机、换热设备、制冷技术应用。

③冷冻冷藏部分,包括冷冻冷藏装置节能及控制和冷冻冷藏品质控制。

3)全国制冷空调新技术研讨会

全国制冷空调新技术研讨会由上海交通大学发起,于 2003 年发起举办第一届会议,该会议每年在各高校举行一次,目前已举办了 4 届。会议着重反映制冷空调领域的新技术,包括制冷空调中的节能新技术、能源利用新技术、制冷新工质的使用、新的控制技术、新的空气洁净技术,以及其他制冷、空调、低温系统的最新技术进展。

5.4　专业网站资源

互联网的广泛使用和加速渗透,一方面使人们获取知识和信息更加快捷和方便,同时也使信息量海量增加,要寻找和筛选对工作、学习有利的信息将不是一件非常容易的事情。如何更加有效地利用互联网的资源,如何快速地从网上获取丰富的知识和信息,不仅关系到学习是否能够事半功倍,同时,也可考察和提高个人的学习能力。下面对一些知名网站做简要的介绍。

5.4.1 国际互联网站资源

1)国际组织、学会与研究中心资源

(1)国际建筑物性能仿真学会(IBPSA)

该网站(http://www.ibpsa.org/)的主要资源有建筑物及其建筑设备的仿真软件,仿真建模及建筑性能模拟分析与诊断学术论文、会议信息和研究进展等,该组织每年都召开有影响力的年会,已成为建筑性能仿真最有名的研究中心之一。

(2)国际地源热泵协会(IGSHPA)

该机构是热泵研究领域最有实力的组织之一,尤其是在土壤源热泵的研究和设计方面具有重大的影响,他的使命是促进土壤源热泵在全球的使用和推广。这个网站(http://www.igshpa.okstate.edu/)的主要资源有关于地源热泵的设计、模拟、计算方面的论文和软件,也有关于这个方面的讨论和信息。

(3)绿色建筑信息委员会(GBC)

该组织的主要任务是提高建筑物的能源和环境性能,解决建筑产业的能源和环境问题,推广可持续的建筑理念,开展绿色建筑的认证、评估。该网站(http://www.greenbuilding.ca/)资源主要有关于绿色建筑技术的应用、绿色建筑标准、绿色建筑评级案例以及相应的绿色建筑模拟分析软件等。

(4)空气渗透与通风中心(AIVC)

该组织的主要任务是解决建筑物的通风与渗透问题,致力于建筑通风设计、模拟、评估等,每年出版了大量的文献,也组织了大量的国际会议,是国际上最有名的关于建筑通风领域的研究组织。该网站(http://www.aivc.org/)的主要资源有关于建筑物及其小区的通风模拟、关于风环境的分析软件及其论文,也有关于这方面的案例分析。此外,还有大量的资料可提供下载。

(5)可再生能源与可持续技术中心(CREST)

该技术中心致力于可再生能源与可持续技术的开发,如风能、水电能、氢能、太阳能、生物能等的研究。网站(http://www.lboro.ac.uk/research/crest/)的资源围绕能源的利用、开发和保护,有比较详细的能源利用方面的科研数据库资源,也有关于可再生能源的开发政策、新闻和工程应用方面的消息。

(6)国际可持续建筑协会(IISBE)

该组织致力于可持续建筑技术、政策和实践在全球的共享和推广,网站(http://www.iisbe.org/)包括该组织开发管理的可持续建筑信息系统、可持续建筑通风、可持续建筑评论体系 GBT001,以及可持续建筑国际会议 SB 的有关信息。

2)国际著名大学网站资源

(1)卡内基·梅隆大学土木与环境工程系(http://www.ce.cmu.edu/)

网站资源包括:空气品质评价;气溶胶对云层性质的影响;硫酸盐、硝酸盐和臭氧的相互作用;在臭氧和气溶胶作用下的气候变化的综合评价;环境工程,等等。

(2)乔治亚理工学院机械工程学院(http://www.me.gatech.edu/)

网站资源包括:能量系统;HVAC 系统;吸附;制冷,等等。

(3)麻省理工学院建筑学系(http://architecture.mit.edu/)

网站资源包括:HVAC 系统性能的通风控制策略模拟;室内空气品质、建筑通风和建筑环境模型;置换通风的设计指导;室内环境模型的简化方法;室内环境设计的图形界面。

(4)俄克拉荷马州立大学机械与航空工程系(http://www.okstate.edu/)

网站资源包括:环境系统包括热系统的模拟和最优化;建筑模拟和负载计算;地源热泵;桥梁除冰;机械加工和研磨中的热交换;热反应的数学建模。

(5)宾夕法尼亚州立大学建筑工程系(http://www.engr.psu.edu/)

网站资源包括:建筑机械和能量系统工程;建筑照明工程;建筑结构工程;建筑施工工程;建筑物机械和能量系统领域重点在 HVAC 模拟和最优化;建筑能量分析;建筑物自动控制;太阳能及其他可再生能源;室内空气品质控制;振动和噪声控制。

(6)波特兰州立大学机械工程系(http://www.me.pdx.edu/)

网站资源包括:室内空气品质;HVAC;电子制冷;动态系统建模;热流体系统中的计算力学。

(7)南伊利诺斯大学 Carbondale 分校机械工程和能量处理系(http://www.engr.siu.edu/)

网站资源包括:能量系统;热分析和设计;HVAC 内部燃烧引擎;燃烧和能量利用。

(8)斯坦福大学土木和环境工程系(http://www.stanford.edu/)

网站资源包括:室内空气品质;建筑物能量性能方面的渗透率的实验;建筑的可再生能量系统。

(9)德克萨斯 A & M 大学机械工程系(http://www.mengr.tamu.edu/)

网站资源包括:燃烧及燃烧器;能量和质量传输;热交换器设计;热泵系统;HVAC 系统建模;能量预测。

(10)亚利桑那大学航空和机械工程系(http://www.ame.arizona.edu/)

网站资源包括:能量管理;HVAC;太阳能系统;电制冷。

(11)新墨西哥大学机械工程系(http://me.unm.edu/)

网站资源包括:热质传输和热泵系统;电制冷;微电子制冷;热交换机。

(12)加利福尼亚大学伯克利分校建筑系(http://www.ce.berteley.edu/)

网站资源包括:人体舒适;节能;环境模拟;环境影响评估;冷、热舒适。

(13)维吉尼亚建筑与城市学院(http://www.arch.vt.edu/)

网站资源包括:环境的热湿传递;室内空气污染;物理/化学处理过程;空气污染影响评估和建模。

(14)诺丁汉大学建筑环境学院(http://www.nottingham.ac.uk/sbe/)

网站资源包括:可再生能源与建筑环境的统一;使用多孔陶瓷蒸发器的消极下向通风制冷系统;日光、太阳加热和自然通风的整体系统;建筑暴露:建筑环境的新思想展示。

(15)日本鹿儿岛大学建筑学系(http://www.aae.kagoshima-u.ac.jp/)

网站资源包括:居住空间的热环境分析和评价;自然能量技术应用于建筑环境控制的数字模拟;室内空气品质,通风策略,建筑环境。

(16)日本京都大学建筑系(http://www.kyoto-u.ac.jp/)

网站资源包括:建筑环境控制;人居环境。

(17)日本东京大学工程学院建筑系(http://www.ic.u-tokyo.ac.jp/)

网站资源包括:超高层住宅通风系统;气流和温度分布研究;对室内环境的人体感觉的研究;室内烟火控制;声场声学测量技术的数值模拟方法;环境噪声的预测和评估。

(18)丹麦奥尔堡大学建筑技术和工程系(http://www.auc.dk/)

网站资源包括:人体释放物;建筑材料释放物;人体周围气流和人体暴露;大型运动场的通风效率;气体流动原则;工业通风;牲畜建筑中混合通风装置。

(19)日本东北大学工学部土木工程和建筑系(http://www.eng.tohoku.ac.jp/)

网站资源包括:城市资源和区域环境;灾害防御;建筑设计;室内环境;建筑环境风险评估等。

5.4.2 国内互联网站资源

1)综合性网站

(1)中国空调制冷网(http://www.ChinaHVACR.com/)

中国空调制冷网成立于1998年10月,是中国制冷、空调、暖通行业的首家门户网站,是国内本领域最大的信息交流平台。

网站集专业技术、行业商务、学术交流为一体,拥有新闻频道、技术频道、商务频道、论坛频道、校园频道、人才频道、产品海岸线七大栏目。新闻频道每日发布行业最新动态;技术频道提供图纸、论文、规范等技术资料下载;论坛频道是我国业内技术实力最强、最活跃的网上社区;商务频道为企业提供了发布产品和相关商务信息的资讯中心;校园频道,介绍国内各高校暖通空调制冷等相关专业及其学术带头人的基本情况,为广大在校学生提供了学习交流的平台;中国空调制冷网人才频道已经成为业内最大人才交流中心。200多家企业在网络长年招聘人才和推广产品和技术。

网站还承办中国建筑学会主办的《建筑热能通风空调》杂志和与中国制冷空调工业协会联合主办《中国制冷空调暖通年鉴》。

(2)冷暖空调网(http://www.rhvacnet.com/)

由天津协力东方科技有限公司与中国制冷学会(CAR)合作主办,是本领域建立较早的专业互联网站。"冷暖空调网"拥有冷暖综合、冷暖商务、冷暖人才、冷暖黄页、英文版5个板块。网站出版《中国制冷暖通空调黄页》和《冷暖网刊》。

(3)中国暖通空调网(http://www.chinahvac.com.cn/)

由中国建筑科学研究院创办,是中国建筑学会暖通空调分会、中国制冷学会第五专业委员会主办的网站,主要发布学会相关通知和信息。

(4)网易暖通(http://co.163.com/index_nt.htm/)

网易暖通是2004年8月成立的暖通行业综合性网站,是土木建筑领域资源比较齐全的互联网站,该网站作为网易土木网站的一部分,借助于门户网站的访问量,近来年发展迅速。该网站的主要资源有:专业论坛、电子样本、资料频道、行业资讯、工程求购、企业黄页、产品图库、招聘求职、行业展会、专家访谈、同学录等。电子样本下载是该网站的特色。

(5)筑能网(http://www.topenergy.org/)

筑能网是以绿色建筑、建筑节能等技术为主要内容的学术性网站。筑能网提供全面的绿色建筑、建筑节能资讯服务,是该方面最大的信息资讯平台和技术资料交流社区。

(6)暖通在线(http://www.hvacol.com/)

该网站属于综合性的暖通空调网站,主要特长是技术方面的讨论和专题。

(7)供热制冷网(http://www.coolingspread.com/)

该网站侧重于供热与制冷方面的信息和技术,其中尤其以供热方面的资讯比较多。

(8)西部制冷暖通在线(http://www.westachv.com/)

该网站是行业内的后起之秀,侧重于西部的暖通空调的技术讨论和资讯。

(9)中华人民共和国建设部网站(http://www.cin.gov.cn/)

中华人民共和国建设部网站是建设部的门户网站,是建设部对外宣传的窗口,这个网站的主要资源有国家关于建筑领域的新闻、制度、文件、规范、教育信息的发布,以及各种资格考试的信息等。

(10)清华3E暖通空调网(http://www.hvacr.com.cn/)

清华3E暖通空调网是本行业内最有影响的综合性网站之一。该网站主要的栏目有:行业动态、暖通杂志、产品信息、技术咨询、规范下载、企业信息、学术论文等。

(11)暖通空调基因网(http://www.hvacbeegene.com/)

暖通空调基因网是新创办的行业综合性网站,主要介绍暖通空调基因节能理论与技术,近年来成长较快。其主要的栏目有学术时评、业界动态、综合信息、行业新闻、标准规范等。

2)专业信息性网站

(1)慧聪暖通(http://www.hvacr.hc360.com/)

慧聪公司成立于1992年,慧聪暖通是慧聪网中专门提供暖通空调制冷商情的子网站。慧聪暖通是以商业信息为特色的。

(2)中国压缩机信息网(http://www.chinacompressors.com/)

该网站是一个以压缩机、风机等为重点,暖通空调工程项目、展会展览、人才交流、产品配件为特点的网站,也有一些技术文章和技术论坛。

(3)筑龙网(http://www.sinoaec.com/main.asp/)

筑龙网创建于1998年,原名中国建筑资讯网,于2002年改名为筑龙网。该网站是以土木建筑领域技术交易为主要特点的网站,包括技术论文、技术图纸、标准规范、教学课件等,筑龙网定位于建筑行业技术服务与交流平台,为建筑行业的设计人员及工程技术人员提供技术相关服务。该网站资源较多,涉及面广,但免费的资源比较少。

(4)中国智能建筑信息网(http://www.ib-china.com/)

该网站是以智能建筑信息交流为主要特色的网站,主要栏目有业界动态、政策法规、技术咨询、网上展会、企业之窗、产品信息、电气与自控论坛等。

(5)建筑书店(http://www.buildbook.com.cn/)

该网站是一个网上建筑书店,主要栏目有新书广场、图书评论、教师学生、出版社等。有大量的建筑教学用书和注册类考试用书。

(6)艾肯资讯网(http://www.abi.com.cn/)

艾肯空调制冷网的主要资源有关于暖通空调的资讯、报告、技术、社区、工程、供求信息等。

思考题

5.1 本专业领域有哪些主要的国际组织?它们的作用和任务是什么?

5.2 本专业国内有哪些主要的组织?

5.3 本专业有哪些著名的国际会议?国内有名的会议有哪些?

5.4 本专业有哪些国际有名的期刊?国内有名的刊物有哪些?

5.5 了解国内与本专业相关的网站,了解行业及学科动态。

5.6 谈谈你是如何充分利用互联网的资源进行专业学习的。

6

专业学习与职业规划

一个人从中学到大学，逐步迈入复杂的社会，真正开始学习如何面对竞争和合作、如何在社会上找准自己的位置、如何去实现自我全面发展的问题。大学阶段是人生的一个重要阶段，是人生成长、知识积累、能力培养和性格塑造的关键时期。在大学里，学生将接受专门教育，主要内容包括专业的基本理论和基本技术。此外，人的和谐发展与完善人格形成也需要专门的教育，这与大学人文环境相结合。大学不仅向学生传授专业的科学知识，还要讲授人文知识。大学是小舞台，但是也是人生的大舞台之一。如何利用好人生的这个专门舞台，学好专业知识，规划职业生涯，是每个学生成为一名全面发展的高级专门人才所必须解决的问题。对建筑环境与能源应用工程专业的学生来说，还必须关注和解决科学技术的发展给人类带来繁荣物质生活的背后所伴随的环境污染、生态破坏和资源枯竭等问题。为此，必须在专业和职业的社会活动中，培养环境和伦理的价值观，正确处理人与人、人与社会、人与自然的关系。

6.1 高等教育

大学的校园环境、文化氛围等与中学相比，发生了很大的变化；大学的管理制度和组织形式，也与中学有很大的差异；大学阶段的学习模式与中学阶段相比，在学习内容、学习方法等方面更是不可同日而语的。另外，同学们从中学进入大学，人生角色发生了很大变化，如生活方式、学习方式、交往方式等方面都发生了巨大转变。如何适应这些变化，尽快了解和掌握大学学习的基本规律，缩短从中学进入大学的“不应期”，是摆在每一名大学新生面前的首要问题，也是大学生最重要的职责与使命之一。

6.1.1 大学的特点

随着科学技术的迅猛发展，经济水平不断提高，大学的作用也日益被人们所认识，逐渐成为知识经济的核心，成为技术创新、文化创新和观念创新的主要摇篮，成为培养高级专门人才、发展现代科学技术和服务社会经济的主要阵地。

大学最根本的特点是“大”。有人说过，大学之所以成为大学，其根本的原因是有大师，具体来说特点如下：

1）大人生、大舞台

在现代社会，人的职业选择与其受教育背景紧密相连。接受过高等教育的人，毫无疑问，具有更大的能力规划和设计自己的职业生涯，也具有更强的能力去把握社会。大学本身就是一个大舞台，但更多的是在这个舞台中用所学的知识和培养的能力去社会大舞台上进行表演。高等教育不仅可以使大学生的知识量显著增加，也可以使学生有再学习的能力，而且可以促进大学生道德水平的提高。这种道德水准的提升，主要表现在大学生的职业生涯设计上。大学生在接受高等教育的过程中，逐步学会用思辨的头脑、科学的视野，加深对职业本质的理解，学会以社会的发展、进步为标准不断调整、修正自己的职业规划，使自己更好地融入社会。正是在这种不断调整中，大学生的社会责任感和社会道德水平不断提高，逐步完成从以“自我为中心”向以“社会为中心”的转变，这种转变的完成，也就意味着个体真正意义上的“社会成熟”。大学因其深厚的文化底蕴而吸引大批学子，大学新生的到来又为大学的发展注入了新鲜的血液。大学新生既是大学的客人，又是大学的主人。大学生来自国内各个省市，甚至来自不同国家，在这个大集体中，观点相互碰撞，思想相互交流，信息相互沟通，共同构筑了这个人生特定阶段的大舞台。

高等教育是一种专业化的高级教育，这种教育与他的职业选择、社会对人才的需求紧密相关，也使他在人生的舞台上有更多的回报。调查表明：尽管综合能力更为重要，光靠学历是没有足够生存空间的，但学历与收入确实存在一定的正比关系（见表6.1）。

表6.1　收入水平与学历的关系

学　历	月均收入水平（RMB）/元		
	北京	郑州	长沙
小学/初中	4 147	3 122	3 758
中专/高中	4 092	3 239	3 283
大专	4 980	3 638	3 898
本科或以上	7 241	4 687	5 148

数据来源：职友集（http://www.jobui.com）

2）大环境、大视野

现代大学校园面积宏大、教学资源丰富、师资力量雄厚、图书数量众多，学生、教师来自五湖四海，很多观念、文化、科技甚至具有全球的领先地位和水平。这是大学具备大环境、大视野的根本原因。相当数量的大学具有博士、硕士培养权，也具有浓厚的学术氛围和人文环境，更经常举办国际水平的学术交流活动。因此，大学的大视野主要体现在两个方面：一是参与学术交流的机会增多，二是体验多样化的人才培养模式。

大学是知识密集、人才密集的场所,这种高度集中的特性决定了大学有频繁的学术交流活动。大学里浓厚的学术氛围促使学生就共同关心的话题展开讨论,在这种非正式的交流、沟通中,大学生会听到许多不同的声音,在不知不觉中拓展了自己的学术视野。在大学里,各种学术报告、讲座非常多,大学生可以近距离地感受到学术大家的风范,学到治学的方法和科学的精神,这对于学生以后的深造、成才具有重要意义。大学作为社会文化中心、学术中心和科技中心,能够满足社会各方面工作的指导与咨询责任,帮助社会解决在发展过程遇到的种种理论问题和实际问题。

培养专门人才是大学最基本的职能。大学在培养专门人才的过程中,必然集中大量具有丰富科学理论和方法的专家,设置科类齐全的专业学科,购置先进的科学仪器,收藏丰富的文献资料,扩展广泛的信息来源渠道,创造良好的科学研究氛围,为培养国际思维、国际视野和竞争力的一流人才奠定基础。在采用学分制的大学,大学生除了学习本专业的必修课以外,还可以跨学科、跨专业选修自己感兴趣的课程,学生只要修满规定的学分,就可以毕业。为了更好地促进学生的成长,有些大学之间加强了横向联系,实行学生的双向流动,允许一部分大学生到另外一所大学学习,互相承认学分,有的学生甚至可以交流到国外的一些著名大学中去。有的大学给大学生提供科研经费、提供参与科研的机会,或者鼓励大学生创业。按照理论型、应用型和技术型的专业人才培养模式,为大学生的成才提供了广阔的天地。

多渠道的学术交流、多样化的人才培养模式一方面可以使大学生“眼光向内”,学会从一个更高的平台、更科学的角度分析、认识自己的能力和个性特点,另一方面使他们学会“眼光向外”,把本学科、专业的特点同社会对人才的要求结合起来,从中寻找适合自己的学习方法、治学策略。大学生也可能对自己未来的生活、工作、事业、家庭等展开想像,并逐步付诸实践。

3)大智慧、大知识

大学传授的是高、精、尖的知识,甚至是国际前沿领域的知识。大学所培养的人才,具有高度的逻辑能力、交流能力、创新能力。这使大学生的整体素质,尤其是思维能力、实践能力都提出了较高的要求。因此,大学生在学习理论知识,并在实践中运用和发展这些知识的过程中,他们的思维能力会得到长足的发展,从具体的感性思维,逐步发展到理性、抽象的思维。虽然大学设置了不同的学科、专业,不同的专业对于培养人才的具体标准也有差别,但在培养学生的理性思维能力方面,却具有高度的一致性,体现了“殊途同归”的特点。接受过高等教育的人和未受过高等教育的人的不同,不仅表现在所拥有的知识的数量上,更多体现在对知识的组织、管理的不同形式上,这种对知识的有效组织、管理的能力就是理性思维能力。理性思维能力具有辩证性、多角度、多层次性等特点,较中学阶段的简单的一元线性思维模式有着本质的不同。具有这种思维能力的人,目光更敏锐,对事物的本质及其发展趋势的理解、判断更全面、更准确。这种思维方式,无论对于治学或处世来说,都是十分必要的,可以称为“大智慧”。

大学阶段,除了教书以外,还强调育人,帮助学生形成正确的人生观和世界观,强调培养学生的创新能力。未来社会要求人们具有竞争意识、效益意识、法律意识、国际意识和创新意识。为此,大学必须突出人的进取性和创新精神,成为推动社会发展最活跃的因素。创造力是人才的核心,大学教育的目的是要使学生有突破、超越的能力,这是大知识、大智慧的体现。

6.1.2　大学生的特点

按我国的学制，普通高校的大学生年龄一般在17～22岁，处于青年发育的中、晚期。因此，大学生正处于人体生长发育的"第二生长高峰期"的后期，生理发育基本完成，身高、体重、胸围、内脏、性腺、神经系统等达到或接近成年人的水平，性激素和其他内分泌激素的分泌比较旺盛，但心理和个性则未完全稳定，同时自我意识容易膨胀，在一些复杂的问题面前还会产生一些幼稚、片面、狭隘的想法。因此，这些变化既为大学生从事复杂的、繁重的脑力劳动提供了条件，也为大学生的学习、生活等带来一些困惑。

大学生的观察力、注意力、记忆力、思辨力、想象力都高度发展，抽象思维能力尤其是思维的逻辑性、独立性与批判性、灵活性、创造性等思维品质逐步完善。大学生比较能全面地分析问题，容易接受新知识、新思想，不迷信权威，敢于否定过去，但是对一些所谓的"新思想"有可能不加分析和批判，情绪化地全盘接受和盲目崇拜。因此，大学生在培养和提高学习兴趣、培养良好的意志和品质的时候，要注意情绪的影响。

大学生的情感丰富多彩，并且不断社会化，情感活动的波动也比较大，自我意识显著增加。一般来说，理想的自我是完善的、高尚的，而现实的自我则可能屈服于现实的名利，因而自我的分化必然导致自我的矛盾。这个矛盾解决得好，就会使自我统一起来，形成健康完善的人格，但倘若不能很好地解决，就可能导致人格分裂，甚至产生严重的心理障碍。

大学生的兴趣广泛而稳定，不仅有旺盛的求知欲、而且会形成中心兴趣，并把这一兴趣与理想、未来职业等联系起来，围绕某一专业广泛地涉猎知识；同时，价值观、人生观和世界观也在不断地完善，理想与信念逐步巩固，个性心理特征、性格、气质等基本稳定下来。因此，大学生在生活和学习中，要对自己更好地控制，处理好人际关系，预防抑郁症、焦虑症等心理疾病的发生。

6.1.3　与中学教育的区别

大学给学生提供了更多的自学空间和条件，个人可以利用大量的课余时间去学习去钻研，也可以去娱乐甚至参加一些不健康的活动，一切全靠自觉；大学有众多的学生社团和丰富多彩的社团活动，但是个人也可以选择独处和隔离；在中学某个人可能是众星捧月，每次考试第一，每次都有奖励，到了大学则可能只是一个非常一般的学生，没有什么突出于人的地方。大学与中学的学习有显著的不同，其中，最根本的不同是大学学习是研究性的学习，如果说中学是"要我学"的话，大学则是"我要学"。大学阶段与中学阶段相比，学习的主动性、目的性不同；学习知识的广度、深度不同；核心课程体系不同；教学方法、学习方法不同。

1）教学目的和学习目的不同

中学主要是传授基础科学、文化知识，本质上是一种中等水平的普通教育和基础教育，是为广大学生的继续深造和就业做一般性的基础文化知识准备，基本没有考虑未来职业的具体要求。大学教育则主要是一种按专业分类的专门教育，其教学目标是瞄准未来社会生产建设和社会发展的实际需要，尽可能照顾到未来具体职业的特殊教育。因此，大学教育是培养高级专门人才的成才教育，是培养高级专门人才的一种社会活动。大学所传授的知识既有专业基础知识，又有专业知识；既重视实际动手操作技能的培养，又有本学科研究前沿的最新成就和动向的介绍与探索。大学所培养的人才既有学术型、研究型，也有应用型、技术型。大学的学习方法也与中学不同，大学的课堂教学已远不是知识和应试技巧的传授，而更多的是引导性质的、探讨性的、甚至是质疑性的。而学生的学习目的和动机更加明确，学习的主动性也更强。

2）教学内容深度和广度的不同

中学的教学内容是多科性、全面的、不确定方向的，内容也相对比较浅显，而大学的教学则是一种基本定向的专业教学，无论从专业知识、从课程体系的深度和广度都是中学所不能比拟的。大学还提供了大量的选修课、辅修课、第二学位课程等交叉学科的课程，实行的是完全意义上的学分制学习。

3）教学方法不同

中学的学习主要依赖老师，很少注重个体的差别化教学，学生“放单飞”的机会少。大学则大量地使用分层次教学，大学要“自己走”“放单飞”。在大学的学习过程中，既有大课堂教学的数学、英语类理论教学，也有到社会和企业进行锻炼的实践教学，既有统一进行的课堂教学，也有体现个人能力的综合性、设计性的实验教学和一人一题的课堂设计，甚至还有在教师的实际工程、科研项目中进行锻炼教学和学习机会。

4）教学要求不同

中学要求“吃透书本”，强调把教学大纲规定范围内的教学内容背得“滚瓜烂熟”，甚至达到“炉火纯青”的地步，大学则主要在于获取新知识，培养继续学习能力。与获取知识相比，能力的培养和素质的提高，无疑是更重要的。特别是高等教育的信息化导致新的教育技术革命，高等教育的教学手段、教学目标、教学内容、管理方法等发生质的飞跃，学生不必受统一教材、统一进度、统一知识获取方式的制约，可以自由驰骋。

因此，从中学生变成了大学生，不仅在年龄上、生理上、心理上发生了大的改变，更主要的是从需要家长和老师呵护的未成年人转变成了或者即将成为国家公民。大学生们要做好充分的思想准备，及时调整心态，尽可能快一些、好一些地完成这个转变。

6.1.4 大学学习阶段的主要问题

刚进入大学阶段，是人生的“断奶期”。因此，也容易发生一些问题，生理疾患、学习和就业压力、情感挫折、经济压力、家庭变故以及周边生活环境等诸多因素，是大学生产生心理问题的原因。这些问题累积起来，会发生非常大的危害。据北京高校大学生心理素质研究课题组的报告显示，有超过60%的大学生存在中度以上的心理问题，并且这一数字还在继续上升。2004年，华中科技大学社会学系采取分层抽样调查方式，对1 010名大学生的自杀意念与自杀态度进行调查，结果发现有过轻生念头的学生占10.7%。大学阶段发生的主要问题有以下几个方面：

1)原有的优势丧失造成心理失落感和自卑情绪

我国相当多的大学生在中学阶段都是佼佼者,大都习惯于领先和胜利,手捧通知书迈进校门时的基本心态更多的是自信和得意,然而,进入大学后,由于比较的参照系发生了变化,好比小池塘里威风惯了的小鱼游进了大海,没有任何的优势,原有的自信受到了不同程度的挑战。原来总是班里前几名,现在可能排到中游甚至下游了。另外,从农村进入繁华的都市,现代文明的强大冲击,使他们产生了精神眩晕,使他们感到十分自卑。还有一些人看到其他人有的会弹琴、唱歌,有的会写诗、画画,有各种文体专长,兴趣爱好众多,待人接物成熟老练,相比之下,自己似乎一无所有,十分苍白,自卑感油然而生。因此,要正确看待个人的优势和弱点,保持良好的环境适应能力,包括正确认识大环境及处理个人和环境的关系,对这些优势的丧失要辩证地、客观地分析和对待。

2)无法适应紧张的大学生活

在高中阶段,是以学习(分数)为中心,为了迎接高考,许多同学学习非常紧张,老师也经常加码,书本之外的活动几乎都被取消,高考的弦绷得不能再紧了。一些中学老师为了安慰和刺激同学,常说大学里学习很轻松,只要熬过高考关就好了。这使一些同学产生了不恰当的期望,甚至把考上大学作为人生的一个目的,进入大学就以为"船到码头车到站"了,以为大学学习是轻松自在的,对学习方面可能出现的问题毫无思想准备。事实上,一年级是基础课阶段,课程量虽不如高中,但也还是比较重的。一些一心想进大学喘口气,轻轻松松的同学,由于自身心态的原因一下子适应不了,加上大学学习方法方面的变化,顿感学习压力很大,甚至不堪重负,情绪一落千丈,整个生活变得灰暗起来,心情十分压抑。

3)"问题"学生增多

大学扩招后,学生素质参差不齐,教师因材施教、因人施教的难度加大,教师所受的压力空前增加,而且由于社会的变化,贫困与自卑型学生、单亲家庭型学生、独生子女型学生、娇生惯养型的学生、骄奢淫逸型的学生大幅度上升。新生刚告别了熟悉的一切,来到了一个陌生的环境,一方面充满激情、自信和好奇,但青春期的特点又使内心很敏感和细腻,怕受伤害,不愿轻易表露自己,自我封闭倾向明显。内心愿望多,实际行动少,和周围人的关系大都不远不近,若即若离,总是希望别人先伸出友情之手。这样,不少同学感到,大学里知音难觅,缺少温暖,深感孤寂,于是十分怀念中学时光,产生一种怀旧情绪,甚至把自己沉浸在过去的思念中,每天关心的只是能否收到老同学、老朋友的信,减退了投入新生活的勇气和热情。

6.2　专业学习

专业学习是大学生最主要的任务,我国高等学校教育心理工作者的大量调查分析表明,大学一年级新同学存在学习方面的问题,主要表现为:因就读的专业并非自己的兴趣所在,或对专业不了解,于是缺乏学习热情和兴趣,学习态度消极;对大学的教法和学习方法感到茫然,甚至无所适从。因此,及时转变学习方法,适应大学教法和学习方法,培养对专业的兴趣和热爱是大学生顺应新环境必须作出的选择。

6.2.1 学习的本质与特点

心理研究发现,人和动物的行为有两类,一类是本能行为,一类是习得行为。广义的学习是指人和动物在生活过程中,凭借经验而产生的行为或行为潜能的相对持久的变化。著名行为主义心理学家斯金纳通过小白鼠在迷箱(一种特别设计的类似于迷宫的箱子)中的进食行为研究后认为:学习实质上是一种反应概率上的变化,而强化是增强反应概率的手段。如果能够正强化(如教师对学生进行表扬)某种操作行为,则学生会自觉或不自觉地增加反应(即学习)发生的概率。为了提高学习效率,学生必须获得反馈,知道结果如何。例如,一些学校所制订的教学规章和制度规定了适合的强化时间和步调(如教师必须按时批改作业,学生必须及时提交实验报告),这是学习成功重要的一环。

人的学习是一种有目的的、自觉的、积极主动的过程,大学生的学习是在教师的指导下,有目的、有计划、有组织、有系统地进行的,是在较短的时间内接受前人所积累的文化科学知识,并以此来充实自己的过程。大学阶段的学习,不仅要掌握知识和技能,还要培养行为习惯,以及进行素质塑造和人格培养。

建筑环境与能源应用工程专业的大学生,其学习内容上的特点是专业化程度较高,职业定位方向性较强。这个专业的学生毕业后,绝大多数要在建筑环境与能源应用工程领域、在城市公用设备领域、在节能与环保领域从事与自己专业相关的职业活动,为社会服务。另外,大学的学习内容还要求实践知识丰富,动手能力较强。各个学校的建筑环境与能源应用工程专业培养计划一般都安排了实验、实习、社会调查、设计等方面的环节和内容,就是为了达到这个目的。

大学学习的特点还体现在学科内容的高层次性和争议性。建筑环境与能源应用工程专业的大学生在专业学习中,不但要掌握本专业学科的基础知识和基本理论,还有可能了解这些学科的最新研究成果及其发展趋势。这些专业课程的内容起点较高,视野较宽,甚至有些内容已处于本学科的发展前沿,如制冷空调和人工环境的一些新理论、新方法、新技术应用等,可能是一些尚未定论的学术问题,这样的学习内容有争议或者不完全正确,但可以开拓学生的专业视野,激发学生的智力活动,培养学生的科研兴趣,增加对专业的热爱等。

6.2.2 学习动机的激发与培养

大学生的学习活动都是有一定的动机所激发并有一定的目的的。奥苏伯尔在其《学校学习》一书中提出:学校情境中的成就动机主要由3方面的内驱力组成,即认知内驱力(如好奇心)、自我提高内驱力(如为了获取经济地位和名声)和附属内驱力(如家长和教师的赞赏)组成。根据山东大学的一项调查表明:在大学新生中认为自己高考复习的学习动机是“报答父母恩情”“争口气”的占91.3%,而在大学二年级学生的调查中,则有89.5%的学生认为自己的学习动机是“做一个对社会有更多贡献的人”“在×××专业领域要有所建树”。

在我国在校的本专业大学新生中,虽然大多数对建筑环境与能源应用工程有所了解,但也有相当数量的学生并非出自学生个人的意愿而被调剂录取。因此,不少大学生、尤其是刚入学的学生中都有专业思想不巩固的问题，但随着年级的升高，以及对所学专业的日益加深，认识到所学专业在国民经济和社会活动中的地位和作用，认识到国外建筑环境与能源应用工程专业的广泛应用和迅猛发展，从而会逐渐喜欢这个专业并因此激发极大的学习兴趣，并因此而取得很大的成绩。

实践证明，学习动机与学习效果有很大的关系。学习动机强，学习积极性高，往往学习效果好。同时，心理学研究也表明，不仅学习动机可以影响学习效果，学习效果也可以反作用于学习动机。如果学习效果好，学生就会感到在学习中付出的努力与所取得的收获成正比，从而强化学习动机，使学习更加有效。

在专业学习过程中，要激发更好的学习动机，促使学生潜在的学习愿望变成实际的主动学习精神，需要教师和学生共同努力。从教师的角度讲，可以创设问题情境，实施启发式教学，培养学生对专业的热爱，组织学习竞赛等方式。从学生的角度讲，需要及时调整心态，明确任务；及时更新更新学习目标，进行合理定位；正确把握个体差异，掌握学习方法；正视社会现实和自身条件，迎接挑战。

6.2.3 学习态度与自我教育

"态度决定一切"。良好的学习动机和学习态度是取得优秀的学习成绩最重要的因素。大学的环境、性质、目的跟中学有天壤之别。培养有创新能力和专业知识的高级人才是现代大学的根本使命，要达到这个目的，最基本的一条是大学生必须"自我教育、自我管理、自我服务"。学校教育，家庭教育，社会教育及"学生自我教育"的目的是使学生焕发对自己教育的自觉性和主动性，如果学生不对自己进行自我教育，无论什么样的教育也是徒劳的。大学的环境优美、信息发达，如果大学生没有自我教育的能力，流连于谈恋爱、泡网吧、踢足球等行为，把这些"副业"当作"主业"而耗费大量的精力和金钱，是非常不值得的。

在中学里，有任课老师、班主任管着；在家里，有父母操心，从学习到生活、到社会事物，一概不用考虑，一心读书就行。在大学里，远离父母，除了要学会自己照顾自己，管理自己，管好生活以外，更要善于管好学习。大学老师主要传授学习方法，引导学生进行分析、归纳、推导，知识的获取更多的要靠自己去做，学会培养自己获取知识和信息的能力，即所谓"学会学习"。有人说"大学是研究和传授科学的殿堂，是教育新人成长的地方"，在这里，学习的概念不仅仅指课堂里的内容、教科书里的内容，还包括其他方面，如查阅图书资料、动手设计实验、参加丰富多彩的课外活动及各类竞赛，参与各种集体和社团活动，聆听各类讲座、讲坛、搞社会调查等，更可以和同学、师长广泛交往，互相切磋，相互交流。

学生在进行自我教育过程中，应加强自我认识的培养，从思想上认清学习的动机和目的，明确知识的重要性和环境带来的压力，利用好大学的各种资源，在老师的启发诱导下积极主动地感知、想象、思考、操作、真正消化知识，实现知识的内化。其次，在自我教育过程中，要重视自我能力的培养，如自学能力、自我督促能力、调节课余时间能力、形成具有创新性、实践性、适应性的综合素质。另外，学生要自主融入班集体，社团群体，学生同伴等非正式群体中，在获得身心发展的同时，学习上互相帮助，你追我赶，见贤思齐，充分发挥非正式群体的作用，形成大众学习，相互激励，共同监督的学风氛围。

6.2.4 如何学习好专业知识

要学好专业知识,不虚度大学的美好时光,除了有良好的学习态度和动机外,科学的学习方法也是不可缺少的,好的学习方法可以起到“事半功倍”的效果。

1)了解专业,培养志趣

建筑环境与能源应用工程专业是一个经久不衰的专业,在新的形势下,专业有了新的内涵和发展方向,就业的广度有了新的拓展。不能从专业名称上来判断专业的好恶感,要尽快了解本专业的基本情况,确定可行的努力方向。要振作精神,尽快脱离高考的状态,不要沉浸在过去的喜悦或失意之中,一切从头开始,集中精力,迎接新的挑战。实践证明:是否培养了对专业的兴趣和爱好,学习的效果大不相同。就算真的对专业不感兴趣,也完全没有必要自暴自弃、唉声叹气的,学习专业知识只是一个方面,能力培养才是最重要的。大学生要培养的能力范围很广,主要包括自学能力,操作能力,研究能力,表达能力,组织能力,社交能力,查阅资料、选择参考书的能力,创造能力等。总之,这些能力都是为将来在事业上奋飞作准备。正如爱因斯坦所说:“高等教育必须重视培养学生具备会思考,探索问题的本领。人们解决世上的所有问题是用大脑的思维能力和智慧,而不是搬书本。”我们提倡“干什么,就爱什么”,但未必一定要“学什么就干什么”。具备了能力,就是不从事本专业的工作,也是大有前途的。

2)要珍惜时间,做时间的主人

大学四年,既是漫长的,也是短暂的,如果利用得好,可以学很多东西,做很多事情,大学时间也将成为个人美好人生的最重要的时期,为以后的人生辉煌奠定良好的基础。但是,如果不珍惜这个时间,“日月如梭”,大学时光一晃就过去了。因为没有良好定位和目标而虚度大学时光的大学生太多了。某著名大学曾经有毕业生在毕业前夕痛苦地写道:“大学四年,醉、生、梦、死各一年。”要想成就事业,必须珍惜时间。大学期间,除了上课、睡觉和集体活动之外,其余的时间机动性很大,科学的安排好时间对成就学业是很重要的。吴晗在《学习集》中说:“掌握所有空闲的时间加以妥善利用。”一天即使多利用 1 小时,一年就积累 365 小时,四年就是 1 400多个小时,积零为整,时间就被征服了。因此,首先要安排好每日的作息时间表,哪段时间做什么,安排时要根据自己的身体和用脑习惯,在脑子最好用时干什么,大脑疲惫时安排干什么,做到既调整脑子休息,又能搞一些其他的诸如文体活动等。一旦安排好时间表,就要严格执行,切忌拖拉和随意改变,养成今日事今日做的习惯。

3)要制订科学的学习规划和计划,掌握学习的主动权

大学学习单凭勤奋和刻苦精神是远远不够的,只有掌握了学习规律,相应地制订出学习的规划和计划,才能有计划地逐步完成预定的学习目标。有人说过:没有规划的学习简直是荒唐的。因此,首先要根据学校的教学大纲,从个人的实际出发,根据总目标的要求,从战略角度制订出基本规划。如设想在大学自己要达到的目标,达到什么样的知识结构,学完哪些科目,培养哪几种能力等。大学新生制订整体计划是困难的,最好请教本专业的老师和求教高年级同学。先制订好一年级的整体计划,经过一年的实践,在熟悉了大学的特点之后,再完善四年的整体规划。其次要制订阶段性具体计划,如一个学期、一个月或一周的安排,这种计划主要是根据入学后自己学习情况,适应程度,主要是学习的重点、学习时间的分配、学习方法如何调整、选择和使用什么教科书和参考书等。这种计划要遵照符合实际、切实可行、不断总结、适当调整的原则。

4)讲究学习方法、掌握学习艺术

首先,必须做到课堂上认真听讲,提高课堂学习效率,要做到眼到、手到、心到,听、看、想、记全用;注意及时复习,找出难点、疑点,及时消化,及时解决;善于类比与联想,善于总结与对比,注意问题的典型性与代表性,起到举一反三的作用。但是,现在许多大学生依然习惯于“你说我听,你讲我背”。因此,读书时要做到以下五点:

第一,读、思结合,读书要深入思考,不能浮光掠影,不求甚解。

第二,读书不唯书,不读死书,理论与实际相结合,这样才能学到真知。

第三,在学习中,要注意对所学的知识进行分类,一般来讲可分为三类:

①浏览和认知的性质,以掌握知识点,拓展知识面为主;

②要求理解和熟悉的知识,以领会和熟悉为主;

③属于掌握并能应用的层次,是必须重点掌握、熟透于胸并能自由运行的知识。

第四,注意和同学多交流,多讨论。讨论的好处是学习的印象深刻,不容易忘记,而交流的好处是能用最短的时间学会人家的知识。

第五,多读一些与学业及自己的兴趣有关的书籍,既广泛地了解最新科学文化信息,又能深入地研究重要理论知识,还能了解社会的发展趋势和人才需求。

6.3　素质教育

21世纪是知识经济的时代,学习化、知识化的社会将逐步形成,作为知识承载者的人才在社会的各个领域发挥着日益重要的作用。但是,仅有专业知识,而无人文素质的大学生,甚至连人格都不健全的大学生,无论专业知识多么丰富,能力多么强,都只能算一个“局限”的人。古人云:“有才无德,其行不远”,说明光有良好的专业知识是不够的。人文素养和科学教育作为大学素质教育的两翼,只有齐头并进,才能相得益彰。目前市场经济和发展使一些学生、家长普遍存在功利性的“职业至上”论,使一些学生对自己专业以外的知识和教育尤其那些与“功利”“实用”无直接联系的人文课程缺乏兴趣,以致受过现代高等教育的青年人,往往缺乏批判性的思考,整体观和想象力,人文精神低落,甚至连基本的是非观念都没有。例如,大学校园内普遍存在的学生不文明行为、作弊现象、人际关系紧张、心理脆弱、文化品位不高、自私、心胸狭窄等,出现这些现象,其原因在于他们在素质构成上的不均衡所致。显然,作为具有动手能力、创新能力、合作精神的应用型工程师,不仅要有扎实的工程基础,而且要有全面的素质教育。对现代大学生来讲,素质教育不只是知识的传授,更是能力的培养;不仅是智商,还有情商,各方面能力得到全面培养。

6.3.1 人才培养的素质和规格

当前,高等工程教育"面向现代化、面向世界、面向未来"已不是一句空话。社会发展和经济转型的急剧变革,要求高等工程教育做出快速的响应。面对这个趋势,各高校掀起了新一轮的教育、教学改革,根据自身的优势和特色,对学科和专业进行新的定位,以期在人才培养和教育评估中取得新的优势,从而更好地适应社会和经济的发展。人才培养的模式和规格要从同一性向多样性转变,要从"刚性"培养的规格转变到"刚-弹性"结合的模式,要向个性化教学和人才培养模式转变,既要有共性的基础,也要有个性化特色充分发展的空间。在人才培养中,注重质量的提高,逐渐加大个性化人才培养力度,加大实践性教学环节的考核,加大创新性人才培养的力度。因为当今教育以培养创新性高素质人才为目标,而创新来源于学生个性特色的充分发挥。教育必须从单纯的传授知识为主,向对学生实现全面素质教育的方向转变,强调思想、道德、文化、科技和素质教育等的一致性和统一性。

中国将逐步进入一个开放的全球市场和法制化的市场经济。中国的高等教育人才培养战略必须站在全球的高度,以培养适应21世纪知识经济及经济全球化所需要的、具有参与国际竞争能力的各类层次人才为目标。高等教育的高度开放和走向国际市场参与竞争的趋势是一个千载难逢的好机会,高等工程人才培养质量也是最容易与国际标准进行比较的。建筑环境与能源应用工程专业的大学毕业生,必须了解国、内外本学科的最新发展趋势,按照职业资格与学历教育相结合的原则,注重与经济、社会更加紧密的结合,适应经济、社会的发展,形成专业基础知识扎实、动手能力较强、合作精神良好、心理和生理健康的高级合格人才。

6.3.2 综合素质的培养与塑造

1)知识结构完善、专业知识扎实

所谓合理的知识结构,就是既有精深的专门知识,又有广博的知识面,具有事业发展实际需要的最合理、最优化的知识体系。诺贝尔奖获得者李政道博士说:"我是学物理的,不过我不专看物理书,还喜欢看杂七杂八的书。我认为,在年轻的时候,杂七杂八的书多看一些,头脑就能比较灵活。"大学生建立良好的知识结构,要防止知识面过窄的单打一偏向。当然,建立合理的知识结构是一个复杂长期的过程,宜注意如下原则:

①整体性原则:即专、博相济,"一专多通","一精多通"。

②层次性原则:即合理知识结构的建立,必须从低到高,在纵向联系中,划分基础层次、中间层次和最高层次,没有基础层次较高层次就会成为空中楼阁,没有高层次,则显示不出水平。因此,任何层次都不能忽视。

③比例性:即各种知识在顾全大局时,数量和质量之间合理配比。比例的原则应根据培养目标来定,成才方向不同知识结构的组成就不一样。应逐步学会选择专业课及其投入的精力。

④动态性原则:即所追求的知识结构决不应当处于僵化状态,而须是能够不断进行自我调节的动态结构。这是为适应科技发展知识更新、研究探索新的课题和领域、职业和工作变动等因素的需要。所以,定期浏览一些专业发展信息,阅读专业杂志就显得很有必要。

2）学习能力较强，适应环境较快

每个人都有自己的优势和劣势，但一个学习能力强的人可以通过训练，弥补他的不足。学生在校期间，最重要的一项任务就是学习。大学老师讲课时，需要在有限的学时中完成教学大纲要求，很难面面俱到，加上当今科学技术迅猛发展，教师可能还要补充许多课外知识。因此，知识学不尽，拥有继续学习的能力则是最重要的。

学习能力较强还体现在适应环境的快慢能力方面，学习是一个广泛的概念，生活、工作本身就是一门学问，能否快速地适应环境，能否创造性地开拓思路，打开新环境下的工作局面，体现的是一个人的学习能力，综合素质强的人，继续学习的能力也强。上大学的目的是传授方法、训练思维、开启智慧，能够把所学的理论能用于实际，在工作中能用理论来解决实践问题，在实践中碰到问题能想到理论。

3）合作精神良好，具备团队精神

没有良好的合作精神和团队精神的人，绝不是一个合格的人才。建筑环境与能源应用工程专业，培养的是面向应用的实践型的工程师，现代大型的工程项目和复杂的工作环境，往往需要依靠团队的力量，团队之间需要良好的沟通和交流、合作。因此，大学生要宽容地看待周围的一切人和事，对自己严格要求，对他人坦诚相待，懂得替他人着想，懂得关心爱护他人，正确对待别人的批评意见，克服自身缺点，适时调整心态，多和老师同学交流，增进人与人的感情与理解。开展丰富多彩的校园文化活动，包括组织和参加文艺、体育比赛活动，有利于这些意识和行为的培养，如演讲赛、辩论赛、篮球、足球、拔河、接力赛、社会实践等活动。大学生应该抓住这些机会，尽可能地融入到集体中去，增强同学之间的交流机会，搭建彼此交流和沟通的平台，在集体活动中培养团结协作的意识和拼搏精神，增强集体荣誉感和归属感。

大学这个平台为什么能塑造人呢？就是因为大家有相同的年龄，有统一的制度，有纪律的约束，有良好的校园文化。特别是校园文化渗透在校园活动的方方面面，它对学生的思想道德建设具有导向、熏陶、约束、激励、凝聚等方面的效应，不仅对学习、生活、心理起到良好的调节作用，而且对规范学生的行为习惯，促进学生全面素质的提高也起到潜移默化的作用，“学校的墙壁也能说话”，大学校园在培养学生的交流能力、合作精神、团队精神方面，在发挥环境育人作用的作用是非常大的。

4）培养创新、创造、创业的精神

创新包括：创新精神、创新意识、创新思维和创新能力。人类社会发展的历史，就是不断创新的历史。要创新，首先要树立创新意识，要破除创新神秘感。每个正常人生来都有创新的潜能。著名教育家陶行知先生早在20世纪40年代就提出了“人人是创造之人”的论断。在知识经济时代，创新成为人才最重要的素质之一。培养更多的创新型、创业型、复合型的社会需要的高层次人才，营造良好的创新创业氛围，强化大学生的创业意识，提高创业者的综合素质，需要通过以学生自主性活动为主的实践。大学生应该努力培养自己的创新能力、创造能力和创业精神。

创业是指用创新精神去开拓一种新的基业、产业或职业。因此,创业带来的直接结果就是新的企业、职业、产业的出现,而一个新的企业的诞生,一种新的职业的产生或者一个新的产业的兴起对地区经济社会发展则起着重要的推动作用。创业本身就是一种创新,有人把创业者所必备的素质要求总结为"十商",即:德商、智商、财商、情商、逆商、胆商、心商、志商、灵商、健商,这10种能力素质较为全面地概括了创业者的综合素质能力。创业教育作为高等教育发展史上一种新的教育理念,是知识经济时代培养大学生创新精神和创造能力的需要,是社会和经济结构调整时期人才需求变化的要求。现在,很多大学都非常重视学生的"创业教育",开设了一些"商务沙龙"之类的创业平台。但是,创业并不是头脑发热的"下海",也不是普通的专业性比赛或科研设计,而是要求学生能结合专业特长,根据市场前景和社会需求搞出自己的创新成果,并把研究成果转化为产品,创造出可观的经济效益,由知识的拥有者变为为社会创造价值、作出贡献的创业者,其本质是"知识就是力量",把知识转化为生产力。

5)人格健全,心理健康

健全的人格,良好的心理素质已成为素质教育最基本的环节。据相关部门统计,全国25% ~30%的在校大学生有不同程度的心理障碍,6% ~8%的在校大学生有心理疾病,而大学生由于心理失衡而引发的惨剧更令人触目惊心。由于经济、学业、情感、就业等引起的心理失衡乃至人格分裂和行为障碍,已成为扼杀大学生成材的极大阻力。我们应倡导自信、自强、友善、诚信的生活理念和健全人格,鼓励大学生自立自强、乐观向上、艰苦奋斗、逆境成材,以正确的心态对待生活困难和社会各种现象,化生活困难为学习动力,接受价值观念多元化的趋势,化解由腐败、贫富差距产生的对社会的仇恨,靠自己的努力创造辉煌的明天。事实上,现在各高校都有相当数量的心理辅导教师,可以有效地帮助大学生疏解压力、稳定情绪,大学生应学会适时求得帮助。

6.4 职业规划

据统计,整个"十一五"期间全国将有2 500万以上的普通高校毕业生需要就业。2005年全国普通高校毕业生有338万人,截至2005年9月1日,全国普通高校毕业生初次就业率达到72.6%,实现就业人数245万。2006年全国普通高校毕业生达413万人,比2005年增加75万人,增幅达22%。根据共青团中央学校部、北京大学公共政策研究所联合发布的"2006年中国大学生就业状况调查"显示,截至到2006年5月底,在接受调查的2006届本科毕业生中,已签约和已有意向但还没有签约的占49.81%,不想马上就业的占15.02%,而没有找到工作的比例为27.25%。2006年全国有120多万大学毕业生在离校后还没有就业,再加上2007年的495万毕业大学生,2007年求职的大学毕业生总量超过600万人。从高校毕业生规模来看,总量大、增幅高是突出特点,大学生的就业在以后将是一个长期的问题,表6.2和表6.3(数据来源,人事部)说明了我国大学毕业生的初次就业率。当下,工作难找,"金饭碗"难觅,已经成为初出茅庐的大学生面临的严峻问题。

表6.2 2003—2006年不同学历毕业生就业率 单位:%

年　度	2003	2004	2005	2006
研究生	94.0	95.8	95.7	96.1
本科生	86.2	89.8	90.7	97.25
专科生	68.6	78.0	82.3	95.57
总体平均	78.9	84.1	87.7	—

注:2006年的数据仅表示广东省的就业情况。

表6.3 2003—2006年不同专业毕业生就业率 单位:%

年　度	2003	2004	2005	2006
文科类	72.4	81.4	85.3	37.8
理科类	77.3	84.1	85.6	—
工科类	78.0	89.0	89.2	55.4

注:2006年的数据截至2006年5月底。

建筑环境与能源应用工程专业的毕业生就业相对来说要容易得多,但还是有相当数量的大学生一入学就担心就业的问题。那么如何正视现实,应对日趋严重的就业压力呢?如何在未来的职场中打拼,保有自我优势地位呢?毫无疑问,大学生也需要职业规划和职业教育,只有及早进行未雨绸缪,才能在未来的就业和职业生涯中取得主动。

6.4.1 事业成功的关键因素

在现代社会,竞争非常激烈,一个人要想取得成功,成就一番真正的大事业,其难度和挑战必然是非常大的。纵观世界上成功人士(如科学家、企业家、思想家、政治家、艺术家)的成功过程,发现成功的途径虽然千差万别,但成功的许多决定性要素却是基本一致的。这意味着,人生的成功其实有着可以学习和遵循的方法。尽管一个人成功的道路并不平坦,甚至成功的模式也不可复制,但一个智力正常的人,只要遵循历史上许多杰出、伟大人物的成功方法,并且愿意为之付出艰苦的努力,大多可以成就一番事业。许多没有取得成就甚至没有想过要成功的人,总是把自己个人的失败归因于外部环境条件的不匹配不成熟;但事实却是在同样的环境下,同样起点,甚至起点更差的人却通过艰苦卓绝的奋斗取得了巨大的成功。环境当然影响环境中的每个人的成长,但杰出的人却并不被环境所限,而是超越环境限制,获得令人惊异的成长。其原因在于:成功者与失败者对待自己和环境的态度、调适自己与环境的关系的出发点不一样。成功者充分利用环境中的所有因素包括不利因素,将其化作对自己磨炼成长的有利因素,敢于取舍,甚至在某些方面作出巨大牺牲,集中所有力量,专心追求自己的目标,从而形成了聚焦效应和压力转化为动力的能量守恒转化效应。失败者则安于现状,完全被环境所限制甚至塑造,丧失了自身应有的能动性,其结果必然是平平凡凡,消磨于环境、遏制于牢笼之间。

要使自己的事业有良好的发展,就必须借鉴成功者的做法和策略,通过总结发现成功的一般规律:

1) 有成功的欲望和动机

“野心”在多数情况下是个贬义词。不过,现在有心理专家研究表明,“野心”是成功的关键因素。“野心”,也可叫做志向,其实质是有很清晰的工作奋斗目标,就是做事有很强的目的性或目标性。拿破仑曾经说过:“不想做将军的士兵不是好士兵。”凡是成功的人,做人做事都有很强的目的性,目标十分明确坚定。做事目的性不强的人必然浪费时间,而时间是成功者所能拥有的最大财富资源之一,时间和精力对于成功者来说,都是浪费不起的。凡事都要围绕自己想要达到的目标去做事,凡是无益于达成自己目标的事情少做甚至坚决不做,即无论在工作、生活上,绝不做无用功。

2) 很强的意志力或者信念

顽强的意志力、耐心、耐力,对于自己所选择的目标及工作过程的价值的信念,决定了一个人的成功之路可以走多远。成就一番伟业,需要经历一个相对漫长的连续奋斗的时期,其间会遇到许多意想不到的困难。没有一项事业是一蹴而就。成就事业需要长期艰苦劳动,对于许多意志薄弱的人来说,是一件生命不能承受的重负,但对于成功者来说,这恰恰是乐趣的来源。成功者往往乐此不疲,在为事业奋斗的过程和所获得的点滴成果当中,获得无上的荣耀和幸福感。

意志力、耐力往往与信念有关。没有信念或信念不坚定,是不可能产生定向作用的意志力和耐力的。一个人只有坚信自己的选择是正确的,自己的努力是有价值的,自己的所有付出都是值得的,他的意志力、耐力才能长期保持甚至自觉强化在某些方向上。孙中山先生搞革命的时候,11 次起义都失败了,每次失败后不得不流亡海外,但他意志坚定,屡败屡战,依然有明确的目标、坚定的信念,能找到人生的价值,从而获得心理、精神能量补充,重新焕发出活力和更大生机。

有坚强的意志力和坚定的信念的人,往往能承受很大的压力。成就事业必然需要时时面临许多困难,更多时候还可能长期处于逆境当中,或者长期处于黎明前的黑暗期,即使事业初步成功之后,成功者仍然面临事业发展过程当中新的困难。人生成功的过程,其实质就是一个人不断鼓舞自己,竭力克服困难,不断解决问题的过程。正如杨澜完成名人采访系列节目之后的感悟:“困境是常态的,成功是非常态的。”压力是与成功过程相伴的一个伴随因素。有无能力抵抗来自环境、他人及自己内在的心理、生理压力,是一个人能否成功的关键因素之一。

3) 敬业与专注

成功的人,做事往往全力以赴,非常专注,即使是平凡的工作岗位,也非常乐业、敬业。古往今来,凡事业成功者,无不和“坚持不懈、奋斗”等词汇联系起来,成功者并不是一开始就成功,而是做事一旦投入,必全身心投入,对于结果更是志在必得。否则,他们就宁愿放弃不做。全力以赴不仅意味着努力工作,而且还意味着不断地克服自身的不足。事实上,包括成功人士在内,每个人都有自己不足的方面,但成功者却通过全力以赴的工作精神,较为成功地克服或化解了自身存在的劣势。具体方法就是:客观看待并清醒认识自己的不足之处,然后采取行动立即加强劣势方面的学习及与他人合作,最关键的一点是漠视甚至完全消除劣势给自己造成的心理压力,以更从容、自信、严谨、专业的态度来加倍努力地开展工作。不受自己存在的劣势所困扰,就能够更有效地发挥优势,提升整体工作水平,更易于成功。

4)克制力及极强的自信心

成功者与失败者相比,更怀有对于自我奋斗、自我价值的强烈自信心。自信心是建立在基于自己能力素质及预期目标、实现目标方法的理性研究上,是知行合一的实践理性,而不是狂妄的自欺欺人的态度。自信心是成功者所有心理能量积聚的根基。没有了自信,龙飞凤舞就会变成蛇影鸡形,再大的才能和能量失去点火器,形同虚设而已。人是逼出来的,成功者不但接受外界正向的逼迫,同时也接受外界负面的逼迫;不仅迎接外界的逼迫,而且有意识地给自己增加负荷,不管有没有外界因素逼迫自己,都始终如一地自己逼迫自己。所谓逼迫,也就是极大地自我克制。成功者都具备极强的自我克制能力,韩信能忍受"胯下之辱",但最终拜相封侯;越王勾践"卧薪尝胆",终于灭掉吴国。

5)善于利用时机,抓住机遇

天时、地利、人和,任何一项事业的成功,都离不开"天时",天时就是机遇,就是"大形势"。"势"是事业成功的一个关键因素。哈佛大学对一些学生进行的研究证明,在个人的成功中,智商只起20%的作用,80%靠的是社会环境、机遇。"势"是时机、是火候、是风向。事业初创时期,光有各类要素还不行,还要等待时机,顺势而为。事业发展时期,要注意积聚能量,乘势而上,再攀高峰。成功的人,往往都能利用时机,抓住机遇,"机遇只光顾于有准备的人"。但是,如果没有知识,没有长远的目光,即使机会来了,也未必能抓住,没有平时120%的努力,就没有60%的运气去抓住机遇。

6)大处着眼,小处着手

成功并不神秘,很多人的成功只不过做了他们该做的东西,从大处着眼、小处着手,身体力行,所谓"复杂的事情简单做,简单的事情重复做"。从大处着眼,意味着需要"举轻若重",工作、事业上的事无小事,全部需要认真仔细地落实;从小处着手,则需要"举重若轻",无论多么复杂繁琐之事,均应该尽量简单容易化去分解操作,行难于易,难者亦易矣。两者一结合,就构成了以效果为导向的"思考繁密、操作简易"的工作方法。《易经》上说:"易则易知,简则易从,易知则有亲,易从则有功。有亲则可久,有功则可大。可文则贤人之德,可大则贤人之业。"这道出了简易对于确保事业成功的重要性。精简是一种理念和行事风格,精简有助于体现并提升专业工作的效率。但是有的人,周密谋划半天,就是不见行动,眼高手低,动则要扫天下,但是连"一屋都不扫"。想到了不代表做到了,说到了也不代表做到了,而工作、事业的成果只有通过"实行"才能获得。成功者都是想好了再说,想好了就做,所有工作成果都只能是做出来的,一旦做了就还必须做对、做正、做好。

7)控制情绪,保持客观

人是情绪化的动物,现代工作中做事很容易进入忘我状态,有时候不冷静,就很难对事、对人进行客观的分析和评价。智商和情商是2种可用来衡量个人素质的关键因素,智商反映人的智慧水平，情商则反映了人在情感、情绪方面的自控和协调能力。成功的人，都能有意识地克服自我，特别善于倾听别人的意见，以不断超越自我为荣，克服狭隘的"自尊心"，控制个人的情绪及个人私见上的隔阂，才能取得巨大突破。不管什么时候，一个能客观思考、控制情绪的人，思就会认真仔细地思(分析思考、规划谋划)，知就会深入细致地知(明白全体、局部和关键点)，言就会实事求是、恰如其分地言(工作事业不是炫耀口技)，行就会脚踏实地、快速认真地行。事实上，如果能克服"情绪化"，就意味着能最大限度地全方位地开放自我，吸纳他人的信息、智慧，与他人共鸣，从而摆脱"我执"的"小我"，达到集成智慧的"大我"，形成解决问题所需要的"大视野、大信息，大头脑、大心灵、大决心、大智慧"。

8)创新

杨叔子院士认为，成功还要敢于创新，善于总结。敢于创新是成功的关键因素。所谓事业上取得成功，就是在工作中有创新、有突破，做了别人做不到的事情，这就是成功。创新，包括技术创新、制度创新、方法创新，一个国家、一个民族只有创新，才有前进的动力，才有力量的源泉。没有创新，就没有发展。要敢于创新，也要善于总结。做事既要从实践中认识真理，坚持真理，认识错误，改正错误，明确正确的方向；又要善于总结，以史为鉴，取其精华，去其糟粕，开拓前进，以达到创新，这是成功的关键。同样，对于成功的这些所谓经验，只能借鉴，而不能复制，世界上找不到两片完全相同的树叶，成功的这些经验也不能完全照搬。

6.4.2 人际关系的建立与改善

成功的人都会是那些注重人际关系的人，人际关系可能成为事业的绊脚石，也可能成为成功的加速器。对于一名大学生来说，当他走进大学的时候，不仅需要适应学生和生活环境的改变，还面临着重新融入新的群体，重新建立新的人际关系的问题。大学生的人际关系无论从愿望、内容方面，还是在方式上都具有同他们的社会知识经验相对应的特点。这些特点表现在交往愿望的迫切性、交往内容的丰富性、交往观念的自主性、交往系统的开放性。大学生建立良好的人际关系，有利于他们的学习、生活和工作，也有利于他们的成长。

良好的人际关系是工作的润滑剂，大学生应该建立和维护良好的人际关系，下面的一些技巧和措施值得借鉴。

1)热情和主动

很多人之所以缺乏成功的交往，往往是因为他们在人际交往中总是采取消极的、被动的退缩方式，总是期待友谊从天而降。这些人，只做交往的响应者，不做交往的发起者，然而，根据交往的交互性原则，别人是没有理由无缘无故地对你感兴趣的。因此，要与别人建立良好的人际关系，必须主动、热情地与别人交往。

2)建立良好的第一印象

第一印象在人际交往中具有重要的作用。人们会在初次交往的短短几分钟内形成对交往对象的一个总体印象，如果这个第一印象是良好的，那么人际吸引的强度就会很大；如果第一印象不好，则人际交往的强度就会很小。而在人际关系的建立和维护的过程中，最初的印象同样会深刻地影响交往的深度。卡耐基在他的《人性的弱点——如何赢得朋友并影响他人》一书中提出建立良好印象的6条准则：真诚地对别人感兴趣；微笑；多提别人的名字；做一个耐心的聆听者；谈符合别人兴趣的话题；以真诚的方式让别人感到他很重要。

3）勇于承认自己的错误

虽然承认自己的错误是一种自我否定，但承认错误会给自己带来巨大的轻松感。明知错了而不承认，甚至将错误推给别人，自己会背上承重的包袱，也使自己无法得到别人的原谅。另外，承认自己的错误，等于变相地承认别人，会使对方显示超乎寻常的容忍性，从而维持人际关系的稳定。

4）学会批评

不到万不得已时，不要自作聪明地批评别人，更不要盛气凌人、颐指气使。尽管有时候批评是必要的，不得已的，但是，还是要学会善意的批评是对别人进行友好指正的一种很有必要的反馈方式。任何自作聪明的批评都会导致别人的厌烦，而责怪和抱怨则会损坏人际关系的发展，多使用提醒和建议的方式，使别人感到容易接受而又不损伤自尊。正如卡耐基所说："要比别人聪明，但却不要告诉别人你比他聪明。"

6.4.3　就业与工作分析

总体来看，目前大学毕业生的就业渠道主要有国企、民企、外企、公务员4种。2003年12月12日，根据新浪网的一项调查："刚走出校园的你，在找工作时首选什么？"共有6 070人参加。结果首选"公司、企业"的占59.14%，有3 590人；选择"政府部门、国家机关"的占26.21%，有1 591人；选择"无所谓"的占8.57%，有520人；选择"个人自主创业"的占6.08%，有369人。这个选择基本上反映了当代大学生的就业方向和就业意愿。下面来简单分析一下不同就业方向的特点。

1）国企

总的来说，国企规模一般较大，结构复杂，职位稳定，福利制度完善，工作时间明确，工作压力相对较小，但企业制度比较僵化，且人际关系相对复杂，除垄断型国企外，薪酬并不具有竞争力。

2）民企

即民营企业与私人企业，企业规模结构一般小于国企，工作任务较大，福利不是很完善，对人员要求更严格一些，压力较大。民企近来发展迅速，相当多的民企越来越规范，薪酬也很有竞争力，这为刚刚加入的大学生提供了迅速成长和接受多方面挑战的机会。

3）外企

由中外合资企业、中外合作企业、外商独资企业以及有外商投资的对外加工装配企业组成，即通常所说的三资企业。外企的用人理念与前两者有不小的差别，待遇较高，培训完善，这些企业有较强的社会责任，管理比较人性化，工作环境不错，但相应的，对雇员的要求很高，工作压力较大,工作不稳定。在外企就业,通常还需要适应外企特定的企业文化,英语要比较流利。

4)公务员

从某个层次上,公务员与国企人员有相通之处,只是前者服务于国家机关,而后者服务于政府支持的企业。公务员的合同期最长,更加稳定,福利待遇也是最好的。报考公务员需要参加国家统一举行的公务员考试(可参考公务员考试网 http://www.gwyksw.com/或 http://www.gongwuyuan.com.cn/),大学生也可以留意地方政府的公务员考试和招聘信息。

实际上,还有考研和创业,也是一种就业。在整个主流文化中,创业并不被推崇至上。很多人也建议"先就业后创业"。然而,市场的洪流仍然推出一代弄潮儿。创业,意味着巨大的机会成本、巨大的风险以及潜在的优厚的回报。创业也构成了当今毕业出路上的一道独特风景线。

由于建筑环境与能源应用工程专业是一个应用型的专业,学生有较好的就业前景。同时,土木建筑类专业是未来最热门的专业之一,在北美地区是毕业生起薪最高的专业之一,排在10大热门专业的第7位。又如,澳大利亚制冷空调技师面临全国性的人才短缺,在就业前景中属于最优先的级别。这几年一直列为紧缺移民职业范围,年龄较大或者刚工作没有工作经验加分的制冷空调技师都可移民到澳大利亚。再如,在英国,2004年暖通空调专业维护管道的技术工人甚至拿到了年薪8万英镑的高薪,吸引了大量的白领转行。

建筑环境与能源应用工程是未来需求最旺盛的专业之一。建筑环境与能源应用工程专业所培养的毕业生能够胜任跟建筑环境与建筑设备和服务相关的工作,适合在国内外设计院、研究所、建筑工程安装公司、物业管理公司、军队营房基地、高等院校、市政园林政府部门以及相关工业企业等单位从事设计、技术支持、经营、管理、监理、概预算等工作。图6.1为高校毕业生的工作去向(数据来源于上海理工大学)。

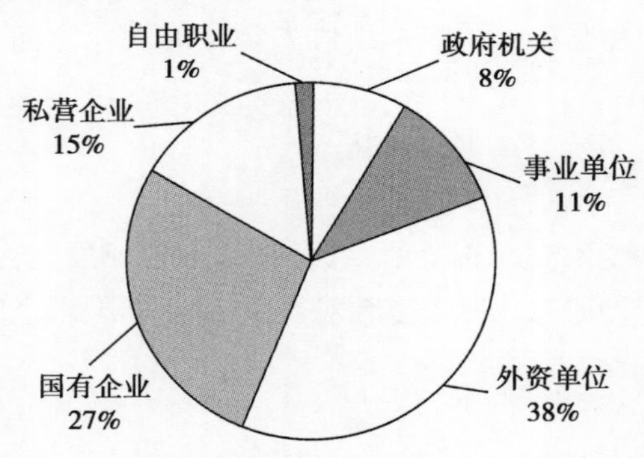

图6.1　某高校建筑环境与能源应用工程毕业生工作分析

建筑环境与能源应用工程职业越来越有实行毕业证书与资格证书相结合的"双证书认证"制度的趋势,该专业的毕业生可以通过注册公用设备工程师(全国勘察设计注册暖通空调工程师)、注册监理工程师、注册造价师等资格考试进入相关职业和行业。具体来讲,可以分为以下几个方面进行就业:

(1)进行设计工作

在建筑设计单位从事供暖、通风、制冷和空调设计;从事建筑给排水工程设计;从事建筑电气及智能建筑等方面的设计;也可以在制冷空调设备工程公司和设备制造企业从事建筑设备的设计和研发等工作,还可以在市政部门等从事燃气供应等设计工作。

表6.4和表6.5分别列出了中国综合类和建筑类设计院的排名情况。截至2006年底,全国共有勘察设计企业12 375家,其中甲级企业1 928家,乙级企业3 410家。值得注意的是,这些排名仅为某个指标,且各年度排名的变化可能变动较大,仅供参考而已。

表6.4　2007年度中国综合类设计院前30名(按营业额)

排　名	单位名称
1	上海现代建筑设计(集团)有限公司
2	中国建筑设计研究院
3	铁道第二勘察设计院
4	铁道第三勘察设计院
5	铁道第一勘察设计院
6	国家电力公司成都勘测设计研究院
7	铁道第四勘察设计院
8	长江水利委员会长江勘测规划设计研究院
9	中国石油集团工程设计有限责任公司
10	中讯邮电咨询设计院
11	国家电力公司中南勘测设计研究院
12	同济大学建筑设计研究院
13	中国石化工程建设公司
14	中国联合工程公司
15	中京邮电通信设计院
16	北京国电华北电力工程有限公司
17	上海市政工程设计研究院
18	北京市建筑设计研究院
19	深圳市建筑设计研究总院
20	中交第二公路勘察设计研究院
21	北京市市政工程设计研究总院
22	国家电力公司西北电力设计院
23	中冶集团武汉勘察研究院有限公司
24	国家电力公司西南电力设计院
25	中交第一公路勘察设计研究院
26	黄河勘测规划设计有限公司
27	国家电力公司华东勘测设计研究院
28	浙江省电力设计院
29	深圳市勘察测绘院
30	江苏省电力设计院

数据来源:中国空调制冷网(http://bbs.chinahvacr.com/thread-94400-1-1.html)

表6.5 2011年度中国建筑设计院前10名

排　名	单位名称
1	上海现代建筑设计(集团)有限公司
2	中国联合工程公司
3	中国建筑设计研究院(集团)
4	同济大学建筑设计研究院
5	北京市建筑设计研究院
6	深圳市建筑设计研究总院
7	天津市建筑设计院
8	中国建筑西南设计研究院
9	CCDI设计集团
10	四川省建筑设计院

数据来源:土木在线(http://bbs.co188.com/thread-4823274-1-1.html)

(2)从事概、预算等造价工作

毕业生可以从事供暖、通风、空调、建筑给排水工程、建筑电气工程概决算和安装工程招投标等工作。

(3)从事施工管理和施工组织工作

在建筑安装工程公司(包括建筑消防工程公司)或房地产公司从事暖通空调、建筑给排水、建筑电气工程概决算和安装工程招标等工作。

(4)从事工程监理工作

建筑环境与能源应用工程专业的毕业生可以在质量检查部门(质量监督局、检测站)从事建筑与建筑设备的安装质检工作,在安装工程监理公司从事设备监理工作。

(5)从事建筑环境管理与建筑设备维护工作

建筑环境与能源应用工程专业的毕业生可以对高级商厦、宾馆饭店、办公大楼、机场大厅、邮政大楼、会展中心、地铁、医院等大型民用建筑以及医药厂、卷烟厂、纺织厂、电子厂、冷冻厂等工业建筑以及一般的物业管理公司从事建筑环境与建筑设备的管理与维护工作。

(6)销售与管理

建筑环境与能源应用工程专业的毕业生也可以从事建筑设备、制冷、空调设备等产品(如中央空调和小型中央空调设备、冷却塔、给排水设备等)销售和售后服务及管理等工作。

(7)建筑能源环境评估与咨询

随着建筑能源与环境日益受到重视,越来越多的本专业毕业生可能从事建筑能源环境模拟、评估和咨询的相关工作,成为“建筑能源环境工程师”。这是一个新兴的行业和领域,具有很好的发展前景。

可以说,建筑环境与能源应用工程专业的毕业生供需是平衡,就业前途是广泛,本专业相当多高校的初次就业率在90%,甚至在95%以上。

但是,即使是有好的就业前景的专业,也未必能实现100%的就业,这就涉及个人素质。著名的跨国公司阿尔卡特人力资源总监认为:“我们在选择学生的时候,最喜欢有很强的思考能力和主动积极性,有很敏锐的观察力,对客观事实的捕捉能力很强,态度严谨,思维活跃,并且有很好的逻辑性,同时也有较清晰的自我定位的人才……”

6.4.4 职业规划概述

在一次对北京人文经济类综合性重点大学的205位大学生的调查结果显示,对自己将来如何一步步晋升、发展没有设计的占62.2%;有设计的仅有32.8%,而其中有明确设计的仅占4.9%。开学了,又一批大一的新生步入了象牙塔,一些新生计划着大一、大二先轻松一下,到大三、大四再努力也不迟。实践证明,抱有这种思想和态度的学生,由于大学几年会虚度时光,毕业找工作时更多的是慌乱和艰难。在大学期间,如果不能运用职业设计理论,规划自己未来的工作与人生发展方向,将会严重影响学生的提前准备和准确定位,甚至影响对工作的适应性。

1)学生职业规划的必要性

职业规划对于很多中国人来说还比较陌生,这个问题与我们的教育体系和文化背景有很大的关系。尽管职业规划对中国大学生还比较陌生,但毫无疑问,大学生需要职业规划。在英国,大学的职业培训系统非常完善,各个大学都有职业指导中心。现在,一些以研究著称的英国老牌大学也意识到职业培训的重要性,开始紧锣密鼓地与企业合作,加强这方面的培训和服务。与国外的教育相比,我们应该承认并正确对待我们在职业兴趣培养和职业生涯教育方面的不足和差距。“笨鸟先飞早入林”,为了弥补这一差距,建筑环境与能源应用工程专业的学生应该认真做好自己的职业规划,以便在将来的竞争中取得自己的一席之地。

职业规划指的是一个人对其一生中所承担职务相继历程的预期和计划,包括一个人的学习,对一项职业或组织的生产性贡献和最终退休。职业规划的本质是根据自己的兴趣、特长和专业特点,结合社会的需求和发展趋势,系统地规划自己的人生和未来。职业生涯规划一旦设定,它将时时提醒你已经取得了哪些成绩以及你的进展如何。当你为自己设计职业规划时,你正在用头脑为自己要达到的目标规定一个时间计划表,即为自己的人生设置里程碑。

个人的职业规划并不是一个单纯的概念,它和个体所处的家庭及社会存在密切的关系。每个人要想使自己的一生过得有意义,都应该有自己的职业规划。特别是对于大学生而言,正处在对个体职业生涯的探索阶段,这一阶段的职业选择对大学生今后职业生涯的发展有着十分重要的意义。乔治·肖伯纳曾这样说过:“征服世界的将是这样一些人:开始的时候,他们试图找到梦想中的乐园,最终,当他们无法找到时,就亲自创造了它。”职业对大多数人来说,都是生活的重要组成部分。但是,职业既不像家庭那样成为我们出生后固有的独特的社会结构,也不像货架上的商品那样,可以让我们随意挑选。大学生进行职业规划的意义在于寻找适合自身发展需要的职业道路,实现个体与职业的匹配,体现个体价值的最大化。一个没有计划的人生就像一场没有球门的足球赛,对球员和观众都兴味索然。甚至可以说,一个人不做人生的职业规划,距离挨饿的时间只有三天。一个没有职业规划的大学生,即使淡化专业对口,不再关心户口问题,甚至对工资没有什么要求,但因为没有工作经验、知识能力储备不足、英语不够好、自我定位不够准确等原因,有可能还是找不到工作。因此,在讨论大学生就业问题时,非常有必要了解和制订自己的职业规划。

2)职业规划的方法

面对严峻的就业形势和就业环境,以及为了自己成材的需要,建筑环境与能源应用工程专业的大学生应该为自己职业发展着想,有必要按照职业生涯规划理论加强对自身的认识与了解,找出自己感兴趣的领域,及早进行职业规划和社会切入。

(1)明确自身的定位和优势

大学生进行职业规划时,最重要的是清醒地认识自我,给自我进行明确的人生定位。自我定位和规划人生,就是明确自己"我想干什么?""我能干什么?""我的兴趣和爱好是什么?""我的特长是什么?""社会可以提供给我什么机会?""社会的发展趋势是什么"等诸如此类的问题,使理想可操作化,为介入社会提供明确方向。

定位,就是给自己亮出一个独特的招牌。这就需要进行自我分析,首先是明确自己的能力大小,给自己打打分,看看自己的优势和劣势,对自己的认识分析一定要全面、客观、深刻,绝不回避缺点和短处。通过对自己的分析,旨在深入了解自身,根据过去的经验选择、推断未来可能的工作方向与机会,从而彻底解决"我能干什么"的问题。只有从自身实际出发、顺应社会潮流,有的放矢,才能马到成功。要知道个体是不同的、有差异的,我们就是要找出自己与众不同的地方并发扬光大。

①我学习了什么?在校期间,我从学习的专业中获取些什么收益;参加过什么社会实践活动,提高和升华了哪方面知识。专业也许在未来的工作中并不起多大作用,但在一定程度上决定自身的职业方向,因而尽自己最大努力学好专业课程是生涯规划的前提条件之一。因此,绝不能否认知识在人生历程中的重要作用,特别是在知识经济日益受到重视的今天,一个人所具备的专业知识是他得到满意工作结果的前提条件之一。

②我曾经做过什么?经历是个人最宝贵的财富,往往从侧面可以反映出一个人的素质、潜力状况。如在大学期间担任学生会干部、曾经为某知名组织工作过等社会实践活动所取得的成绩及经验的积累、获得过的奖励等。

③我最成功的是什么?我做过很多事情,但最成功的是什么?为何成功?是偶然还是必然?是否自己能力所为?通过对最成功事例的分析,可以发现自我优越的一面,譬如坚强、果断、智慧超群,以此作为个人深层次挖掘的动力之源和魅力闪光点,形成职业规划的有力支撑;寻找职业方向,往往是要从自己的优势出发,以己之长立足社会。

④我的弱点是什么?人无法避免与生俱来的弱点,必须正视,并尽量减少其对自己的影响。譬如,一个独立性强的人会很难与他人默契合作。而一个优柔寡断的人绝对难以担当组织管理者的重任。卡耐基曾说:"人性的弱点并不可怕,关键要有正确的认识,认真对待,尽量寻找弥补、克服的方法,使自我趋于完善。"清楚地了解自我之后,就要对症下药,有则改之,无则加勉。重要的是对劣势的把握、弥补,做到心中有数。因此,要注意经常需要安下心来,多找机会和别人交流,尤其是与自己相熟的如父母、同学、朋友等交谈。看别人

眼中的你是什么样子,与你的预想是否一致,找出其中的偏差,这将有助于自我提高。对自己的弱点千万不能采取"鸵鸟态度",视而不见。相反,必须认真对待,善于发现,并努力克服和提高,那么,在大学期间,要针对自身劣势,制订出自我学习的具体内容、方式、时间安排,尽量落于实处便于操作。

(2)确定职业目标

每一个人都应该知道自己在现在和将来要做什么。对于职业目标的确定,需要根据不同时期的特点,根据自身的专业特点、工作能力、兴趣爱好等分阶段制定。许多人在大学时代就已经形成了对未来职业的一种预期,然而他们往往忽视了对个体年龄和发展的考虑,就业目标定位过高,过于理想化。以建筑环境与能源应用工程专业来说,沿海经济发达地区,建筑产业磅礴发展,专业就业情形不错,但相当数量的学生只盯着公务员职业,而且只盯着大城市,对中小型城市的发展空间欠缺认识,盲目地攀高追求与不求实际的"这山望着那山高"。还有学生,在"骑驴找马"的过程中,不是珍惜"驴"所提供的资源和条件,而是一边找"马",一边虐待"驴子",缺乏敬业意识,非常愚蠢,也是职业目标不确定的一种表现。这些想法和行为不仅会影响个人的初次就业,更会对个人以后的职业发展造成不利的影响。

职业生涯目标的确定,是个人理想的具体化和可操作化。是指可预想到的、有一定实现可能的最长远目标。按照马斯洛的需求层次理论,人一般具有生理需求(基本生活资料需求,包括吃、穿、住、行、用)、安全需求(人身安全、健康保护)、社交需求(社会归属意识、友谊、爱情)、尊重需求(自尊、荣誉、地位)、自我实现需求(自我发展与实现)5种依次从低层次到高层次的需求。职业目标的选择并无定式可言,关键是要依据自身实际,适合于自身发展。值得注意的是伴随现代科技与社会进步,个人要随时注意修订职业目标,尽量使自己职业的选择与社会的需求相适应,一定要跟上时代发展的脚步,适应社会需求,才不至于被淘汰出局。

(3)进行职业和社会分析

在发展迅速的信息社会,社会需求和职业前景是职业规划的重要影响因素,因此,必须根据自身实际及社会发展趋势,把理想目标分解成若干可操作的小目标,灵活规划自我。

①社会分析:社会在进步,在变革,作为即将出入社会的大学生们,应该善于把握社会发展脉搏:当前社会、政治、经济发展趋势;社会热点职业门类分布及需求状况;建筑环境与能源应用工程专业在社会上的需求形势;自己所选择职业在目前与未来社会中的地位情况;社会发展对自身发展的影响;自己所选择的单位在未来行业发展中的变化情况,在本行业中的地位、市场占有率及发展趋势等;对这些社会发展大趋势问题的认识,有助于自我把握职业社会需求、使自己的职业选择紧跟时代脚步。

②就业单位分析:当然这个分析可以放到找到工作后才进行。就业单位将是你实现个人抱负的舞台,西方关于职业发展有句名言"你选择了一个组织,就是选择了一种生活"。需要了解所就业的公司的文化,公司是否具有发展前景,等等。根据职业方向选择一个对自己有利的职业和得以实现自我价值的单位,是每个人的良好愿望,也是实现自我的基础,但这一步的迈出要相当慎重。一些国际化大公司(如西门子公司)就特别鼓励优秀员工根据自身能力设定发展轨迹,一级一级地向前发展。他们认为最好的人才是"有很好的人生目标,不断激励自己",并提出"员工是企业内的企业家"的口号,给员工以充分的决策、施展才华的机会。

③人际关系分析:个人处于社会复杂环境中,不可避免地要与各种人打交道,因而分析人际关系状况显得尤为必要。现在,一些大学生的社会实践少,实际解决问题的能力弱、只学到书本知识,没有掌握学习方法、缺乏团队精神,也缺乏人际沟通能力和建立人际关系的能力。人际关系分析应着眼于:个人职业发展过程中将与哪些人交往;其中哪些人将对自身发展起重要作用;工作中会遇到什么样的上下级、同事及竞争者,对自己会有什么影响,如何相处、对待等。

(4)明确选择职业方向

通过以上自我分析认识,我们要明确自己该选择什么职业方向,即解决"我选择干什么"的问题,这是个人职业规划的核心。职业方向直接决定着一个人的职业发展,职业方向的选择应按照职业生涯规划的四项基本原则,结合自身实际来确定,即选择自己所爱的原则(你必须对自己选择的职业是热爱的,从内心自发地认识到要"干一行,爱一行"。只有热爱它,才可能全身心地投入,作出一番成绩),择己所长的原则(选择自己所擅长的领域,才能发挥自我优势,注意千万别当职业的外行),择世所需的原则(所选职业只有为社会所需要,才有自我发展的保障)和"服务社会、实现自我"的原则(应该本着"利己、利他、利社会"的原则,选择对自己合适、有发展前景的职业)。

(5)规划未来

①立足现在,规划未来:对一个具有良好教育背景的人,不应该只看到眼前的那么一点利益,志向应该远大一些。有的学生认为自己一没有家庭背景,二没有热门专业。实际上,在工作的过程中,总有人脱颖而出,但脱颖而出的人不是取决于起点的高低。家庭条件好,学习了热门专业,只不过是多一些可以利用的资源罢了。"人生最大的困扰就是甘于平庸",而不是有没有深厚的家庭背景。"七十二行,行行出状元",在大学生的人生事业中,只要有理想,有毅力,谁能否定他们不会有一个辉煌的未来?

②规划未来,就是如何规划和预测个人从低到高一步一个脚印拾阶而上,预测工作范围的变化情况,如何应对未来工作中的挑战,如何改变自己的努力方向,以及如何分析自我提高的可靠途径。如某人想从事销售工作并想有所作为,那么他的起步可以从业务代表做起,在此基础上努力,经过数年逐步成为业务主管、销售区域经理、销售经理,最终达到公司经理的理想生涯目标。

3)学生职业规划的步骤

大学生职业生涯规划包括4个步骤:评估自我、确定短期和长期目标、制订行动计划和内容、选择需要采取的方式和途径等。在此,可以借鉴美国职业指导专家霍兰德所创的职业性向测验,他把个性类型分为现实型、研究型、艺术型、社会型、企业型和常规型6种类型,任何一种个性大体上都可以归属于其一种或几种类型的组合。通过类似的职业性向测验我们能够更好地实现个性与职业之间的匹配。

①一年级为试探期:要初步了解职业,特别是自己未来所想从事的职业或自己所学专业对口的职业,提高人际沟通能力。具体活动可包括多和师兄师姐们进行交流,尤其是大四的毕业生,了解他们的就业情况。大一学习任务还不重, 要多参加学校的活动,增加交流技巧,学习计算机知识,争取能够通过计算机和网络辅助自己的学习,多利用学生手册,了解学校的相关规定。为可能的转专业、获得双学位、留学计划做好资料收集及课程准备工作。

②二年级为定向期:应考虑清楚未来是否继续深造或就业,了解相关的活动,并以提高自身的基本素质为主,通过参加学生会或社团等组织,锻炼自己的各种能力,同时检验自己的知识技能;可以开始尝试兼职、社会实践活动,并要持之以恒,最好能在课余时间长时间从事与自己未来职业或本专业有关的工作,提高自己的责任感、主动性和受挫能力,增强英语口语能力,增强计算机应用能力,通过英语和计算机的相关证书考试,并开始有选择地辅修其他专业的知识充实自己。

③三年级为冲刺期:因为临近毕业,所以目标应锁定在提高求职技能、搜集公司信息,并确定自己是否报考研究生。如果准备考研,则需要开始收集一些考研的信息,为考研做准备。可利用寒、暑假参加一些和专业有关的工作,和同学交流求职工作的心得体会,练习写求职简历、求职信,了解搜集工作信息的渠道,并积极尝试加入校友网络,和已经毕业的校友、师兄师姐谈话了解往年的求职情况;希望出国留学的学生,可多接触留学顾问,参与留学系列活动,准备 TOEFL、GRE、雅思等考试,注意留学考试资讯,这些可向相关教育部门索取简章进行参考。

④四年级为分化期:找工作的就找工作、考研的就考研、出国的就出国,不能再犹豫等待,否则可能失去目标。大部分学生的目标应该锁定在工作申请及成功就业上。这时,可先对前三年的准备做一个总结:首先检验自己已确立的职业目标是否明确,前三年的准备是否已充分;然后,开始毕业后工作的求职,积极参加招聘活动,在实践中校验自己的知识积累和工作准备;最后,预习或模拟面试。积极利用学校提供的条件,了解就业指导中心提供的用人公司资料信息、强化求职技巧、进行模拟面试等训练,尽可能地在做出较为充分准备的情况下进行施展演练。

从试探期到分化期,4 个年级侧重点不同,选择需要采取的方式和途径也不尽相同,要根据自己的长期目标因人而异。人生的伟大目标都是从养活自己开始,立足生存,追求梦想,这就是从卑微的工作干起的基本意义所在。

4)学生职业规划应用举例

陈某是广东某大学的大一新生,为了避免大学毕业后的就业走弯路,她根据自己所掌握的职业规划知识为四年大学生活画了一幅蓝图:

首先,进行自我评估。根据大家的评价和各种测验,发现自己是一个较为外向开朗的人,她对社会经济问题感兴趣,擅长分析,对数字很敏感,语言表达能力强。弱点:气势压人,不够亲和;考虑问题深度不够,文字表达能力欠佳。

其次,确定短期和长期目标。短期目标:加强文字表达和沟通能力,英语表达流畅;专业学习上有成果。长远目标:毕业后进入国际知名管理顾问公司。然后开始制订行动计划,选择需要,采取的方式和途径。她的计划大体如下:

(1)一年级

目标:初步了解建筑环境与能源应用工程职业和专业内容,提高人际沟通能力。主要内容有:

和师兄师姐们进行交流,询问就业情况;

参加学校活动,增加交流技巧;

学好高数和英语等基础课程，学习计算机知识，通过全国计算机二级考试和大学英语四级考试，考取 AutoCAD 技能证书。

全面认识建筑环境与能源应用工程系统应用。

(2)二年级

目标：提高基本素质。主要内容有：

通过参加学生会或社团等组织，锻炼自己的各种能力，同时检验自己的知识技能；

主要尝试兼职、社会实践活动，并持之以恒；

提高自己的责任感、主动性和受挫能力；

英语口语能力增强，计算机应用能力增强。

集中精力学好工程热力学、流体力学、传热学、建筑环境学等理论基础课程，争取通过大学英语六级考试。

(3)三年级

目标：提高求职技能，搜集公司信息。主要的内容有：

撰写专业学术文章，提出自己的见解；

参加和专业有关的暑期工作，和同学交流求职工作心得体会；

学习写简历、求职信；

了解搜集工作信息的渠道，并积极尝试。

确定专业学习主攻方向，集中精力学好制冷技术、通风与空调、安装工程造价、建筑设备施工技术等课程，以及工程经济学、项目管理等选修课程。

(4)四年级

目标：工作申请，成功就业。主要的内容有：

对前三年的准备做一个总结。然后，根据自身专业学习状况和兴趣择业(如就业、创业、留学、考研、考公务员等)，开始毕业后工作的申请，积极参加招聘活动，在实践中检验自己的积累和准备。预习或模拟面试；参加面试等。并结合择业目标确定毕业设计题目，撰写 1～2 篇有一定价值的专业论文发表。

积极利用学校提供的条件，了解就业指导中心提供的用人公司资料信息、强化求职技巧、进行模拟面试等训练，尽可能地在做出较为充分准备的情况下进行施展演练。

阅读材料

暖通空调业薪资报告(2007)

(资料来源：暖通招聘网，有删减，佚名)

总体收入不低

根据暖通招聘网 2007 年的最新调查报告，暖通空调各细分行业中，以能源行业、净化行业和自控行业收入最高，其次是空调行业，锅炉行业和地暖行业收入相对较低。

从职位类别来看,销售经理年薪收入总额高达30万元,项目经理为20万元,设计工程师为18万元,研发工程师为10万元,是收入最高的四类职位。普通职员中项目管理、销售系列薪酬水平显著高于其他职能系列,如普通暖通工程经理年度总薪酬中位值能达到8万元左右。销售人员受业绩影响,其薪酬差异较大,但年度总薪酬中位值能达到10万元左右。设计工程师属于“越老越值钱”的职位,与工作年限有明显的关系,年度中位值能达到8万左右;而生产、研发、售后等职能序列中普通职员月薪一般在2 000～6 000元。

在各技术岗位中,根据2007年暖通招聘网薪酬报告的统计,上海地区暖通工程师的平均年薪达到6万元,设计工程师的年薪接近8万元,销售工程师的平均年薪为10万元,技术支持工程师的平均年薪为6.3万元,售后服务工程师年薪为6.4万元;研发工程师平均年薪为9万元,而生产制造平均年薪为5万元。薪酬水平和企业性质的相关性亦较大。暖通招聘网的上述调查显示,在上海地区,虽然研发工程师平均年薪为9万元,但欧美独资企业与合资企业的薪资分别为10万元、9万元,非欧美合资企业和民营私企的年薪只有8万元和7万元,而外资与合资企业来自本国的技术人员的薪酬则维持在中位线上。再以销售工程师为例,欧美独资企业的薪酬接近10万元,非欧美合资企业与民企私企则游走在6万元左右。当然,近年来一个大的趋势是,暖通业内资企业和外资企业薪酬的差距在缩小,个别内资企业甚至超越了外企。但总的看来,外资企业,尤其是欧美企业薪酬仍具一定优势。

薪酬的地区差异同样明显。暖通招聘网的统计数据表明,2006年全国暖通空调行业在岗职工年平均工资为30 000元,其中,北京地区为56 000元,上海为60 000元,广东地区为58 000元,浙江地区为4 5000元,江苏地区为40 000元,其他地区则多集中在20 000～40 000元的区间内。但随着二级城市的不断发展,二级城市和北京、上海、深圳等一类城市之间的差距在缩小,如杭州、南京、成都、武汉、重庆等地,随着外资的不断涌入,薪酬水平也在不断上涨。

同在暖通空调业,你的收入是多少?

暖通空调行业似乎一直是高薪的代名词,身在此行,总让人平添许多羡慕。那么,剔除想象的成分,真实的情况到底怎样呢?在薪酬满意度方面,被调查者中对自己薪酬非常满意的占2%,满意和比较满意的占16%,满意度一般的占44%,不满意的占38%,可见被调查者普遍不满意自己的薪酬水平。那么,薪酬高低究竟取决于哪些因素呢?

学历、经验、业绩,一个都不能少。根据2006年暖通招聘网对上海地区292家暖通企业的调查,学历与薪酬基本上是正比关系,即学历高,薪酬随之升高。达到本科以上学历者,薪酬会出现大幅增长,大专(40 000元/年)较大专以下(35 000元/年)学历者,仅增长了10%,而本科(60 000元/年)较大专增幅达65%,硕士(80 000元/年)较本科增幅为40%,博士(125 000元/年)较硕士增幅达45%,从涨幅可以明显看出学历确实与“钱途”息息相关。但由此也可以看出较之硕士、博士,本科增长幅度最大,这也表明作为具有明显的实践色彩的暖通空调行业来说,高学历的优势并不明显。

工作经验对薪酬的影响至关重要。还是根据暖通招聘网对上海地区的调查数据,刚入职场时,平均年度税前现金收入总额是30 000元,第一个五年后则为60 000元,第二个五年后为120 000元,平均涨幅是100%。

而在高压力、高风险的暖通空调设备行业,薪水的决定因素当属业绩。我们采访的企业,如约克、开利、特灵等,其销售人员都表示,公司的薪酬制度重在激励业绩优异的员工。某著名中央空调外资品牌人力资源负责人表示,公司每年调薪两次,个人涨幅差异较大,根据业绩和职务,三年后有人拿到4 000多元,有人则可以拿到8 000多元。

近年来,盛行于欧美国家的宽带薪酬管理模式的概念开始在我国的暖通企业中流行,其核心也是以员工的能力和业绩作为薪酬的核心标准。所谓宽带,指的是薪酬等级对应的薪酬浮动范围加宽。其突出变化就是大幅削减职位的级别数,与此同时却将每一级对应的薪酬浮动范围拉大,低级别的员工只要工作业绩出色,所对应的薪酬就会超过高级别的员工,员工不再需要一味通过级别的垂直上升来追求薪酬等级的提升。在宽带薪酬体系中,资历已经不再与薪酬挂钩,只要能力和业绩出色,刚出道员工的薪酬就可能超过资深员工,这样既调动了新员工的积极性,也促使高级管理人员和资深员工不断进取。据了解,目前宽带薪酬模式虽然还主要是大的外企在使用,但国内企业也在逐步进行薪酬体系的调整,开始实行有一定带宽的"薪等制",使同等级员工根据表现有更大的薪酬调整空间。同时薪酬包含的范围也比以前更广,这都说明企业薪酬发放将转向以业绩和能力为核心的趋势。

思考题

6.1　大学有什么特点?大学学习与中学学习的区别是什么?

6.2　如果大学阶段碰到各种问题和挫折,你打算如何处理?

6.3　如何使学习更有效?如何学好专业知识?

6.4　如何培养对专业的兴趣?

6.5　专业学习与素质教育如何才能进行更好地结合?

6.6　"五结合"(理论与实践相结合,国内与国际相结合,专业教育与素质培养相结合,教学与学生参与科研相结合,课堂与课外相结合)被证明是一种很好的人才培养模式,你打算如何联系自身实际进行专业学习?

6.7　事业成功的关键因素是什么?如何全面锻炼自己的能力?

6.8　如何进行职业规划?请谈谈你的人生目标和实现方法。

7

专业执业资格考试

在知识经济的时代潮流中，人力资本将成为国际间最主要的竞争力量之一，随着市场经济的发展和逐渐深入人心，实行以执业资格为基础的行业准入制度将成为大势所趋，知识型、技能型、操作型的工程师将成为人才市场的抢手对象。有专家指出，在紧俏的建筑类人才中，能够把好建筑质量关的注册工程师将成为"金字塔的顶端"，这类人才的市场需求巨大，对招聘一名合格的注册工程师的渴望程度，有的房地产公司甚至用"比登天还难"来形容对能招到一名工程师的困难和渴望。根据建设部和人事部的规划，从2001—2010年，我国在建设领域全面实行注册工程师的执业制度。在今后的若干年内，我国将新产生注册建筑师、注册结构工程师、注册造价工程师、注册土地评估师、注册岩土工程师、注册监理工程师、注册土木工程师、注册公用设备工程师等10余个新职业。注册公用设备工程师将与注册律师、注册会计师一样，成为一个企业最需要的、工作上能独当一面的将才。

执业准入标准和任职资格是由多种因素组成的，包含了教育标准、职业实践标准、考试标准、注册标准、继续教育标准等方面，既包括了对专业技术人员的专业知识、技术水平的要求，又包括了对法律法规和职业道德的要求。

7.1 执业资格制度

7.1.1 执业资格制度的背景和实施过程

当今世界，经济全球化趋势和特征越来越明显，在经济全球化这个大背景下，不仅人流、物流、资金流、信息流在全球范围内快速流动，更重要的是，市场经济成为最基本的特征，人才、资金、产品、市场都在全球范围内进行优化配置。中国加入WTO以后，根据我国对WTO的承诺，勘察、设计、咨询市场3年之内部分开放，5年后必须全部开放，国外具备条件的单位和个人将进入我国市场开展设计、咨询服务，享受同等的国民待遇；同样，我国的勘察、设计、咨询工程师也可以进入全球各个WTO成员国开展这些方面的就业和工作，这意味着全球的勘察、设计、咨询市场是一个彻底开放的、不设防的多边市场。因此,为加速我国与世界各国的接轨,遵守国际社会共同遵守的"游戏规则",按WTO的要求,我国出台了勘察设计咨询行业的执业资格注册制度。

在此背景下,中国人事部、建设部于2001年1月正式联合出台了《勘察设计行业注册工程师制度总体框架及实施规划》(人发〔2001〕5号文),这个文件标志着我国注册工程师制度的全面启动。这个注册工程师认证制度总体框架将我国勘察设计行业执业资格注册制度分为3大类:即注册建筑师、注册工程师和注册景观设计师。其中,注册工程师又分为17个专业(含电气工程师),基本上反映出了勘察设计行业的特点,同国际上通行的做法也是相一致的。总体框架的出台,将全面推进勘察设计行业执业注册制度的建立。总体框架的实施,对于全面强化注册执业人员的质量责任和法律责任,提高勘察设计队伍的整体素质,确保工程质量,开展国际交流合作等,必将起到重要的作用。

7.1.2 注册公用设备工程师资格实施过程

注册公用设备工程师是指取得《中华人民共和国注册公用设备工程师执业资格证书》和《中华人民共和国注册公用设备工程师执业资格注册证书》,从事暖通空调、给水排水、动力等专业工程设计及相关业务活动的专业技术人员。可见,要成为一名有专业执业资格的设备工程师,必须通过全国性职业资格考试,取得公用设备行业的执业资格证书,并顺利将执业资格证书注册,从而取得职业资格的注册证书。在实施注册公用设备工程师执业资格考试之前,已经达到注册公用设备工程师执业资格条件的,可经考核认定,获得《中华人民共和国注册公用设备工程师执业资格证书》。

2003年3月,人事部、建设部颁发了《关于印发〈注册公用设备工程师执业资格制度暂行规定〉〈注册公用设备工程师执业资格考试实施办法〉和〈注册公用设备工程师执业资格考核认定办法〉的通知》(人发〔2003〕24号),国家对从事公用设备专业性工程设计活动的专业技术人员实行执业资格注册管理制度。注册公用设备工程师考试工作由人事部、建设部共同负责,日常工作由全国勘察设计注册工程师管理委员会和全国勘察设计工程师公用设备专业管理委员会承担,具体考务工作委托人事部人事考试中心组织实施。

注册公用设备工程师又分为3个方向,即暖通空调方向、动力工程方向和给排水方向。每个方向按专业划分又分为本专业、相近专业和其他工科专业(见表7.1)。换句话说,注册公用设备工程师属于一种执业资格考试,只要是工科专业,有志于从事公用设备的工作,都可以参加这种执业资格考试。建筑环境与能源应用工程(暖通空调)专业是与所注册设备工程师执业资格最接近、最对应的专业。

当然,执业资格制度只不过是个"持证上岗"的制度,有了注册公用设备工程师证书只不过是有了进入行业工作的"敲门砖"。目前,国际上广泛实行的以学历证书(毕业证、学位证)和执业资格证书并重的"双证书"人才认证制度。

表7.1　注册公用设备工程师新旧专业对照表

<table>
<tr><th>方向</th><th>专业划分</th><th>新专业名称</th><th>旧专业名称</th></tr>
<tr><td rowspan="7">暖通空调</td><td>本专业</td><td>建筑环境与能源应用工程</td><td>供热通风与空调工程
供热空调与燃气工程
城市燃气工程</td></tr>
<tr><td rowspan="5">相近专业</td><td>国防工程内部环境与设备
飞行器环境与生命保障工程</td><td>飞行器环境控制与安全救生</td></tr>
<tr><td>环境工程</td><td>环境工程</td></tr>
<tr><td>安全工程</td><td>矿山通风与安全、安全工程</td></tr>
<tr><td>食品科学与工程</td><td>冷冻冷藏工程(部分)</td></tr>
<tr><td>热能与动力工程</td><td>制冷与低温技术</td></tr>
<tr><td>其他工科专业</td><td colspan="2">除本专业和相近专业外的工科专业</td></tr>
<tr><td rowspan="6">动力</td><td rowspan="4">本专业</td><td>热能与动力工程</td><td>热力发动机
流体机械及流体工程
热能工程与动力机械(含锅炉、涡轮机、压缩机等)
热能工程
制冷与低温技术
能源工程
工程热物理
水利水电动力工程
冷冻冷藏工程(部分)</td></tr>
<tr><td>建筑环境与能源应用工程</td><td>城市燃气工程
供热空调与燃气工程
供热通风与空调工程</td></tr>
<tr><td>化学工程与工艺</td><td>化学工程
化工工艺
化学工程与工艺
煤化工(或燃料化工)</td></tr>
<tr><td>食品科学与工程</td><td>冷冻冷藏工程(部分)</td></tr>
<tr><td>相近专业</td><td>飞行器设计与工程
飞行器动力工程
过程装备与控制工程
油气贮运工程</td><td>空气动力学与飞行力学
飞行器动力工程
化工设备与机械
石油天然气贮运工程</td></tr>
<tr><td>其他工科专业</td><td colspan="2">除本专业和相近专业外的工科专业</td></tr>
<tr><td rowspan="3">给水排水</td><td>本专业</td><td>给排水科学与工程</td><td>给排水科学与工程</td></tr>
<tr><td>相近专业</td><td>环境工程</td><td>环境工程</td></tr>
<tr><td>其他工科专业</td><td colspan="2">除本专业和相近专业外的工科专业</td></tr>
</table>

注:表中“新专业名称”指中华人民共和国教育部高等教育司1998年颁布的《普通高等学校本科专业目录》中规定的专业名称;“旧专业名称”指1998年《普通高等学校本科专业目录》颁布前各院校所采用的专业名称。

7.2 执业资格考试与注册介绍

7.2.1 考试组织与报考条件

国家对从事公用设备专业工程设计活动的专业技术人员实行执业资格注册管理制度，纳入全国专业技术人员执业资格制度统一规划。建设部、人事部共同负责注册公用设备工程师执业资格考试工作。建设部、人事部等国务院有关主管部门和省、自治区、直辖市人民政府建设行政部门、人事行政部门等依照规定对注册公用设备工程师执业资格的考试、注册和执业进行指导、监督和检查。全国勘察设计注册工程师管理委员会负责审定考试大纲、年度试题、评分标准与合格标准。全国勘察设计注册工程师公用设备专业管理委员会负责具体组织实施考试工作。考务工作委托人事部人事考试中心负责。注册公用设备工程师执业资格考试实行全国统一大纲、统一命题的考试制度，原则上每年举行1次。

全国各地注册考试的报名时间一般在每年的6—7月，全国各省、市并不相同，具体考试时间以当地的考试中心网站公布为准。报名一般实行网络报名、现场确认。表7.2列出了中国大陆各省、市、自治区注册设备工程师注册中心的地址和电话。考试时间全国统一，一般为每年的9月中、下旬的某个周六、周日。

表7.2 中国大陆各省、市、自治区注册设备工程师注册中心通讯录

序号	省区市	注册中心名称(单位)	地址	邮编	电话
0	北京	全国勘察设计注册工程师公用设备专业管理委员会	北京市西城区白云路西里15楼108室	100045	010-63369167
1	北京	北京市规划委员会	北京市南礼士路60号	100045	010-68021806
2	上海	上海市建设工程资质和资格管理办公室	上海市宛平南路75号1902室	200032	021-54524500
3	天津	天津市规划局	天津市和平区西康路54号	100045	022-23354589
4	重庆	重庆市勘察设计注册工程师管理委员会	重庆市渝中区中山四路81号	400015	023-63898786
5	河北	河北省建设厅执业资格注册中心	石家庄市裕华西路452号四楼	050051	0311-7908200
6	山西	山西省建委规划处	山西省太原市建设北路235号	030013	0351-3070482
7	内蒙古	内蒙古建设厅210规划处	内蒙古自治区呼市新华大街1号内蒙政府大院3号楼	010055	0471-6944987
8	辽宁	辽宁省建设厅执业资格注册中心	沈阳市沈河区大南街282号建设大厦四层	110015	024-24150737
9	吉林	吉林省建设厅	吉林省长春市百草路5号	130061	0431-8924862

续表

序号	省区市	注册中心名称(单位)	地　址	邮编	电　话
10	黑龙江	黑龙江省建设厅执业资格注册中心	哈尔滨市南岗区东大直街308号省建设厅201室	150001	0451-3622784
11	山　东	山东省建设厅执业资格注册中心	济南市经五路小纬四路46-1号	250001	0531-7087271
12	江　苏	江苏省建委	江苏省南京市鼓楼区北京西路70号	210013	025-83304609
13	安　徽	安徽省勘察设计注册工程师管委会	安徽省合肥市环城南路28号	230001	0551-2871513
14	浙　江	浙江省建设厅	浙江省杭州市神府路8号	310025	0571-7053004
15	福　建	福建省建设执业资格注册管理中心	福州市北大路242号省建设厅大楼409	350001	0591-7546696
16	江　西	江西建设厅城市规划处转规划处	江西省南昌市省府大院	330046	0791-6263728
17	河　南	河南省建设厅	河南省郑州市金水路102号	450003	0371-6222235
18	湖　北	湖北省注册工程师管委会	—	—	027-87317116
19	湖　南	湖南省建委	湖南省长沙市解放中路81号	410011	0731-2212627
20	广　东	广东省建设执业资格注册中心	广州市华乐路53号华乐大厦南塔14层	510034	020-83754267
21	海　南	海南省建设厅规划处	海南省海口市海府路59号	570204	0898-5335302
22	广　西	广西建设厅	广西壮族自治区南宁市民生路1号	530012	0771-2810269
23	四　川	四川省勘察设计注册工程师管理委员会	—	—	028-85568183
24	贵　州	贵州省建设厅规划处	贵州省贵阳市延安西路1号	550003	0851-5956757
25	云　南	云南省建设厅注册设计师协会	昆明市西昌路129号省建设厅内216室	650032	0871-4146947
26	西　藏	西藏建设环境保护厅	西藏拉萨当热路13号	850000	0891-6812961
27	陕　西	陕西省建设厅设计处	陕西省西安市新城大院省府大楼	710004	029-87294026
28	宁　夏	宁夏建设厅城市建设处	宁夏回族自治区银川市文化西街7号	750001	0951-5034664
29	青　海	青海省建设厅执业管理注册中心	西宁市五四大街5号	—	0971-6146535
30	甘　肃	甘肃省建设厅执业资格注册中心	兰州市中央广场1号建设厅	730030	0931-8465830
31	新　疆	新疆建设厅	新疆维吾尔自治区乌鲁木齐市中山路45号	—	0991-2817367

凡中华人民共和国公民，只要遵守国家法律、法规，恪守职业道德，并具备相应专业教育和职业实践条件者，均可申请参加注册公用设备工程师执业资格考试。另外，经国务院有关部门同意，获准在中华人民共和国境内就业的外籍人员及港、澳、台地区的专业人员，符合规定要求的，也可按规定的程序申请参加考试、注册和执业。

在实施注册公用设备工程师执业资格考试之前，已经达到注册公用设备工程师执业资格条件的，可经考核认定，获得《中华人民共和国注册公用设备工程师执业资格证书》。除此之外，其他人都必须参加考试才能获得资格证书。

考试分为基础考试和专业考试。要申请参加基础考试，必须具备以下条件之一：

①取得本专业（指公用设备专业工程中的暖通空调、动力、给排水科学与工程专业）或相近专业大学本科及以上学历或学位；

②取得本专业或相近专业大学专科学历，累计从事公用设备专业工程设计工作满1年；

③取得其他工科专业大学本科及以上学历或学位，累计从事公用设备专业工程设计工作满1年。参加基础考试合格并按规定完成职业实践年限者，方能报名参加专业考试。

基础考试合格后，如果具备以下条件之一者，可申请参加专业考试：

①取得本专业博士学位后，累计从事公用设备专业工程设计工作满2年；或取得相近专业博士学位后，累计从事公用设备专业工程设计工作满3年；

②取得本专业硕士学位后，累计从事公用设备专业工程设计工作满3年；或取得相近专业硕士学位后，累计从事公用设备专业工程设计工作满4年；

③取得含本专业在内的双学士学位或本专业研究生班毕业后，累计从事公用设备专业工程设计工作满4年；或取得相近专业双学士学位或研究生班毕业后，累计从事公用设备专业工程设计工作满5年；

④取得通过本专业教育评估的大学本科学历或学位后，累计从事公用设备专业工程设计工作满4年；或取得未通过本专业教育评估的大学本科学历或学位后，累计从事公用设备专业工程设计工作满5年；或取得相近专业大学本科学历或学位后，累计从事公用设备专业工程设计工作满6年；

⑤取得本专业大学专科学历后，累计从事公用设备专业工程设计工作满6年；或取得相近专业大学专科学历后，累计从事公用设备专业工程设计工作满7年；

⑥取得其他工科专业大学本科及以上学历或学位后，累计从事公用设备专业工程设计工作满8年。

由本人提出申请，经所在单位审核同意，携带有关证明材料到当地考试管理机构办理报名手续。经考试管理机构审查合格后，发给准考证，应考人员凭准考证在指定的时间、地点参加考试。国务院各部门所属单位和中央管理的企业的专业技术人员按属地原则报名参加考试。每年的考试报名组织工作至7月中旬结束（各地不统一），考生可根据自己的专业学历、业务专长，在公用设备工程师（暖通空调）、注册公用设备工程师（给水排水）、注册公用设备工程师（动力）等专业中选一项报名。一般为9月下旬。

注册公用设备工程师执业资格考试合格者，由省、自治区、直辖市人事行政部门颁发人事部统一印制，人事部、建设部用印的《中华人民共和国注册公用设备工程师执业资格证书》。

7.2.2 考试科目与考试形式

全国勘察设计注册公用设备工程师(暖通空调)资格考试分为基础考试和专业考试,基础考试又包括公共基础和专业基础,专业考试包括专业知识考试和专业案例考试。

(1)基础知识考试

基础知识考试共一天时间,分上、下午两个半天进行。考试时间为8:00—12:00,14:00—18:00,总计为8小时。考试题型为客观题,在答题卡上作答。

各专业的基础知识考试,上午为统一试卷(即暖通空调、动力、给排水方向公用一套试卷),下午为分专业试卷。成绩上、下午合并计分。为闭卷考试,只允许使用统一配发的《考试手册》(考后收回),禁止携带其他参考资料。

建筑环境与能源应用工程专业各题型、数量如下。上午段:高等数学24题,流体力学12题,普通物理12题,计算机应用基础10题,普通化学12题,电工电子技术12题,理论力学13题,工程经济10题,材料力学15题。合计120题,每题1分,合计满分为120分。下午段:热工学(工程热力学、传热学)20题,工程液体力学及泵与风机10题,自动控制9题,热工测试技术9题,机械基础9题,职业法规3题。合计60题,每题2分,合计满分120分。上、下午总计180题,满分为240分。

(2)专业考试

专业考试共两天时间。

第一天进行专业知识考试,分上、下午进行。考试时间为8:00—11:00,14:00—17:00,总计6小时。试题全部为专业知识概念题,在答题卡上作答。上、下午各50道题,每题分值为1分,成绩上、下午合并计分,试卷满分为100分。各专业的专业考试为开卷考试,允许考生携带正规出版社出版的各种专业规范、参考书和复习手册。建筑环境与能源应用工程专业的专业知识考试内容为:①采暖(含小区供热设备与热网),②通风,③空气调节,④制冷技术(含冷库制冷系统),⑤空气洁净技术,⑥民用建筑房屋卫生设备。各专业的专业知识考试为非滚动管理考试,即考生应在一个考试年度内通过全部考试。

第二天为专业案例考试,分上、下午进行,考试时间与专业知识考试相同,8:00—11:00,14:00—17:00,总计6小时。试题为案例分析题,上、下午各25道题(对于有选择作答的试题,如考生在答题卡和试卷上作答超过25道题,按题目序号从小到大的顺序对作答的前25道题评分,其他作答题无效)。每题分值为2分,成绩上、下午合并计分,试卷满分100分。专业案例考试同时配有试卷和计算机计分答题卡,每道案例题都应在试卷上写明试题答案,并在试题答案下面写明本题的主要案例分析或计算过程及结果,同时将所选正确答案填涂在答题卡上。试卷上的答题过程及公式务必书写工整,字迹清晰。对于不按上述规定填写试卷和答题卡,以及案例题不按要求在试卷上写明试题答案及主要案例分析或计算过程及结果的考生试卷,其计算机读卡成绩无效。

有关注册公用设备工程师执业资格制度、考试实施办法、考试大纲和考试内容,见附录3~附录5。

阅读材料

发达国家"双证书人才培养"模式简介

高等教育毕业证书是对知识、理论和素质较为全面的体现和证明,职业资格证书是能够直接从事某种职业岗位的凭证。以文凭证书、职业资格证书并重的教育即"双证书人才培养模式"。

1)美国

美国是最早在成人教育中实施双证书人才培养模式的国家,他们非常重视成人高等教育的创新。美国从20世纪50年代以来,先后颁布了几十个有关成人教育的法律,例如:1958年,颁布了《国防教育法》,1962年颁布了《人才开发与培训法》,1963年颁布了《职业教育法》,1983年颁布了《就业培训合作法》,1994年颁布了《美国2000年教育目标法》。这些法律、法规,都涉及成人教育,特别是有关企业员工教育与培训问题,不仅为企业人力资源开发提供了法律依据,也直接保障了美国企业在世界市场的竞争力。1990年,美国进一步通过《职业教育法》修正案,联邦政府每年向各州提供16亿美元的职业教育专项补助经费,并进一步完善了职业教育资格证书制度和资格鉴定制度。

《美国2000年教育战略》指出:"在今天的美国要生活得好,我们需要的不只是职业技巧。我们要学习更多的知识,才能成为更好的家长、邻居、公民和朋友。教育不只是为了谋生;教育还为了创造生活。"美国成人教育中培养创造性和适应性人才已成为主要目标,在成人教育中实行双证书人才培养模式是21世纪新世纪人才培养的重要手段。

2)日本

日本成人教育的生源往往来自于农村,成人教育的主体是职业教育。为加快成人教育发展以及推动农村力的转移,日本政府还在农村推行了一套职业培训制度,对农民进行职业技能培训,推动他们转移到城市。日本的发达的成人教育为工业发展提供了源源不断的熟练工人和技术工程师,这也是日本经济得以腾飞的重要原因。1961年,政府制定了《农业基本法》和《农业现代化资金筹措法》。规定在10年内要将农村中农户总数的60%转移到非农领域。1971年颁布的《农村地区企业人促进法》就明确规定:"积极而有计划地促进农村地区导人工业,从而促进农业从事者依据其希望和能力进入工业中就业。"日本成人教育的另外一个重要组成部分是在企业内部进行职工培训教育,企业内部办有大学,培训教育也比较发达。日本成人教育的第三个组成部分是依附于高校的继续教育学院。2000年以后,日本成人教育的双证书培养制度发展得很快,土木类专业成人教育也不例外。目前,日本许多工作岗位的就业,特别是跟工程有关的技术岗位,都要经过有关行业协会进行严格的技术技能和基本素质的考试,取得资格证书或执业证书后才能上岗,这也是日本成人高等教育长期盛而不衰的重要原因。

3)英国

20世纪以来,英国较长时期忽视了成人(职业)教育,也一度与德国、日本等国家形成了鲜明对比。20世纪50年代开始,英国对于高等技术教育的热情高涨,力图通过发展高等技术教育来解决技术类人才培养问题。1956年《技术教育白皮书》发表,大力推进高等技术教育,并决定在1956—1961年投入7 000万英镑用于高等技术学校。1965年4月，当时的教育科学大臣安东尼建议建立高等技术教育与普通高等教育双轨运行的高等教育体制，以推动和支持多科技术学院的发展。在上述背景下，高等成人教育得以较快的发展。1956年，伯明翰等10所技术学校升格为高等技术学院；1965年前后，多数高等技术学院获得大学特许状并开始向技术大学过渡。1991年5月发表白皮书《21世纪的教育与培训》，提出实行新的国家职业资格证书等级制度。目前，英国已在整个国家建立了科学、规范的职业资格证书制度，英国贸易、服务、工程、建筑、制造业等11种大的行业（约占全国工作岗位的90%）实行了职业资格证书制度。英国成人教育的教学形式灵活多样，具有时间安排灵活、课程设置宽、学生来源广、实习场所全、教学质量高等特点。且英国的成人教育与企业、行业结合紧密，这非常有利于他们进行双证书制度的人才培养模式。

4）澳大利亚

澳大利亚的成人教育与培训在世界上都较为知名，目前已发展形成了非常成熟的体系。其成人教育分为四个层次：第一层次是以获取1—2级职业资格证书为目的的教育，如医疗、文秘、商业、工艺设计、家政、旅游等方面的实用知识技能和知识，培养目标是半熟练工人和高级操作员；第二层次是以获取3—4级职业证书为目的的教育，是实用知识技能的提高阶段，培养目标是熟练工人和高级熟练工人；第三层次是以获取职业文凭和高级职业文凭为目的教育，培养目标是辅助技工和辅助管理人员，主要学习应用科学、计算机等方面的知识，理论知识较强；第四层次是更高层次的课程教育，比较强调管理方面的技能，像企业管理人员学习的是文凭类的课程。

目前，澳大利亚在成人教育中实施双证书培养教育比较成功，已把学历教育与岗位培训结合到一起，实行柔性的教育培训方式。成人教育已经突破了传统意义上的学历教育和职业培训，甚至在学历教育与岗位培训之间、普通教育与成人教育之间、全日制教育与非全日制教育之间已经没有体制壁垒。其成人教育真正做到了面向社会岗位需求，最大限度地为经济和社会的发展服务，培养各级各类实用型人才，着力提高从业人员胜任工作的技能，有效帮助劳动者就业转岗。澳大利亚的成人教育主要由以下各机构来实施：第一种是技术与继续教育学院（Technical and Further Education，TAFE），即国家或州政府举办公立成人教育与培训机构，是正规职业技术教育机构，规模大、设备先进、专业设置广泛、培训层次多样化、学制长短结合、培训模式灵活多样；第二种是成人与社区教育培训机构，提供基本职业技能训练，为失业人员再就业提供部分技术培训；第三种是私立培训机构；第四种是企业内部的培训机构，一般负责初级培训，开展实用型技术的在职培训和职业技能再教育等。

思考题

7.1 执业资格证书制度的背景是什么？

7.2 建筑环境与能源应用工程专业执业资格考试的内容、题型是什么？

7.3 我国勘察设计行业注册工程师有哪些种类。

7.4 建筑环境与能源应用工程专业注册与执业的关系是什么？

8

综合讨论

8.1 如何学会做人与做事

一个事业成功的人,一定是一个做人比较成功的人。一个做人都很糊涂的人,能取得持续的成功吗?那么,如何学会做人呢?如何学会做事呢?可以先思考以下问题,看能否回答。

人应该如何生活才算是有意思或有意义?

“发牢骚”意味着什么?

想当元帅的士兵就是好兵吗?

“富不过三代”有什么哲学道理?

什么是领导者?领导者最重要的特质是什么?

什么是“无为而为”?

什么是“成功”?

什么是“交际”?

什么是“管理”?

什么是“能力”?

什么是“聪明”?

是不是感觉社会与自身的想象差别很大?

是不是想通过跳槽或出国解决发展不顺的问题?

不屑于做小事,有错吗?

是不是恨自己浮躁?但又没有办法克服?

是不是觉得自卑?

是不是觉得环境对自己不公平?

是不是总想得到别人的帮助但总也得不到?

是不是觉得自己什么都懂,可别人就是不认同?

是不是觉得自己总不能坚持做一件事情?

是不是认为周围的人都很差,不值得你与之合作与交流?

是不是特羡慕有一些人“八面玲珑”“左右逢源”?但又认为他们是“滑头”?

是不是总被人批评“这山望着那山高”,但你自己认为,这样不是表明自己有勇气、胆量和活力吗?

是不是总想通过“交际”与“大人物”接触,但发现别人对你不感兴趣?

是不是觉得自己不能与人交流主要是“口才”不好?

这些问题也许并没有标准答案,但这些问题确实值得我们思考和讨论,当读完本章内容后,可能会惊讶地发现,本章中所论述的做人做事的道理,可能就是你要得到的答案。令你迷惑的问题,甚至具有相同的答案!

本节通过对大学生成长过程中有关做人做事的成语、常用语或基本问题的探讨,尝试回答上述一些问题,希望绝大部分需要通过逐步熟悉社会和人类的基本规则来获得社会资源的“普通人”,尤其是具有一定智力优势和知识获取潜力优势的群体,能从中得到有价值的参考。

1)积极上进

积极上进是一种生活态度。有人愿意飞黄腾达,有人愿意清贫悠闲;有人选择遁入空门,有人为名利奋斗终生。无论哪种方式,都是一个人对内心自我的追求。如果一个人有坚定的信仰,为了实现自己的理想愿意去做一些实在的事情,只要不危害社会、不侵害他人,都可以称为积极上进。一个年轻人树立正确而坚定的信仰,在老师和朋友、同学的协助下正确认识自己,确定合理的目标,然后制订行动计划,逐一实现,就是积极上进。

这样的积极上进有什么好处?如果每个人能够尽量挖掘自己的潜能,自身生活品质可以得到改善,人类社会的生活也会更好一些从历史的时间尺度和宇宙的空间尺度考察,个人甚至人类都是渺小到没有意义的:人类的生命长度,甚至我们赖以生存的地球的寿命都短到可以忽略不计;地球在茫茫宇宙中已是沧海一粟,个人更是极端的渺小和脆弱。但人类社会成员的相互依赖和种族的繁衍,使人们感受到勃勃生机,使人们由此感受到心灵的喜悦,使人们对创造这种美好和喜悦的人类社会充满感激之情。因此,人类社会希望每个成员在享受前辈和他人创造的财富时,能够对社会作出力所能及的贡献。

2)为积极上进确立一个什么样的目标

“积极向上”确定了一个符合人类社会发展需求和大学生有可能实现的生活方式和理想。远大理想需要永远牢记在心中,却不能挂在嘴边,不能放在手上。“不想当元帅的士兵不是好兵”也许是对的,但天天说着要当元帅的士兵肯定做不了元帅,因为他不会是好兵。

那么,应该确立一个什么样的目标?如何才能成功地实现这些目标?

美国加利福尼亚大学查尔斯·卡费尔德对1 500名取得杰出成就的人物进行了调查和研究,总结了成功者的5个特点:

①选择自己喜欢的职业:调查表明,工作上取得优秀成绩的人,所从事的大都是自己所喜欢的职业。干自己喜爱的工作,即使薪金不高,但能得到一种内在的满足,生活上会更愉快,事业上也会更成功。

②不力求尽善尽美,有成果即可:许多雄心勃勃、勤奋工作的人都力求使自己的工作尽善尽美,结果工作成就少得可怜。卡费尔德说:“工作成绩优秀者不把自己的过失看成是失败,相反,他们从错误中总结教训,于是下一次就能干得最好。”

③不低估自己的潜力:大多数人认为自己知道自己能力的限度,然而一个人所“知道”的大部分东西,其实并不是完全知道的,而只是个人感受而已。由于人们很少真正认识到自己的能力限度究竟在哪里,以至于许多人老是把自己的个人能力估计得低于实际水平。卡费尔德指出:“对自己起限制作用的感觉是做出高水平工作的最大障碍。”

④与自己而不是与他人竞争:成就卓著的人更注重的是如何提高自己的能力,而不是考虑怎样击败竞争者。事实上,对竞争者能力的担心,往往导致自己击败自己。

⑤热爱生活:人们通常认为,工作上成就优秀者肯定都是工作狂。其实不然,许多工作成绩优秀者虽然乐于辛勤地工作,但也知道掌握限度。对他们来说,工作并不是一切。他们懂得如何使自己得到休息,如何安排家庭生活,抽出适当的时间与家人共享乐趣以及珍重与亲朋的关系等,事业成功者的生活是美满和谐的。

著名电视主持人杨澜曾经以为事业上的成功是自己最大的追求,但通过采访世界上很多名人、成功人士,现在她开始感悟到个人内心世界的安详和宁静、轻松与愉悦才是最重要的。在这个世界上,浮华终生,成功未必能带来心灵的满足,繁华落尽,幸福的最终考量不是来自外界的一切名和利,而是自己内心的平静。这种平静来自哪里?实际上就来源于对理想的一步步的追求与实现,从而实现了内心对自我的认同。

3)精益求精

一步步地追求理想的过程,就是完成一件件的小事的过程,这样的小事应该做“精”。一般来说,懂得原理、方法并不很难,可惜容易懂的东西一般不值钱。一件有价值的事情,弄懂,会做,直到做出来,只是成功的10%。还有90%的功夫是在做出来以后。例如,很多人有足够的投资,能够生产出电视机,但做出品牌就非常不容易。因为做出品牌不是“能”“懂”就行的,需要许多在极小处的投入,包括技术改进、客户需求、管理等。因此,做出来只要花10%的功夫,做精却要花费90%的心血。

精益求精表现为对事情花“心血”,而不仅仅是“花时间”,尽管“花时间”是我们最初必需的基础——最初的“花时间”正是学会花心血的过程。事情做到最精处,是要心“滴血”才能做好的。当然,精益求精的“精”还有一个该“精”则“精”,该“粗”就“粗”,这取决于所做的事情对理想、目标的影响程度。与“尽善尽美”相比,前者是能够区分事物轻重大小,在应该“含糊”处“含糊”,应该“认真”处“认真”;后者则是不论事情轻重缓急,凡是追求完美,好钻牛角尖,耽搁宝贵的时间和精力。

4)无为而为

这是中国古老的哲理。在这里,可以理解为,如果你在做每一件事情时都想到短期的、现实的回报,就可能什么回报都得不到。而不过多地去想现实的回报,反而可能逐步得到巨大的回报,这是一种“无为而为”。做事不想回报是不可能的,但对回报期的期待成为一个人最终是否成功、有多大成功的原因。大政治家牺牲自我,成就一个集体的成功,最终他将从这种成功中得到人生最大的满足，同时，他的团体也将给予他相应的回报。即便是得道高僧，为人们服务，不需要社会的回报甚至承认，但他还是从自己人生信念或目标的满足中得到了回报。对于大学生，对短期回报的过分期待将是十分有害的。这种害处的主要表现是我们容易失去得到启蒙、锻炼、成长的机会：由于看不到短期利益，许多应该做的事情我们放弃了；或者由于过分强调短期利益，事情做不精，达不到雇主的要求，雇主会放弃我们；或者有些事情迫于压力，不得不做，但由于总在计较得失，不能做深入，只是应付，最终花了时间和精力，影响了自己各方面的成长。

所以，如果自愿选择了做某一件事，或者条件决定必须选择做某一件事，你都应该尽力去做到完美，而不应该计较得失。委屈和困难不能成为斤斤计较的理由。每个人都有自己的难处，只要努力，应该有解决办法，也有得到别人帮助或改善局面的希望。

5）持之以恒

有了做事的基本目标和方向，下一个要遵守的行为模式就是持之以恒。如果说做事的基本目标和基本方式使得 50% 的人成为成功者的候选人，那么，不能持之以恒将使其中 80% 的人淘汰出局。为什么这么说？因为做任何事情都有相当的难度，没有深入做过事情的人不能懂得成就一件事情的难度。成就一项事业（包括个人的未来）往往意味着在空间上要看清非常复杂的局面，在时间上还要预测未来和随时修正目标，并选择合适的手法去达到目标，而看清局面、预测未来和选择手法都是没有固定解的，除需要必要的专业知识外，更重要的是通过大量的实践工作锻炼，“持之以恒”，通过感悟，得到经验，依靠经验、悟性、专业知识结合来判断复杂的局面，预测未来的发展，选择合适的手法。面对这种难度，短期内能够对付的人可能不少，但长期坚持，“持之以恒”的人就很少了。最后成功的少数人几乎都是持之以恒的人。

基础不好、智商不高，持之以恒有用吗？应该说，持之以恒是一种良好的基本个人行为模式，只要大方向没错，持之以恒肯定能够有或大或小的成果。古人讲“只要功夫深，铁杵磨成绣花针”，讲的就是持之以恒的道理。一位知名教授曾要求一些没有持久性，但很聪明的学生每天在操场跑 1 圈，坚持 3 个月就算成功。但后来他发现，学生们最多只能坚持 1 个月。所以说，持之以恒，哪怕是很小事情的坚持，都不容易做到。

如何做到持之以恒呢？一个简单的办法就是做自己喜欢做的事，或者培养自己对原本不喜欢做的事情的兴趣，但仍需要毅力和理性判断。因为社会众多的诱惑，容易使信念动摇；精力和健康可能使我们退而求其次；长期的心理紧张、家庭负担，都有可能使人不能承受，最终选择放弃。但是，要想成功，必须持之以恒，而且有一个似乎总是成立的定律：越是不能坚持的时候，越是出现希望的时候。

6）团结合作

团结合作对于现代社会的人类具有重要意义。社会分工越来越细，工作目标越来越庞大，人类的工作依靠个人力量——手艺的时代已经过去了。在依靠手艺的时代，除工作性质可以依靠个人力量以外，还有一个与现代社会不同的很大特点：知识/技巧是几代人不变化的，因此，师从一人，受益一生，走遍天下，传给后代。但现代社会的知识和信息爆炸，大量的团结合作是完成事业的过程，也是一个交换信息和交流经验和知识的过程，因而也是促进我们成长的过程。因此,没有团结合作,就是没有现代观念。

团结合作能够使人及时矫正对己、对人的评价,将自己摆放在适当的位置,这是现代社会成功的重要基础之一。通过团结合作,你可能会惊讶地发现,即使一个平时看来不起眼的合作伙伴,他可能在某方面具有你根本学不到的能力！为什么呢？除了一个人天生的素质有一定差别外,由于现代社会知识和信息的多样性,每个人不可能经历所有类型的事情,有限的经历加上思考总结,变成每个人的背景,成为每个人特有的能力。所谓"将门出虎子",主要原因是因为古代将门的"子"在成长过程中能够受到环境的直接熏陶,成就了具有"虎子"的特性。古代由于资讯不发达,除了耳濡目染,唯一的来源就是读信息量有限的"圣贤书",加上受教育的不平等,只有"将门"才能出"虎子"。而今资讯发达,成为"虎子"的道路多样化,每个人都有可能成为"虎子"。但这种情况需要我们具备另外一种能力:在纷杂的知识和信息中获取对自己有用的东西。这种能力获得的主要途径就是团结合作。所以,发达国家招聘员工或学生时的重要条件之一就是进行"team work"的能力和经历。

团结合作还有在古代和现代都具有重要意义的一个特征:在团结合作过程中,一个人不仅可以向他人学习,而且可以学到为他人着想的良好思维方式。这种思维方式在人类社会具有非常特别的效果:如果一个人能为希望成为你的合作者的人着想,他将比较容易达到目的;相反,如果他总是想到"我怎么要他给我……",而不想到"我怎么为他提供……",最后很可能他什么都得不到。在人群中受人尊重、爱戴和追随的人就是这群人中的领导者,这样的人不一定具有显赫的职位,但一定具有非常的魅力,能够为他人着想,就是这种魅力之一。如果每一个人在任何时候都想到自己,他即使由于某种原因有了地位,也会失去;如果他认为世界上只有他一个人能干,能够干好所有的事情,他将在不久成为一个可笑的人,一个真正的"孤家寡人"。

团结合作还要人们学会交流的思想和技巧。善于交流、希望交流将使人心底明亮;交流技巧的推敲和表达过程本身也促使人们思想不断提高。

总之,团结合作除了能够成就一件件的具体事情外,还能够有利于一个人认识自己,将自己摆放在适当的位置,进而发挥自己的特色,成就终生的事业。

7)少发牢骚,多做实事

这里主要讲个人和环境的关系。结合以上团结合作的观点,如果一个人能够在事业上有一个好的环境,包括对自己所在的体系的高度认同和与合作伙伴之间的良好关系,不管自己能够做到多高或多低的位置,只要能够真正发挥自己的潜力,这个人都会感到幸福。

发牢骚是对环境不满的表现。如果说改革开放的初期人们对社会现象不能接受或不能理解,采用发牢骚的方式来抒发这种情感或想法还可以理解。但经过多年的发展,发牢骚已经失去了原来的功能,在许多场合成了不思进取,不做实事的代名词:容易发牢骚的人往往是那些自认为自己非凡,但环境不接受他们或环境对他们不公平的人。

这种情况可以分为两种:

①环境确实不公。如有人出生在边远地区,有人家庭条件好,有人所在的团体或行业具有"强势"。对于这种情况,我们需要树立的基本观点:首先,人世间没有绝对公平的资源分配;其次,相对的公平是可能转化的。有的弱势者反而容易奋发图强,经过一点一滴的努力,很可能最后取得成功。

②主观地认为环境对自己不公平。第一种情况是自己不断努力,但好像得不到承认,似乎不公平。一般来说,一个正常的环境对一个人的承认需要一个过程,因为任何事情都是需要花费精力和时间的,年轻人的成长更是如此。另外,有人总认为自己很强,很高明,而不如自己的人,却得到更多的承认,这一定是环境的不公平导致的。对于思想和工作方式比较自由的人群,特别容易产生这种问题。如果有人得到了许多人,特别是许多优秀人物的承认,面对这种情况,理智的方法应该是分析一下他为什么能够得到别人的承认?是不是自身对他判断有误?或者对他了解不全面?有人目光远大,脚踏实地,别人都可能认为总在做一些人所不屑的事情,事实上是他明白"看得到"首先一定要"做得到",而不是"说得到"。所以,发牢骚将使你迷失自我,失去学习和成长的机会。

需要强调的一点是,如果由于以上提到的这些不正确观点导致的与环境不和谐(大学生或毕业生往往如此),一个人在现在的环境或岗位上做不好,换一个环境未必就能够做好:因为环境不是决定因素。因此,对于年轻人,频繁地"跳槽",过分地寄希望于"出国"等来一蹴而就,是非常错误的。频繁更换环境有两种出路:一种是在原来以为是目标的环境(如出国)中感悟到,必须从做实事开始,这样换环境成了成长的一种手段;另外一种是继续认为环境对自己总是不公平,或不适合,直到自己的闯劲耗尽,在最后一个环境中随遇而安。当然可能有奇迹发生,在更换的环境中突然发达,但那不是规律,而是例外。这里,并非提倡每个人都不变换自己的环境或工作岗位,但理智的变换环境应该是通过客观深入的分析和尝试后,发现自己的特长不能发挥,或新的环境能够发挥得更好,这样可能对自己是一个飞跃。

8)中庸之道

一个人的品质或思维、行为方式决定了他人生的道路。可以认为,人的每一种品质,都有一个标尺(坐标),标尺中间是零点,向左是不足的不良方式,向右是过分的不良方式,中间就是分寸得当的"中庸"之点。

部分思维或者行为品质的描述见表8.1。

表8.1 思维或行为品质的"中庸"的内涵

思维或行为品质	不 足	中 庸	过 分
思维复杂性	头脑简单	周到深入	奸诈狡猾
思维长远性	鼠目寸光	深谋远虑	好高骛远
行为坚韧性	半途而废	执着追求	钻牛角尖
行为稳定性	浮躁冒进	脚踏实地	畏缩不前
行为成熟性	幼稚可笑	成熟稳重	世故狡猾
行为敏锐性	反应迟钝	洞察敏锐	神经过敏
行为的力度	胆小懦弱	勇敢果断	残暴凶狠

每个人出生时的品质并没有在标尺上定位,而是在成长的过程中逐步明晰。大学生有能力通过后天的学习和钻研,将各种品质定位在"中庸"之点附近,不要偏颇,对人对己都将是极

大的成功。当然,有些成功的人士可能在某种品质上不在中庸之点,如秦始皇、曹操等。绝大部分人应该将各种品质定位在“中庸”之点附近,保证自己的成功和实现自己的美好人生。如何定位?唯有通过努力,从做好每一件事情中去体会,去学习。达到这种“中庸之道”,实质上是反映了人类在从日常事务到重大问题的把握或决策能力,“中庸之道”显示了人类思维的特别优势:不可能采用数学公式来决定,因而再精巧的计算机也不可能代替人类进行这样的决策。

9)近朱者赤,近墨者黑

“孟母择邻而处”,是中国教育子女的千古佳话。这说明,所交的朋友或接触的人决定了自己的品行发展趋势,以及思维方法等,最终对个人的成长具有重要意义。在现代社会,随着法制的健全,社会的安定,生活水平的提高,“坏人”等品行方面的问题不再是突出问题,特别是对于能够接受高等教育的人群,“赤”“黑”概念不再是“好”“坏”,但这丝毫不降低“近朱者赤,近墨者黑”对人成长的引导性意义或警示作用。只是其特征和内涵已经大有不同了。

首先,由于社会文化的多元化发展,对各种类型人的容忍程度大大增加,部分在某方面成功,但在某些方面有缺陷的人士可能由于资讯的发达、理解的多样性甚至商业目的,导致对年轻人有很大的引导作用。也就是说,“朱”与“墨”的概念和界限并不清晰。例如,有的人发财,但生活方式不健康;有的人有好的地位,但心胸狭窄,长时间生活在嫉妒、不满的痛苦之中,有的人基础并不牢固,却取得了成功,等等。但由于他们在某方面的成功,很容易成为我们学习的榜样。这就要求我们更需要对可能学习的榜样进行客观的分析,特别看看他们的发展道路是否符合自己的特长,他们生活的模式是否符合自己的人生目标。

其次,信息和知识的爆炸使得占有优质信息的人成为这个社会的精英。所定义的优质信息是有助于人们看清事物本质,有助于人们找到解决复杂问题的方法的信息。目前,非常时髦的EMBA教育和各种培训,各种精英论坛,高层人士联谊会等就是希望创造优质信息的传播场所。如果你能够在最短的时间内加入到拥有优质信息的群体中,那么,就实现了现代的“近朱者赤”了。

每位大学生当然希望尽快达到较高的目标。但怎么尽快达到该目标?从哪个途径达到该目标?下面从这个角度探讨一下人如何上升,选择何种途径上升。

首先是否有“好”的职业、“好”的专业和工作性质就能够更快地上升,更快地占有优质资源?答案应是否定的。现代人类社会就像在一块宽阔的平地上崛起的许多大大小小的山体。这些山体代表不同职业的人们的成长轨迹。从山脚开始,一步一步往上升。虽然在不同的山上,但在相同高度上的人们可以进行对话。因此,当各个山体上升到半山腰的部分人,他们就能够进行对话——他们是占有部分优质信息的人,是比较成功的人,他们的对话将导致他们与那些在山下,不能与他们对话的人的差距增大。少数人升到了山顶,他们是社会的精英,是优质信息的占有者(当然还占有其他优质资源,但信息是最重要的资源之一)。这些人可能是企业家、政治家、科学家、音乐家、艺术家、工程师,还有教育家等,与职业没有关系。由于现代社会的高度发达,资讯传播的发展,社会的多样性,有预见性地看清事物的本质,从其他成功人士那里得到启迪,确定自己的特色,找准自己的位置,成为成功人士必备的基本功。而这些从不同山体升到山顶的人,现代社会占有优质信息的人,他们之间的对话使他们更能够有机会看清事物的本质,更能够从其他人那里得到启迪,从而进入更大的良性循环。

不少人身边就有升到半山腰或山顶的人,而他还在山底,由于物理距离的原因,他能够与山腰或山顶的人简单对话,但真正深入地对话,其途径只有:发现他们,认准他们,必须尽快升到与他们相同的高度。即使由于某种原因,如家庭条件,或者某些独有的特长,而不是经过自己全心、全过程的努力,一个人即使被幸运地放置在半山腰,他也必须认清楚,如果想真正踏实地升到山顶,缺乏的一定要补上,有时如果不能主动认识到这一点,可能命运还会把他抛回去,让他重新从山脚开始,重新让他“近”他对应的“朱”。

如何往上升?在初期,没有捷径,只有认准目标,一点一滴地从小事做起,在上升的同时积累上得更快的实力。最初不能“这山看着那山高”,因为很难知道到底“那山”有多高,能不能去爬上“那山”。一个人要克服一种很有可能存在一种误解:其他行业或职业(专业)比自己现在做的容易,更有前途:原因是仰视时容易看到对面山上的人,以及他们的轨迹,但不容易看到自己头顶上的人!只有当你做到一定程度后,才可能看到自己头顶上的人,发现这座山是否适于他,那时候才能采取行动,改另外一座山,如更换工作岗位,改换专业等行动。因此,建议同学们在起步过程中,除看书学习社会上的“成功人士”外,还有多观察周围的人,研究周围的人的思想轨迹,身边的认既方便学习,又具有现实性。但研究周围的人,要看到实质,不要看热闹,不要被别人的议论所迷惑,因为周围优秀人士的参考价值往往是被同样是周围的人的议论所降低。

在埋怨所学专业“不好”的时候,应记住一个事实:当你在专业积累了足够的实力的时候,是很容易转到其他专业的,因为积累的东西本质上是通用的:做人做事的道理等内在资源(管理的最高层次和精华);资本和人际关系等外在资源。

作为学生,最有可能成为“朱”或“墨”的人是老师。因此,选择良师,尤其是优秀教师,接近他、学习他,掌握其做人、做事的思维、方法,对学生将造成深远,甚至一生的影响。

10)把握未来,做时间的主人

应该认识到,一个人的未来只能依靠自己来把握,环境只能提供帮助,而且环境提供的帮助还具有“马太效应”:一个人自己做得越好,可能获得的帮助才越多。从不同的角度考察,每个人都会是优秀的,都有力量把握自己的未来。同时,世界上有许多的同龄人、前辈和后来者,深入系统地了解他人,了解世界,才能自己定义自己真正的特色,才能有一个完美的人生。

现代社会是一个竞争的社会,把握自己未来,成就自己的特色,最需要的是努力,这永远是必要条件。不花工夫的“特色”是没有价值的。认为一个人未来的成就或得到的承认,累计所花的心血和工夫,与他生来的基本条件有一个函数关系:如果他希望得到的成就(社会资源分配)超出他生来的条件应该对应的平均水平,那么他累计所要花的心血或工夫与其他人所花工夫的平均水平的差距应该与前述差距呈指数关系。

所以,成功没有窍门,或者说花工夫就可以找到成功的窍门。

到哪里花工夫?不要懒惰,不要计较得失,珍惜每一个能够得到锻炼的机会。如果没有特殊的机会,就将目前的书读深入,主动将必须上的课听好、学好,努力培养起学习兴趣。参加工作后,也应该将本职范围内的每一件事情做好,而不是要等别人来考核。因为对于许多人,“不喜欢”很可能是没有真正了解事实真相情况下的一种不正确的看法,也很可能是懒惰的一种借口。这样做不是为了别人,不是为了父母、老师或老板,而是为了一个人他自己的未来。

花工夫做好每一件事,花工夫思考和感悟做事中遇到的问题,最终确定自己的特色和在社会中的定位,是我们年轻人成长的法宝。

8.2 如何使大学生活学有所成

正如《读者文摘》所说:"大一不知道自己不知道,大二知道自己不知道,大三不知道自己知道,大四知道自己知道了。"如何规划自己的大学生活?这是一个极为重要、难以回避的问题。如果大学生能及早进行正确的规划和思路,那么会少走许多弯路。请在阅读完本下面的内容后发表评论,并就这些问题与同和老师交换意见。

思考与讨论

问题1:就读时有经济压力怎么办?

虽然并不是每个人会有经济压力,但现在确有部分学生在大学阶段有很大的经济压力甚至陷入贫困之中,有的大学生靠家里卖房子、卖家当供其读书,但是贫困地区的那点钱,对高昂的大学学、杂费来说无疑是杯水车薪。坐在课堂里,担心的是下周的生活费,下学期的学费,这样的读书生活是否就应该绝望?虽然现在有奖学金,助学基金,助学贷款……真正能帮助到的人还是少数。那么,你如何去应对大学的经济压力呢?

问题2:心理承受能力脆弱怎么办?

如今社会竞争激烈,为了找到一份工作,许多学生拼命学习,却越来越没勇气面对未知的将来。还有的同学从小娇生惯养,受不了一点挫折,甚至出点小问题就想寻短见。许多学生表现出社会经验不足、依赖性强、心理承受能力差的特点。你是否关注过你的心理承受能力?你准备如何进行心理调节?如何用生活经验磨砺自己的意志?

问题3:面对情感的纠葛怎么办?

流行文化里的爱情,让现代大学生爱情观念发生了巨大的改变。大学校园里曾经流行过一句话,"昔人已乘宝马去,此地空闻旧人哭"。这是对当代校园爱情的生动写照。现在大学生喜欢速食爱情,却不知道留下的后遗症有多么严重。在校时恋爱,毕业就分手的情况很普遍,感情本来就是双方面的,难以预知结果。面对爱情,你是否能做到洒脱地放下?还是既拿不起也放不下,只能往前走一直钻进死胡同?把爱情当作游戏看待,草率对待感情问题固然不对,那么把爱情当成一切,把爱情当作主业、把学习当作副业是否就是感情执着?如何面对情感的纠葛、实现感情、学业"双丰收"呢?

问题4:性格内向,交不到朋友怎么办?

很多大学生入校时都是第一次离开父母,离开自己生长的环境。进入校园开始集体生活后,如何与同学、朋友以及社团的同事相处就成为了大学生学习内容的一部分。"人际交往能力不够强,人际圈子不够广,但又没有什么特长可以引起大家的注意,在社团里也不知道怎么和其他人有效地建立联系。"这是一些大学生在人际交往方面经常遇到的困惑。会以诚待人吗?会以责人之心责己、以恕己之心恕人吗?有自我批评、有过必改的态度吗?愿意从周围的人身上学习吗？在学校里，如何使每一个朋友都成为自己的良师？又如何帮助每一个朋友，尝试着做他们的良师和模范呢？

问题5：参加社团活动影响学习怎么办？

在校园里，团委学生会、学生社团、校内媒体、班干，可能算得上是4大"公干"。它们可以锻炼的能力，提供社会实践机会，搭建社交平台。通过它们，可以轻而易举地认识许多来自其他学院的同学，接触到社会上的不少人和事。但是，在团学、社团、媒体、班干这四大"公干"里，随便选择哪一个，也许都会影响学习。面对社团活动所带来的精力分散和身心疲惫？应该如何面对？

问题6：学完了专业导论，我还是找不到学习的兴趣怎么办？

有些同学后悔自己在入学时选错了专业，以至于对所学的专业缺乏兴趣，没有学习动力；有些同学则因为追寻兴趣而"走火入魔"，毕业后才发现荒废了本专业的课程；另一些同学因为在学习上遇到了困难或对本专业抱有偏见，就以兴趣为借口，不愿意面对自己的专业。这些做法都难说正确。孔子说："知之者不如好之者，好之者不如乐之者。"快乐和兴趣是一个人成功的关键。有些同学说，我学了专业导论，还是不喜欢这个专业，也找不到学习的乐趣，怎么办呢？转专业，退学值得吗？

是否把社会、家人或朋友认可和看重的事当作自己的爱好呢？有趣的事就是自己的兴趣所在吗？有兴趣的事情就可以成为自己的职业吗？

人生的路很长，每个人都可以有很多不同的兴趣爱好。在追寻兴趣之外，更重要的是要找寻自己终生不变的志向。除了"选你所爱"，你是否尝试过"爱你所选"吗？

同学们，大学的列车已到出发，大学是人生的关键阶段，是人生最美好的时段。大学四年，对于漫长的人生而言，虽短暂却极其重要，尤其是对于那些借此改变身份和命运的农家子弟。大学时期是人生思辨能力的成熟和定型期，面对如此巨大的反差和如此多头的诱惑，要不走向迷失甚至造成人格缺陷，并非一件水到渠成的易事。每个人会有整整4年可以心无旁骛、专心学习，以提高未来工作和生活的能力。这很可能是一生中最后一次有如此充裕的学习时间，最后一次有机会系统性地接受教育和建立知识基础，最后一次可以拥有较高的可塑性、可以不断修正自我的成长历程。大学生活，曲曲折折，风景无限，魅力无限……请把握机会，追求属于自己的美好未来！

阅读材料

空调之父开利博士的传奇人生

今天，我们能在烈日炎炎的夏天，在装有空调的家里、车间和办公室中丝毫感觉不到热浪袭人，能够享受到清凉的冰爽世界而不是烦躁不安，机器设备能在恒温恒湿的环境中正常运转而不发生事故并极大地提高了社会的生产效率，我们不得不感叹科技的神奇力量，也不得不赞叹空调发明者的伟大贡献。这个值得我们永远纪念和感谢的人，就是被誉为有"空调之父"称号的美国人威利斯·哈维兰·开利博士(1876—1950)。他一生有80多项发明，1902年的7

月 17 日,他发明了世界上第一台空气调节器。当时,他一周只挣 10 美元,但是,正是这个当时不起眼的人,改变了世界。

开利博士是空气焓-湿图的制定者,他的焓湿图奠定了空调设计技术的基本理论。今天的空气调节理论,正是来源于他的热量(焓)与湿度之间关系的研究成果,他的“合理湿度公式”也因此开创了科学设计空调器的新阶段。为纪念空调改变人类生活这一伟大的发明,美国将开利公司 1922 年制造的第一台离心式空调机陈列于华盛顿国立博物馆,供人们参观瞻仰。但对今天的人来说,对这位杰出工程师最意味深长的敬意莫过于:当炎热袭来的时候,在空调器前面按下制冷的开关。

从开利博士发明第一台空调至今不过 100 多年的历史,各种更先进的空调技术和产品早已应用于全球各个领域。而今天,开利博士所创建的开利公司和他本人更是共同成就了“全球空调专家、世界空调之父”的美名,今天,总部位于美国康涅狄格州法明顿市的开利公司,已成为全球最大的暖通空调和冷冻设备供应商,业务遍及全世界 172 个国家和地区。从白宫、克里姆林宫、日本皇宫到人民大会堂,开利这个名字已作为世界空调的首选之选,令全球信赖。

发明动力来自社会需求

威利斯·哈维兰·开利,美国人,1876 年 11 月生于纽约州的一个农庄,1901 年,他正好 24 岁,在美国康奈尔大学毕业后,供职于制造供暖系统的布法罗锻冶公司当机械工程师。1901 年夏季,纽约地区空气非常湿热,纽约市布鲁克林区的萨克特·威廉斯印刷出版公司由于湿热空气生产大受影响,油墨老是不干,纸张因温热伸缩不定,印出来的东西模模糊糊。为此,印刷出版公司找到了布法罗锻冶公司,寻求一种能够调节空气温度、湿度的设备。布法罗锻冶公司将此任务交给了富有研究精神的年轻工程师开利。此前,因为这个年仅 25 岁的小伙子在供暖盘管方面的研究已经让他的老板从冬季暖气费用里省下了 4 万美元。

灵感来自雾气

开利接受任务以后,陷入了孤独的冥思苦想之中。一个滴水成冰的傍晚,浓浓的雾气笼罩着匹兹堡火车站。年轻的开利在月台上踱来踱去,他的头脑被一个已经困扰了他好几个月的难题折腾不休。他已习惯带着这个难题一起入睡、一起醒来,在上下班的火车上苦苦思索。此刻,趁着在火车站等车的空当,他的脑子又高速运转起来……突然,就像阿基米德当年那样,灵光一闪——答案找到了!问题的答案就在他的身边,答案就是雾气!他当时想:充满蒸汽的管道可以使周围的空气变暖,那么将蒸汽换成冷水,使空气吹过水冷盘管,周围不就凉爽了吗?而潮湿空气中的水分冷凝成水珠,让水珠滴落,最后剩下的就是更冷、更干燥的空气了。

几百年来,寻求让空气冷却的方法在哲学家那里已经被当作对人的讽刺来看待,人类老早就学会了把冷变成热,但要把事情反过来做的时候就一败涂地了。1851 年实现了制冷方面的两个突破:法国人斐迪南·卡雷设计了第一台氨吸收式冷冻机;在美国,约翰·戈里博士取得了一项制冰装置的专利。此后,对科学家的挑战则从降低温度转移到控制湿度,这是问题的另一个方面。开利最初为萨克特-威廉公司做的方案是:让冷水在原为供暖而设计的盘管中循环,由此降低周围的空气温度。温度确实是降低了,但是开利发现,降温后的空气仍旧潮湿。这个"露点控制"的难题一直让他进退两难,直到在匹兹堡火车站的那一刻,他才找到了解决办法。

开利的创意灵感是找出了这样一个矛盾:含有饱和水分的"潮湿"空气实际上是干燥的。他阐述道:"所谓雾气就是空气接近百分之百的湿度饱和状态。温度很低,因此即便空气是饱和的,但实际上它并不含有太多水分在里面。如此低的温度下空气中的水分不可能还大量存在。那么,如果我能够先让空气处于饱和状态,同时控制空气饱和时的温度,我就可以获得一种可以定量控制其湿度的空气。这个我做得到,而且,可以让空气通过一个极细的喷雾器来造出真正的雾。"可以说,喷雾器是为闷热潮湿的空气提供一个冷凝的界面。

基于这一设想,开利通过实践,在 1902 年 7 月 17 日给萨克特·威廉斯印刷出版公司安装好了这台自己设计的设备,取得了较好的效果 ,世界上第一台空气调节系统(简称空调)由此产生。到第四年冬天,1906 年 1 月 2 日,开利研究的"空气处理仪"获得了专利。值得一提的是,空调发明后的最初 20 年间,享受空调的对象一直是机器,而不是人,主要是用于印刷厂、纺织厂。

将空调装入白宫

尽管布法罗锻冶公司提拔开利担任了工程部门的领导,但很显然,公司并没有意识到自己抓住的是一个金矿。1914 年,当时正值第一次世界大战阴云密布的时候,这个企业把空调业务降到了次要地位。于是开利离开了布法罗锻冶公司,与朋友欧文·莱尔合伙,创办了自己的公司。开利负责技术,莱尔负责销售。

开利公司开业头一年就接到了 40 个空调系统的订单,到 1929 年已经拥有三家分厂。20 世纪 20 年代是他们的辉煌时代。1924 年开利为底特律的赫德森百货公司安装了空调,1928 和 1929 年则是美国白宫和参议院。而这项新技术最造成社会轰动效应的事件发生在 1925 年,当时开利正着手纽约里沃利大剧院的中央空调工程。

开利后来回忆道:"那时因为天气太热,影剧院要么停业,要么就是因为观众寥寥而亏损。即便是冷天,拥挤的剧院里面也很热,因为人群散发的热量很厉害。"当时有少数几家剧院已经安装了离心式制冷机,但里沃利大剧院毕竟代表着百老汇——在这里取得成功更容易获得好的宣传效果和经济方面的回报。

开利亲自监督这项工程重达 133 吨的设备安装,并整夜守在现场,直到整个系统按计划于阵亡将士纪念日那天投入使用。那一天,空调系统已经启动了,而刚刚拥进剧院的人们还是觉得很热,观众席上 2 000 余把扇子呼啦啦地扑打着。但随着温度渐渐下降,观众们收起了他们的扇子。在接下去的 5 年里,大获全胜的开利公司给 300 家以上的影剧院送去了凉爽。

当大多数美国人满足于在影剧院感受空调的奇迹时,开利已经在开发将空调用于工业的新技术了。供办公室或家庭使用的冷气机当时还非常昂贵,而人们待在家里的时候并不创造什么价值,不过是热得难受罢了。因此开利认为符合逻辑的下一个目标应该是用于写字楼的空调。他坚信:"很快将出现一个高层建筑的空调市场,我更应该去设计一个这样的系统。鱼已经看到了,我得去把它钓上来。"20 世纪 30 年代末,开利的"导管式空气控制系统"取得突破,高楼大厦不仅得到了空调,而且不需要占用宝贵的办公空间。

空调的最后一个领域是家庭,但开利在投资这个潜在的市场时失败了。家用冷气是可行的,开利早在1914年就给一个百万富翁的豪宅安装过,但在当时至少得要1 500美元的价格。在家庭市场,开利的"空气柜"被市场证明实在太大、太贵、太不可靠了。在耗去130万美元的风险投资后,他决定还是集中力量做工业和写字楼市场。家用空调迟至50年代才问世,但市场更庞大——通用电气和西屋这样的大公司领导了这个市场。开利并没有活着看到竞争对手的成就。1950年9月,这位80多项空调专利的持有者因心脏病突发而去世,享年74岁。当时的新闻界对开利的去世倾注了恰如其分的赞誉之词。

一个暖通人的就业心得

(资料来源:暖通招聘网,有删减,佚名)

我是一个暖通人,暖通这个称呼是对建筑环境与能源应用工程专业的俗称,言简意赅,一下就把建环这个专业的两大方向说了出来:供暖和通风。当然这个专业还有另外几个大的培养方向:空调工程、制冷技术、楼宇自动化、燃气工程以及目前大热的建筑节能等。但我现在是在核电行业工作,做一名小小的通风工程师。你现在是不是还在认为只有核工程、热能与动力工程、电气工程及其自动化这样专业背景的学生才会和核电发生关系?听我讲完我的就业故事,也许会对你有些启示。

大学四年,坦然一点说,由于自己贪玩,专业知识学得不好,各科成绩参差不齐。还好的是,毕业时候攥着英语六级和计算机二级证书,这让我在找工作的时候不至于两手空空。

工作面临几个大的去向。

一是去建筑设计院,福利好,工作稳定,技术含量高,大学里面学到的各种理论知识大都可以派上用场。但这类单位对人员的要求也高,大一点的设计院已经把门槛提到了硕士生,作为一名普通院校的成绩平凡的"小本",很难敲开它那厚重的大门。另外,自己天生对成天做设计、画图的生活比较抗拒,自然不考虑这样机械的工作。

二是去房地产公司。这几年房地产行业炙手可热,暖通作为建筑物不可或缺的部分,也是房地产公司每年都要招聘的技术岗位。不过这类岗位通常都是狼多肉少,知名的大公司提供的职位只有那么几个,小的房地产公司运行不是那么规范。

三是可以去设备厂商(如空调生产厂商)做销售或做技术。由于对自己的技术不是太有信心,对"嘴皮子"的信心还有丁点信心的缘故,曾投了某企业的国内营销岗。谁知道该企业的招聘人员一眼就看穿了我羞涩的本质,坚决地认为我应该去技术岗,唉!

四是去各大公司做技术支持。有种形容金庸小说畅销的说法"有华人饮水处,就有金庸大侠笔作传唱",借来用在建环这个工科行业的"万金油"专业上就是"有现代人类居家办公处,就有暖通人在奔忙"。像英特尔这样的生产芯片类精密部件的厂家,对工作环境的要求更是精细,必然缺少不了暖通人的身影。不过在这类企业,收入虽然还不错,但"万金油"只能是"万金油",技术支持并非这些企业的主流业务,要想有大的发展是比较困难的。

五是去制图公司做暖通类软件的开发。制图,又一次击中了我的软肋,为啥当初不努力学习？另外，还可以去供热公司、建筑工程公司、化工类企业……选择似乎很多，但我还是无从下手。

我所在的大学是一个以电力为特色的大学，基本上，学校所有的工科专业都跟电力沾亲带故。学院在对专业课程进行设置的时候，对与电力有交叉的学科有偏重。在每年毕业招聘会上，来学校招人的单位也是电力方面的居多。许多同学其实没有选择本专业，而是转投入了电力行业的门下。最后，让我立下决心的是建筑工程和核电的交叉点——核电建设。

核电作为一个目前国家大力扶持的行业，刚刚踏上高速路，很多省市大张旗鼓筹建和兴建核电站，而传统的核电建设行业人手严重不足，技术含量也不高。想到作为一个刚毕业的工程技术人员可以在这个行业得到更多的锻炼机会，而且职业前景还不错，我选择了某家核电建设单位。毕业时，赞同我这样的选择的同学不多，毕竟这跟我上面提到的几大传统就业大方向还是有点偏差的，而且我放弃了进入发电厂这个高收入的行当。这也就是我所说的“非典型就业”。

如今一年过去了，我也从一名技术员变成了通风助理工程师，日常的工作就是核电建造用车间通风系统的设计、安装、维护，核电站通风空调系统、设备的安装等。由于工程引进外国技术，需要经常翻译大量的英文技术文献，我的英语有了长足的进步。因为在工程上的锻炼，我把在大学中课堂上偷懒错过的知识又捡了回来。不过失望与希望并存，比如，工作环境的不理想、项目在管理上存在一些不尽如人意的地方……不过这些也是我在找工作之前有心理准备的。认清自己想要的和自己能要到的，然后努力去得到它。选择了，就不要后悔。我想这就是我找工作最大的心得了。

思考题

8.1　如何增强团队合作的精神？

8.2　如何化解大学阶段的经济压力？

8.3　如何安排学习和社团活动的时间关系？

8.4　查找成功人士的成功故事，讨论如何“做人做事”。

附　录

附录1　全国高等学校建筑环境与能源应用工程专业（本科）评估标准

（试行）

一、教学条件

本项内容包括人员条件及物质条件两方面。

1　师资队伍

1.1　师资知识结构：有建筑环境与能源应用工程、热工、流体力学、机电等学科的专业教师，能独立承担专业基础课和70%以上的专业课。

1.2　师资职称结构：有受过系统培训的讲师及其以上职称的教师担任主干课程的教学任务。

1.3　师资人数及学术水平：设有专业教学机构，有副教授以上职称的学科带头人及其后备梯队，主讲专业课和主要专业基础课的教师有10人以上，有较为稳定的科研方向并开展相应的科研活动，并取得一定的科研成果。

2　教学资料

除了符合教育部关于高等学校设置必备的图书资料条件外，还应满足如下要求：

2.1　有关建筑环境与能源应用工程近期专业书籍5 000册以上；

2.2　有关建筑环境与能源应用工程及相关学科专业期刊50种以上，其中应有外文（英、日、俄等）专业期刊；

2.3　有齐全的建设法律法规以及本专业的规范、标准等文件资料；

2.4　近五年有保留价值或真实反映教学水平的毕业设计（论文）、图纸、资料和文件。

3　教学设备

3.1　教学设施：教学设施完好，能满足教学要求；

3.2　实验室:有标志性的满足本专业人才培养要求的实验设施;

3.3　计算机设施:有能满足教学要求的计算机设施。

4　实习条件

有相对稳定的实习条件,能满足教学要求。

5　教学经费

应有足够的教学经费以保证教学工作正常进行。

二、教育过程

本项内容包括思想政治工作及教学管理与实施两方面。

1　思想政治工作

1.1　思想政治工作队伍:有一支素质良好的思想政治工作队伍;

1.2　思想政治工作:善于开展思想政治工作,讲求实效,师生反映良好;政治学习制度化、经常化、多样化;

1.3　教书育人:教师应做好教书育人的本职工作,结合教学解决学生的思想问题。

2　教学管理与实施

2.1　教学计划与教学文件

(1)教学计划具有科学性、合理性与完整性;

(2)根据实际情况或上次评估建议更新教学计划;

(3)各种教学文件,包括各门课程的教学大纲、教学进度表、课程设计(作业)指导书、实习和实验指导书等详实完备。

2.2　教学管理

(1)按教学计划组织教学;

(2)保证教学质量的各种规章制度完备,并能贯彻执行;

(3)教学档案及学生学习档案管理良好;

(4)各教学环节考核制度完备并严格执行。

2.3　课程教学实施

(1)根据教学计划,选用或自编高水平的教材或讲义,重视教材建设及更新;

(2)课程内容充实,并能联系实际,反映本专业最新技术发展及社会需要,教学环节安排合理;

(3)教学方法具有启发性,注意培养学生的自学、独立工作和综合运用知识的能力;

(4)充分利用教学资料和现代化教学设备。

2.4　实验与实习

(1)各类实验、实习安排合理,重视与工程实践相结合,对学生有严格明确的要求;

(2)配备足够的指导教师,能切实保证实验与实习的质量;

(3)有严格明确的实验、实习指导大纲、考核标准和办法。

2.5　毕业设计(论文)

(1)毕业设计(论文)应与工程应用相结合。选题的内容、深度和工作量均符合本科培养方案的要求;

(2)配备足够的讲师及以上职称的教师指导毕业设计(论文),在教师的指导下,学生能够综合运用所学知识独立完成毕业设计(论文)任务,提交完备的毕业设计(论文)文件。

三、教育质量

本项包括德、智、体三方面。

1 德育标准

德育内容包括:政治思想;学风;修养。

1.1 政治思想

(1)政治思想

热爱祖国,热爱社会主义,拥护中国共产党领导,具有为国家富强、民族振兴的理想,初步树立科学的世界观和为人民服务的人生观。

(2)理论知识

懂得马克思主义、毛泽东思想和邓小平理论的基本理论,了解国内外形势及党和国家的基本路线、方针政策。

1.2 学风

遵守纪律,敬业好学,求实严谨,尊敬师长,团结互助,勇于进取。

1.3 修养

(1)符合《大学生行为规范》的要求,具有社会主义民主和法制观念,遵纪守法,具有良好的道德修养和社会公德,具有良好的职业道德和社会责任感。

(2)具有一定的文学艺术素养及社会交往能力。

2 智育标准

通过在校学习,使学生具有扎实的理论基础、系统的专业知识、广泛的知识面、可持续发展的概念、较强的创新意识、接受新知识的能力,具有应用所学的理论和方法应用于分析和解决工程实际问题的能力。

2.1 基础理论

通过数学、物理、化学等基础理论课的学习,建立科学的思维方法,初步具有合理抽象、逻辑推理、分析综合能力,具体要求是:

(1)掌握高等数学及与本专业有关的一般工程数学的基本理论,能进行数学运算,解决应用问题;

(2)掌握大学物理的基本理论及其应用的基本方法;

(3)掌握与本专业有关的化学原理和分析方法;

(4)掌握工程力学(理论力学、材料力学)的基本原理和分析方法。

2.2 专业基础理论

通过专业基础课的学习,使学生扎实地掌握专业基础知识。

(1)掌握流体力学、工程热力学、传热学与建筑环境学等专业基础理论;

(2)掌握电工、电子与自动控制方面的基本知识及基本技能;了解该领域国内外不断发展的新技术,及其在本专业中的应用;

(3)掌握机械设计基础知识。

2.3 专业知识与技术

通过专业课程的学习，建立工程概念，使学生具有系统的专业知识，掌握解决本专业工程技术问题的方法。

(1)具有建筑环境与能源应用工程的整体概念，掌握建筑设备系统的特点与性能，初步掌握建筑环境与能源应用工程技术问题的综合处理方法，了解本专业的发展动态；

(2)掌握本专业流体输配管网、热质交换设备、冷热源设备的基本理论和计算分析方法；

(3)掌握建筑环境与设备系统的测量与控制的一般理论，具有确定控制方案的初步能力，了解系统施工安装调试及运行管理的基础知识和方法；

(4)掌握工程经济分析及管理的基本知识与方法；

(5)了解相邻学科的一般知识，包括建筑构造、建筑设计、新能源利用与环境保护的一般知识。

2.4 工程设计与实践能力

通过整个培养过程，使学生具有综合应用所学基础理论和专业知识，解决本专业有关工程技术问题的能力，以及科研工作的初步能力。

(1)掌握建筑环境与能源应用工程的设计方法，识图、制图的技能；了解工程设计相关的专业知识；

(2)了解与本专业有关的法律、法规、规范和标准，并具有在工程实践中应用的能力；

(3)具有一定的设备系统测试、安装调试以及运行管理的能力；

(4)能用书面及口头的方式清晰而准确地表达设计意图及技术观点；

(5)掌握一至二种计算机语言，能运用计算机进行工程实际问题的计算与分析，并具有计算机制图能力。

2.5 外语水平

能够比较顺利地阅读本专业的外文资料，初步具有听、说、写的能力。

以英语为第一外国语的应届毕业生，大学英语四级考试(CET-4)的累计通过率应不低于75%；以其他语种为第一外国语的可参照 CET-4 制定相应的评判标准。

3 体育标准

了解体育运动的基本知识，养成科学锻炼身体的良好习惯，讲究卫生，保持身心健康，能承担社会主义建设和保卫祖国的光荣任务；达到国家规定的大学生体育锻炼标准的人数应不低于80%。

附录2 全国高等学校建筑环境与能源应用工程专业(本科)评估程序与方法

(试行)

1 申请与受理

1.1 申请条件

(1)申请单位须是经国家教育部批准的高等学校；

(2)申请学校建筑环境与能源应用工程专业须是经国家教育部批准或在国家教育部备案；

(3)申请学校从申请日起往前推算必须有连续五届或五届以上的建筑环境与能源应用工程专业本科毕业生；

(4)符合评估委员会受理评估的其他要求；

(5)申请学校须在提交申请报告的同时交纳申请与审核手续费。

1.2　申请时间

申请评估工作每2年进行1次(注1),申请学校应在当年7月10日前向评估委员会递交申请报告一式五份。

1.3　申请报告

申请报告内容为：

(1)学校概况和申请评估专业所在院系简史和现状；

(2)申请评估专业的创办和发展过程,办学实绩；

(3)师资状况及有关在册教师简表；

(4)教学条件和设施(教学用房、实验室、教学资料和设备器材等)；

(5)教学文件(教学计划、教学大纲、教学指导书等)和教学管理；

(6)教学经费。

申请单位对申请报告所列内容应进行说明。

1.4　申请审核与受理

(1)评估委员会收到学校申请报告后,应在当年9月1日前完成审核工作,经审核认为具备申请条件的,向申请学校发出受理通知,要求申请学校开展自评工作并在规定时间内递交自评报告；

(2)评估委员会要求学校对申请报告进行补充说明或进一步提供有关资料,或需要派员到校核实时,学校均予以配合；

(3)经审核认为尚不具备申请条件的,评估委员会将不予受理的决定通知申请院校。

2　**自评与审议**

2.1　自评要求

自评是学校对专业的办学状况、办学质量的自我检查,主要检查是否达到评估标准所规定的要求。

自评工作应由学校有计划地组织教师、学生和其他有关人员参与进行相关工作。自评工作应该自始至终体现客观性、真实性、综合性的原则。

2.2　自评报告

自评报告是学校向评估委员会递交的文件,应简明扼要、重点突出,正文字数不超过2万字。报告中所陈述的论点应资料详实,数据可靠。自评报告分9个部分：

(1)前言；

(2)院系和专业现状；

(3)办学思想与特色；

(4)教学；

(5)科研、生产及学术交流活动；

(6)自我评价；

(7)对上次视察报告的回复(首次参加评估无此项);

(8)教学质量督察员每年督察报告(首次参加评估可以无此项);

(9)附录。

2.2.1　前言(不超过1 000字)

学校的背景及院系的历史。

学校的性质、隶属关系及所在城市和地区的背景。院系和专业的历史及沿革情况。

2.2.2　院系和专业现状(不超过5 000字)

(1)人员情况

学生:生源及其背景,招生人数,入学素质;

教师:来源及背景特点、人数、结构、素质、进修情况;

职工:人数、结构、素质及其分工。

(2)图书资料及设施条件

图书资料、实验室的门类、规模及发展状况;计算机型号及数量。应着重说明以上各项资料及设备在教学过程中的应用状况。

(3)组织机构

院系行政、教学、学术组织机构的设置、分工及其作用。

(4)经费

教学经费的来源及使用。

2.2.3　办学思想与特色

(1)院系的办学思想、方法及目标。参照评估委员会制订的评估标准说明院系在学生培养上明确的要求。

(2)院系在满足评估标准的基础上,专业教育的特色。

2.2.4　教学

(1)教学计划的指导思想和特点,课程设置与体系及开课情况。

(2)课程安排

着重说明评估标准中智育条款的课程安排及其措施,并分别提供学生的学习成果。

(3)课程建设

主干课及有特色课程的建设情况,包括师资配备、经费来源、教材建设、教学资料积累,并提供有关教学效果的充分证据。

(4)教学管理

陈述有关教学管理的情况,各类教学文件的归档制度,学籍管理制度,保证教学计划实施的措施及执行情况。

报告中所涉及的文献资料、规章制度应做到有据可查,以备视察小组调用。

2.2.5　科研、生产及学术交流情况

(1)科研及学术活动

教师、学生在提高教学质量和形成办学特色等方面所做的学术研究活动,并提供实际成果。

(2)生产及实践活动

教师、学生在促进学校与社会联系方面所做的生产实践工作,并提供实际成果。

(3)交流活动

参加国际、国内各种交流活动及其成果。

2.2.6　自我评价(不超过4 000字)

(1)自评过程

(2)自评总结

围绕培养目标,总结办学经验,明确本专业的优势和薄弱环节,提出改进措施及发展计划。

2.2.7　对上次视察报告的回复(首次评估无此项)

(1)上次视察报告;

(2)对上次视察报告中所提意见的逐项答复;

(3)对上次评估中未达到评估标准的项目所采取的改进措施及其效果。

2.2.8　教学质量督察员每年的督察报告(首次评估无此项)

2.2.9　附录

(1)教学计划和任课教师的情况;

(2)各年级正在执行的教学计划;

(3)与本专业有关的教师的名单、履历;

(4)由学校组织的有关德育、体育评估的结论及数据;

(5)外语四级考试的通过率和外语平均成绩;

(6)图书、教学资料的统计数据;

(7)实验室主要设备清单;

(8)近五届毕业生反馈的有关资料;

(9)上级教育主管部门对学校教学工作评价或评估的结论。

2.3　自评报告的审议

评估委员会在收到申请院校递交的自评报告后的2个月内,对该报告作出整体评价。根据自评报告所反映的各项内容,按照评估标准相应地作出决定。

2.3.1　通过自评报告,并着手组织视察小组进行实地视察。

2.3.2　原则通过自评报告,但对自评报告中不明确或欠缺的部分要求申请学校进一步提供说明、证据或材料,以便做出是否派遣视察小组的决定。

2.3.3　拒绝自评报告。如认为自评报告的内容不能达到评估标准的要求,而学校又不能提供新的证据加以说明,或发现自评报告不真实,则退回自评报告,申请学校在4年后方可再次提出申请。

2.3.4　必要时,评估委员会对自评报告的内容采取适当的方式进行考核,并提前通知学校,提出明确的要求。

3　视察与鉴定

3.1　视察小组的职能与组成

视察小组是评估委员会派出的临时工作组,其任务是根据评估委员会要求,实地视察学校的办学情况,写出视察报告,提出评估结论建议,交评估委员会审议。

视察小组成员由评估委员会聘请(注2)。

视察小组由4~6人组成,由当届的评估委员会成员出任组长,小组成员中至少有2人为高级职称的建筑环境与能源应用工程技术人员，2 人为副教授以上职称的专业教师。

3.2　视察工作

视察小组应在视察前将视察计划通知学校，视察时间一般不超过 4 天，也不宜安排在学校假期进行。

3.2.1　视察准备工作

视察小组在视察前，应详细阅读申请院校的自评报告和评估委员会对该校视察工作的要求。

3.2.2　视察工作项目

(1)会晤校领导，商定视察计划；

(2)会晤专业所在院系负责人，了解专业办学情况；

(3)了解院系的办学条件以及学术活动；

(4)检查学生学习作业，必要时辅以其他考核办法；

(5)会晤教师，了解教学情况并听取意见；

(6)会晤学生，考查学生学习效果并听取意见；

(7)了解毕业生情况；

(8)与学校和院系领导交换视察意见。

3.2.3　视察工作重点

(1)学校对申请评估专业的评价、指导、管理和支持情况；

(2)各门课程所规定的教学要求和执行过程的具体安排是否合理、有效，是否被师生理解；

(3)教学计划、教学大纲的内容和覆盖面，及其贯彻执行情况；

(4)教师的教学态度和教学水平；师资队伍建设情况；

(5)学生的技能和能力，包括：

①掌握基础理论及专业知识的程度及其应用能力；

②计算机的应用能力；

③分析、综合和解决问题的能力；

④外国语水平(听、说、写、译)；

⑤与建筑环境与能源应用工程专业有关的其他业务能力；

(6)教学经费、教学设施及其利用情况；

(7)对自评报告中未列出的因素作定性评估，如学术氛围、师生道德修养、群体意识和才能、学校工作质量等。

3.3　视察报告(3 000 字左右)

视察小组在视察工作结束时应写出视察报告。报告包括下列要点：

(1)视察概况；

(2)教学条件；

(3)教学管理；

(4)办学经验与特色；

(5)学生德、智、体方面的情况；

(6)申请学校对上次视察小组所提意见的回复(首次评估无此项)；

(7)对该专业办学工作的意见与建议；

(8)对自评报告作出评价；

(9)提出评估结论建议(以保密方式提交评估委员会)。

在提交评估委员会的同时，应将报告除(9)以外的副本交被评估院校。

3.4　评估结论

评估委员会在受理学校申请评估的一年内，根据自评报告及其审议意见、视察小组视察报告及结论建议，组织评估委员会委员充分进行讨论。如被评估学校对视察工作或视察报告提出书面意见，则一并予以审核后，采取无记名投票方式做出评估结论。

(1)评估结论分为评估通过、有条件通过、不通过3种。

评估通过：满足评估标准；

有条件通过：基本满足评估标准，但在某些方面存在问题且可在1~3年内解决；

不通过：不满足评估标准。

(2)对评估有条件通过的院校，评估委员会在1~3年内进行评估复查视察工作，评估合格有效期自做出评估有条件通过结论时计起。

对评估复查未通过院校，评估委员会撤销原评估有条件通过结论。

(3)评估委员会应将评估结论及时呈报建设部教育行政主管部门，同时寄送申请院校。

(4)评估委员会给评估通过的院校颁发《建设部高等教育建筑环境与能源应用工程专业评估合格证书》，有效期为5年。

(5)评估委员会应采取适当方式公布评估结果。

4　申诉与复议

4.1　申请学校如对评估结论持有不同意见，可以在接到评估结论的15天内向建设部表明申诉意向，并在30天内递交申诉报告。

4.2　建设部接到申诉报告后，根据有关法律法规的规定，作出复议决定。

4.3　学校对复议决定持不同意见，可向法院提出诉讼，诉讼期内复议决定有效。

5　保持与督察

5.1　保持

评估通过的院校，必须分别于第三年末向评估委员会呈交办学概况报告(不少于3 000字)，说明获得证书以后的发展情况，取得的成绩、经验以及尚待改进的问题。合格证书有效期满的前一年须重新申请评估。

5.2　督察

评估委员会为保证专业教育不断适应社会发展的需要，要求评估通过的院校和评估有条件通过的院校聘请校外2~3名具有高级职称的建筑环境与能源应用工程技术人员和专业教师作为教学质量督察员。教学质量督察员名单报评估委员会办公室备案。教学质量督察员每年进行一次监督性视察，并写出评价意见，以督促学校不断提高教育质量。督察员的评价意见将作为下次评估的有关资料留存备查。

注1：每2年举行1次，是指评估工作进入正常情况以后。

注2：视察小组成员中的工程技术人员和教师包括退休人员，但不得是被视察学校的毕业生或曾在该校任教的教师。

附录3　注册公用设备工程师执业资格制度暂行规定

人发〔2003〕24号

第一章　总则

第一条　为加强对公用设备专业工程设计人员的管理，保证工程质量，维护社会公共利益和人民生命财产安全，依据《中华人民共和国建筑法》《建设工程勘察设计管理条例》等法律法规和国家有关执业资格制度的规定，制定本规定。

第二条　本规定适用于从事暖通空调、给水排水、动力等专业工程设计及相关业务活动的专业技术人员。

第三条　国家对从事公用设备专业工程设计活动的专业技术人员实行执业资格注册管理制度，纳入全国专业技术人员执业资格制度统一规划。

第四条　本规定所称注册公用设备工程师，是指取得《中华人民共和国注册公用设备工程师执业资格证书》和《中华人民共和国注册公用设备工程师执业资格注册证书》，从事公用设备专业工程设计及相关业务的专业技术人员。

第五条　建设部、人事部等国务院有关主管部门和省、自治区、直辖市人民政府建设行政部门、人事行政部门等依照本规定对注册公用设备工程师执业资格的考试、注册和执业进行指导、监督和检查。

第六条　全国勘察设计注册工程师管理委员会下设全国勘察设计注册工程师公用设备专业管理委员会（以下简称公用设备专业委员会），由建设部、人事部和有关行业协会及公用设备专业工程设计的专家组成，具体负责注册公用设备工程师执业资格的考试、注册和管理等工作。各省、自治区、直辖市的勘察设计注册工程师管理委员会，负责本地区注册公用设备工程师执业资格的考试组织、取得资格人员的管理和办理注册申报等具体工作。

第二章　考试

第七条　注册公用设备工程师执业资格考试实行全国统一大纲、统一命题的考试制度，原则上每年举行1次。

第八条　公用设备专业委员会负责拟定公用设备专业考试大纲和命题、建立并管理考试试题库、组织阅卷评分、提出评分标准和合格标准建议。全国勘察设计注册工程师管理委员会负责审定考试大纲、年度试题、评分标准与合格标准。

第九条　注册公用设备工程师执业资格考试由基础考试和专业考试组成。

第十条　凡中华人民共和国公民，遵守国家法律、法规，恪守职业道德，并具备相应专业教育和职业实践条件者，均可申请参加注册公用设备工程师执业资格考试。

第十一条　注册公用设备工程师执业资格考试合格者，由省、自治区、直辖市人事行政部门颁发人事部统一印制，人事部、建设部用印的《中华人民共和国注册公用设备工程师执业资格证书》。

第三章　注册

第十二条　取得《中华人民共和国注册公用设备工程师执业资格证书》者，可向所在省、自治区、直辖市勘察设计注册工程师管理委员会提出申请,由该委员会向公用设备专业委员会报送办理注册的有关材料。

第十三条　公用设备专业委员会向准予注册的申请人核发由建设部统一制作,全国勘察设计注册工程师管理委员会和公用设备专业委员会用印的《中华人民共和国注册公用设备工程师执业资格注册证书》和执业印章。申请人经注册后,方可在规定的业务范围内执业。

公用设备专业委员会应将准予注册的注册公用设备工程师名单报全国勘察设计注册工程师管理委员会备案。

第十四条　注册公用设备工程师执业资格注册有效期为 2 年。有效期满需继续执业的,应在期满前 30 日内办理再次注册手续。

第十五条　有下列情形之一的,不予注册:

(一)不具备完全民事行为能力的;

(二)在从事公用设备专业工程设计或相关业务中犯有错误,受到行政处罚或者撤职以上行政处分,自处罚、处分决定之日起至申请注册之日不满 2 年的;

(三)自受刑事处罚完毕之日起至申请注册之日不满 5 年的;

(四)国务院各有关部门规定的不予注册的其他情形。

第十六条　公用设备专业委员会依照本规定第十五条决定不予注册的,应自决定之日起 15 个工作日内书面通知申请人。如有异议,申请人可自收到通知之日起 15 个工作日内向全国勘察设计注册工程师管理委员会提出申诉。

第十七条　注册公用设备工程师注册后,有下列情形之一的,由公用设备专业委员会撤销其注册:

(一)不具备完全民事行为能力的;

(二)受刑事处罚的;

(三)在公用设备专业工程设计和相关业务中造成工程事故,受到行政处罚或者撤职以上行政处分的;

(四)经查实有与注册规定不符的;

(五)严重违反职业道德规范的。

第十八条　被撤销注册人员对撤销注册有异议的,可自接到撤销注册通知之日起 15 个工作日内向全国勘察设计注册工程师管理委员会提出申诉。

第十九条　被撤销注册的人员在处罚期满 5 年后可依照本规定重新申请注册。

第四章　执业

第二十条　注册公用设备工程师的执业范围:

(一)公用设备专业工程设计(含本专业环保工程);

(二)公用设备专业工程技术咨询(含本专业环保工程);

(三)公用设备专业工程设备招标、采购咨询;

(四)公用设备工程的项目管理业务;

(五)对本专业设计项目的施工进行指导和监督;

(六)国务院有关部门规定的其他业务。

第二十一条　注册公用设备工程师只能受聘于一个具有工程设计资质的单位。

第二十二条　注册公用设备工程师执业，由其所在单位接受委托并统一收费。

第二十三条　因公用设备专业工程设计质量事故及相关业务造成的经济损失，接受委托单位应承担赔偿责任，并有权根据合约向签章的注册公用设备工程师追偿。

第二十四条　注册公用设备工程师执业管理和处罚办法由建设部会同有关部门另行制定。

第五章　权利和义务

第二十五条　注册公用设备工程师有权以注册公用设备工程师的名义从事规定的专业活动。

第二十六条　在公用设备专业工程设计、咨询及相关业务工作中形成的主要技术文件，应当由注册公用设备工程师签字盖章后生效。

第二十七条　任何单位和个人修改注册公用设备工程师签字盖章的技术文件，须征得该注册公用设备工程师同意；因特殊情况不能征得其同意的，可由其他注册公用设备工程师签字盖章并承担责任。

第二十八条　注册公用设备工程师应履行下列义务：

（一）遵守法律、法规和职业道德，维护社会公众利益；

（二）保证执业工作的质量，并在其负责的技术文件上签字盖章；

（三）保守在执业中知悉的商业技术秘密；

（四）不得同时受聘于2个及以上单位执业；

（五）不得准许他人以本人名义执业。

第二十九条　注册公用设备工程师应按规定接受继续教育，并作为再次注册的依据条件之一。

第六章　附则

第三十条　在实施注册公用设备工程师执业资格考试之前，已经达到注册公用设备工程师执业资格条件的，可经考核认定，获得《中华人民共和国注册公用设备工程师执业资格证书》。

第三十一条　经国务院有关部门同意，获准在中华人民共和国境内就业的外籍人员及港、澳、台地区的专业人员，符合本规定要求的，可按规定的程序申请参加考试、注册和执业。

第三十二条　从事公用设备专业工程设计活动的单位配备注册公用设备工程师的具体办法由建设部会同有关部门另行规定。注册公用设备工程师签字盖章生效的技术文件种类及管理办法由公用设备专业委员会制定。

第三十三条　本规定自2003年5月1日起施行。

附录4　注册公用设备工程师执业资格考试实施办法

人发〔2003〕24号

第一条　建设部、人事部共同负责注册公用设备工程师执业资格考试工作。

第二条　全国勘察设计注册工程师管理委员会负责审定考试大纲、年度试题、评分标准与合格标准。

全国勘察设计注册工程师公用设备专业管理委员会(以下简称公用设备专业委员会)负责具体组织实施考试工作。

考务工作委托人事部人事考试中心负责。各地的考试工作,由当地人事行政部门会同建设行政部门组织实施,具体职责分工由各地协商确定。

第三条　考试分为基础考试和专业考试。参加基础考试合格并按规定完成职业实践年限者,方能报名参加专业考试。专业考试合格后,方可获得《中华人民共和国注册公用设备工程师执业资格证书》。

第四条　符合《注册公用设备工程师执业资格制度暂行规定》第十条的要求,并具备以下条件之一者,可申请参加基础考试:

(一)取得本专业(指公用设备专业工程中的暖通空调、动力、给水排水专业,见附件3,下同)或相近专业大学本科及以上学历或学位。

(二)取得本专业或相近专业大学专科学历,累计从事公用设备专业工程设计工作满1年。

(三)取得其他工科专业大学本科及以上学历或学位,累计从事公用设备专业工程设计工作满1年。

第五条　基础考试合格,并具备以下条件之一者,可申请参加专业考试:

(一)取得本专业博士学位后,累计从事公用设备专业工程设计工作满2年;或取得相近专业博士学位后,累计从事公用设备专业工程设计工作满3年。

(二)取得本专业硕士学位后,累计从事公用设备专业工程设计工作满3年;或取得相近专业硕士学位后,累计从事公用设备专业工程设计工作满4年。

(三)取得含本专业在内的双学士学位或本专业研究生班毕业后,累计从事公用设备专业工程设计工作满4年;或取得相近专业双学士学位或研究生班毕业后,累计从事公用设备专业工程设计工作满5年。

(四)取得通过本专业教育评估的大学本科学历或学位后,累计从事公用设备专业工程设计工作满4年;或取得未通过本专业教育评估的大学本科学历或学位后,累计从事公用设备专业工程设计工作满5年;或取得相近专业大学本科学历或学位后,累计从事公用设备专业工程设计工作满6年。

(五)取得本专业大学专科学历后,累计从事公用设备专业工程设计工作满6年;或取得相近专业大学专科学历后,累计从事公用设备专业工程设计工作满7年。

(六)取得其他工科专业大学本科及以上学历或学位后,累计从事公用设备专业工程设计工作满8年。

第六条　截至到2002年12月31日前,符合下列条件之一者,可免基础考试,只需参加专业考试:

(一)取得本专业博士学位后,累计从事公用设备专业工程设计工作满5年;或取得相近专业博士学位后,累计从事公用设备专业工程设计工作满6年。

(二)取得本专业硕士学位后,累计从事公用设备专业工程设计工作满6年;或取得相近专业硕士学位后,累计从事公用设备专业工程设计工作满7年。

（三）取得含本专业在内的双学士学位或本专业研究生班毕业后，累计从事公用设备专业工程设计工作满7年；或取得相近专业双学士学位或研究生班毕业后，累计从事公用设备专业工程设计工作满8年。

（四）取得本专业大学本科学历或学位后，累计从事公用设备专业工程设计工作满8年；或取得相近专业大学本科学历或学位后，累计从事公用设备专业工程设计工作满9年。

（五）取得本专业大学专科学历后，累计从事公用设备专业工程设计工作满9年；或取得相近专业大学专科学历后，累计从事公用设备专业工程设计工作满10年。

（六）取得其他工科专业大学本科及以上学历或学位后，累计从事公用设备专业工程设计工作满12年。

（七）取得其他工科专业大学专科学历后，累计从事公用设备专业工程设计工作满15年。

（八）取得本专业中专学历后，累计从事公用设备专业工程设计工作满25年；或取得相近专业中专学历后，累计从事公用设备专业工程设计工作满30年。

第七条　参加考试由本人提出申请，所在单位审核同意，到当地考试管理机构报名。考试管理机构按规定程序和报名条件审核合格后，发给准考证。参加考试人员在准考证指定的时间、地点参加考试。

国务院各部门所属单位和中央管理的企业的专业技术人员按属地原则报名参加考试。

第八条　考点原则上设在省会城市和直辖市，如确需在其他城市设置，须经建设部和人事部批准。

第九条　坚持考试与培训分开的原则。考试工作人员认真执行考试回避制度，参加命题和考试组织管理的人员，不得参与考试有关的培训工作和参加考试。

第十条　严格执行考试考务工作的有关规章制度，做好试卷命题、印刷、发送过程中的保密工作，严格遵守保密制度，严防泄密。

第十一条　严格考场纪律，严禁弄虚作假，对违反考试纪律和有关规定者，要严肃处理，并追究当事人和领导责任。

附录5　注册公用设备工程师执业资格考试大纲和考试内容

1.基础课考试内容与考试大纲

（1）高等数学

①空间解析几何：主要内容包括向量代数、直线、平面、柱面、旋转曲面、二次曲面、空间曲线等。

②微分学：包括极限、连续导数、微分、偏导数、全微分、导数与微分的应用。

③积分学：包括不定积分、定积分、广义积分、二重积分、三重积分平面曲线积分、积分应用。

④无穷级数：包括数项级数、幂级数、泰勒级数、傅里叶级数。

⑤常微分方程：包括可分离变量方程、一阶线性方程、可降阶方程、常系数线性方程。

⑥概率与数理统计：包括随机事件与概率、古典概型、一维随机变量的分布和数字特征、数

理统计的基本概念、参数估计、假设检验、方差分析等。

⑦向量分析。

⑧线性代数:包括行列式、矩阵 n 维向量、线性方程组、矩阵的特征值与特征向量。

(2)普通物理

①热学:包括气体状态参量、理想气体状态方程、理想气体的压力和温度的统计解释;能量按自由度均分原理、理想气体内能、平均碰撞次数和平均自由程、麦克斯韦速率分布律;功、热量、内能、热力学第一定律及其对理想气体等值过程和绝热过程的应用;气体的摩尔热容、循环过程、热机效率;热力学第二定律及其统计意义、可逆过程和不可逆过程、熵。

②波动学:包括机械波的产生和传播、简谐波表达式、波的能量、驻波、声速、超声波、次声波、多普勒效应。

③光学:包括相干光的获得、杨氏双缝干涉、光程、薄膜干涉、迈克尔干涉仪、惠更斯—菲涅耳原理;单缝衍射、光学仪器分辨本领、x 射线衍射、双折射现象、偏振光的干涉、人工双折射及应用。

(3)普通化学

①物质结构与物质状态:包括原子核外电子分布、原子、离子的电子结构式、原子轨道和电子云概念;离子键特征共价键特征及类型、分子结构式杂化轨道及分子空间构型、极性分子与非极性分子、分子间力与氢键、分压定律及计算;液体蒸气压、沸点、汽化热、晶体类型与物质性质的关系。

②溶液:包括溶液的浓度及计算、非电解质稀溶液通性及计算、渗透压概念电解质、溶液的电离平衡、电离常数及计算;离子效应和缓冲溶液、水的离子积及 PH 值、盐类水解平衡及溶液的酸碱性;多相离子平衡、溶度积常数、溶解度概念及计算。

③周期表:包括周期表结构、周期、族、原子结构与周期表关系、元素性质、氧化物及其水化物的酸碱性递变规律。

④化学反应方程式、化学反应速率与化学平衡:包括化学反应方程式写法及计算、反应热概念、热化学反应方程式写法;化学反应速率表示方法、浓度、温度对反应速率的影响、速率常数与反应级数、活化能及催化剂概念;化学平衡特征及平衡常数表达式、化学平衡移动原理及计算、压力熵与化学反应方向判断。

⑤氧化还原与电化学:包括氧化剂与还原剂、氧化还原反应方程式写法及配平;原电池组成及符、电极反应与电池反应、标准电极电势;能斯特方程及电极电势的应用、电解与金属腐蚀。

⑥有机化学:包括有机物特点、分类及命名、官能团及分子结构式、有机物的重要化学反应:加成、取代、消去、氧化、加聚与缩聚;典型有机物的分子式、性质及用途;甲烷、乙炔、苯、甲苯、乙醇;酚、乙醛、乙酸、乙酯、乙胺、苯胺、聚氯乙烯、聚乙烯、聚丙烯酸;酯类、工程塑料(ABS)、橡胶、尼龙等。

(4)理论力学

①静力学:包括平衡、刚体、力、约束、静力学公理;受力分析、力对点之矩、力对轴之矩力偶理论;力系的简化、主矢、力系的平衡;物体系统(含平面静定桁架)的平衡;滑动摩擦、摩擦角、自锁、考虑滑动摩擦时物体系统的平衡、重心。

②运动学:包括点的运动方程、轨迹、速度和加速度;刚体的平动、刚体的定轴转动;转动方程、角速度和角加速度、刚体内任一点的速度和加速度。

③动力学:包括动力学基本定律;质点运动微分方程;动量、冲量、动量定理;动量守恒的条件;质心、质心运动定理、质心运动守恒的条件;动量矩、动量矩定理、动量矩守恒的条件、刚体的定轴转动微分方程;转动惯量、回转半径、转动惯量的平行轴定理;功、动能、势能、动能定理;机械能守恒、惯性力、刚体惯性力系的简化、达朗伯原理;单自由度系统线性振动的微分方程、振动周期、频率和振幅、约束自由度;广义坐标、虚位移、理想约束、虚位移原理。

(5)材料力学

①轴力和轴力图:包括拉、压杆横截面和斜截面上的应力;强度条件虎克定律和位移计算应变能计算。

②剪切和挤压的实用计算:包括剪切虎克定律、切(剪)应力互等定理。

③外力偶矩的计算:包括扭矩和扭矩图;圆轴扭转切(剪)应力及强度条件扭转角计算及刚度条件;扭转应变能计算。

④静矩和形心:包括惯性矩和惯性积、平行移轴公式、形心、主惯性矩。

⑤梁的内力方程:包括切(剪)力图和弯矩图、分布载荷、剪力、弯矩之间的微分关系;正应力强度条件、切(剪)应力强度条件;梁的合理截面、弯曲中心概念;求梁变形的积分法、叠力口法和卡氏第二定理。

⑥平面应力:包括状态分析的数值解法和图解法;一点应力状态的主应力和最大切(剪)应力、广义虎克定律;四个常用的强度理论。

⑦斜弯曲:包括偏心压缩(或拉伸);拉-弯或压-弯组合;扭-弯组合。

⑧细长压杆的临界力公式:包括欧拉公式的适用范围;临界应力总图和经验公式;压杆的稳定校核。

(6)流体力学

①流体的主要物理性质。

②流体静力学:包括流体静压强的概念;重力作用下静水压强的分布规律;总压力的计算。

③流体动力学基础:包括以流场为对象描述流动的概念;流体运动的总流分析;恒定总流连续性方程、能量方程和动量方程。

④流动阻力和水头损失:包括实际流体的 2 种流态;层流和紊流;圆管中层流运动、紊流运动的特征;沿程水头损失和局部水头损失;边界层附面层基本概念和绕流阻力。

⑤孔口、管嘴出流有压管道恒定流。

⑥明渠恒定均匀流。

⑦渗流定律井和集水廊道。

⑧相似原理和量纲分析。

⑨流体运动参数(流速、流量、压强)的测量。

(7)计算机应用基础

①计算机基础知识:包括硬件的组成及功能;软件的组成及功能、数制转换。

②Windows 操作系统基本知识:系统启动、有关目录、文件、磁盘及其他操作;网络功能(注:以 Windows 98 为基础)。

③计算机程序设计语言:包括程序结构与基本规定;数据、变量、数组、指针、赋值语句;输入输出的语句、转移语句、条件语句、选择语句、循环语句;函数、子程序(或称过程);顺序文件、随机文件(注:鉴于目前情况,暂采用 FORTRAN 语言)。

(8)电工电子技术

①电场与磁场:包括库仑定律;高斯定理;环路定律、电磁感应定律。

②直流电路:包括电路基本元件;欧姆定律、基尔霍夫定律;叠加原理、戴维南定理。

③正弦交流电路:包括正弦量三要素;有效值、复阻抗、单相和三相电路计算;功率及功率因数;串联与并联谐振;安全用电常识。

④RC 和 RL 电路暂态过程:包括三要素分析法。

⑤变压器与电动机:包括变压器的电压、电流和阻抗变换;三相异步电动机的使用;常用继电—接触器控制电路。

⑥二极管及整流、滤波、稳压电路。

⑦三极管及单管放大电路。

⑧运算放大器:包括理想运放电路的组成;比例、加、减和积分运算电路。

⑨门电路和触发器:包括基本门电路,RS,D,JK 触发器。

(9)工程经济

①现金流量构成与资金等值计算

现金流量、投资、资产;固定资产折旧、成本、经营成本;销售收入、利润;工程项目、投资涉及的主要税种;资金等值计算的常用公式及应用;复利系数表的用法。

②投资经济效果评价方法和参数:包括净现值、内部收益率、净年值;费用现值、费用年值、差额内部收益率;投资回收期、基准折现率;备选方案的类型、寿命相等方案与寿命不等方案的比选。

③不确定性分析:包括盈亏平衡分析、盈亏平衡点;固定成本、变动成本;单因素敏感性分析、敏感因素。

④投资项目的财务评价:包括工业投资项目可行性研究的基本内容;投资项目财务评价的目标与工作内容;赢利能力分析;资金筹措的主要方式;资金成本、债务偿还的主要方式;基础财务报表;全投资经济效果与自有资金经济效果;全投资现金流量表与自有资金现金流量表;财务效果计算、偿债能力分析;改扩建和技术改造投资项目财务评价的特点(相对新建项目)。

⑤价值工程:包括价值工程的概念、内容与实施步骤、功能分析。

(10)热工学(工程热力学、传热学)

①基本概念:包括热力学系统;状态、平衡、状态参数;状态公理、状态方程;热力参数及坐标图;功和热量;热力过程、热力循环、单位制。

②准静态过程:包括可逆过程和不可逆过程。

③热力学第一定律:包括热力学第一定律的实质;内能、焓、热力学第一定律在开口系统和闭口系统的表达式;储存能、稳定流动能量方程及其应用。

④气体性质:包括理想气体模型及其状态方程;实际气体模型及其状态方程;压缩因子、临界参数、对比态及其定律;理想气体比热;混合气体的性质。

⑤理想气体:包括基本热力过程及气体压缩;定压、定容、定温和绝热过程;多变过程气体

压缩轴功、多极压缩和中间冷却。

⑥热力学第二定律:包括热力学第二定律的实质及表述;卡诺循环和卡诺定理;熵、孤立系统、熵增原理。

⑦水蒸气和湿空气:包括蒸发、冷凝、沸腾、汽化;定压发生过程;水蒸气图表;水蒸气基本热力过程;湿空气性质、湿空气焓湿图;湿空气基本热力过程。

⑧气体和蒸汽的流动:包括喷管和扩压管;流动的基本特性和基本方程;流速、音速、流量;临界状态,绝热节流。

⑨动力循环:包括朗肯循环、回热和再热循环、热电循环、内燃机循环。

⑩制冷循环:包括空气压缩制冷循环、蒸汽压缩制冷循环、吸收式制冷循环;热泵;气体的液化。

⑪导热理论基础:包括导热基本概念;温度场、温度梯度;傅里叶定律;导热系数导热微分方程; 导热过程的单值性条件。

⑫稳态导热:包括通过单平壁和复合平壁的导热;通过单圆筒壁和复合圆筒壁的导热;临界热绝缘直径;通过肋壁的导热;肋片效率、通过接触面的导热;二维稳态导热问题。

⑬非稳态导热:包括非稳态导热过程的特点;对流换热边界条件下非稳态导热;诺模图、集总参数法;常热流通量边界条件下非稳态导热。

⑭导热问题数值解:包括有限差分法原理;问题导热问题的数值计算;节点方程建立节点方程式求解; 非稳态导热问题的数值计算;显式差分格式及其稳定性;隐式差分格式。

⑮对流换热分析:包括对流换热过程和影响对流换热的因素;对流换热过程微分方程式;对流换热微分方程组;流动边界层、热边界层;边界层换热微分方程组及其求解;边界层换热积分方程组及其求解;动量传递和热量传递的类比;物理相似的基本概念;相似原理、实验数据整理方法。

⑯单相流体对流换热及准则方程式包括:管内受迫流动换热;外掠圆管流动换热;自然对流换热;自然对流与受迫对流并存的混合流动换热。

⑰凝结与沸腾换热:包括凝结换热基本特性;膜状凝结换热及计算;影响膜状凝结换热的因素及增强换热的措施;沸腾换热、饱和沸腾过程曲线、大空间泡态沸腾换热及计算、泡态沸腾换热的增强。

⑱热辐射的基本定律:包括辐射强度和辐射力;普朗克定律、斯蒂芬-波尔兹曼定律;兰贝特余弦定律;基尔霍夫定律。

⑲辐射换热计算:包括黑表面间的辐射换热;角系数的确定方法;角系数及空间热阻、灰表面间的辐射换热;有效辐射、表面热阻、遮热板;气体辐射的特点、气体吸收定律、气体的发射率和吸收率;气体与外壳间的辐射换热;太阳辐射。

⑳传热和换热器:包括通过肋壁的传热;复合换热时的传热计算;传热的削弱和增强平均温度差;效能-传热单元数;换热器计算。

(11)工程流体力学及泵与风机

①流体动力学。包括流体运动的研究方法;稳定流动与非稳定流动;理想流体的运动方程式;实际流体的运动方程式;伯努利方程式及其使用条件。

②相似原理和模型实验方法。包括物理现象相似的概念;相似三定理、方程和因次分析

法;流体力学模型研究方法;实验数据处理方法。

③流动阻力和能量损失。包括层流与紊流现象;流动阻力分类;圆管中层流与紊流的速度分布;层流和紊流沿程阻力系数的计算;局部阻力产生的原因和计算方法;减少局部阻力的措施。

④管道计算。包括简单管路的计算;串联管路的计算;并联管路的计算。

⑤特定流动分析。包括势函数和流函数概念;简单流动分析;圆柱形测速管原理;旋转气流性质;紊流射流的一般特性;特殊射流。

⑥气体射流。包括压力波传播和音速概念;可压缩流体;一元稳定流动的基本方程渐缩喷管与拉伐尔管的特点;实际喷管的性能。

⑦泵与风机。包括系统匹配、泵与风机的运行曲线;网络系统中泵与风机的工作点;离心式泵或风机的工况调节;离心式泵或风机的选择;气蚀;安装要求。

(12)自动控制

①自动控制与自动控制系统的一般概念:包括"控制工程"基本含义;信息的传递、反馈及反馈控制;开环及闭环控制系统构成;控制系统的分类及基本要求。

②控制系统数学模型:包括控制系统各环节的特性;控制系统微分方程的拟定与求解;拉普拉斯变换与反变换;传递函数及其方块图。

③线性系统的分析与设计:包括基本调节规律及实现方法;控制系统一阶瞬态响应;二阶瞬态响应频率特性基本概念;频率特性表示方法;调节器的特性对调节质量的影响;二阶系统的设计方法。

④控制系统:包括稳定性与对象的调节性能;稳定性基本概念;稳定性与特征方程根的关系;代数稳定判据对象的调节性能指标。

⑤控制系统的误差分析:包括误差及稳态误差;系统类型及误差度;静态误差系数。

⑥控制系统的综合与和校正:包括校正的概念;串联校正装置的形式及其特性;继电器调节系统(非线性系统)及校正;位式恒速调节系统、带校正装置的双位调节系统;带校正装置的位式恒速调节系统。

(13)热工测试技术

①测量技术的基本知识:包括测量、精度、误差;直接测量、间接测量、等精度测量、不等精度测量;测量范围;测量精度;稳定性、静态特性、动态特性;传感器传输通道、变换器。

②温度的测量:包括热力学温标、国际实用温标、摄氏温标、华氏温标;热电材料、热电效应、膨胀效应测温原理及其应用;热电回路性质及理论;热电偶结构及使用方法;热电阻测温原理及常用材料、常用组件的使用方法;单色辐射温度计、全色辐射温度计、比色辐射温度计、电动温度变送器、气动温度变送器、测温布置技术。

③湿度的测量:包括干湿球温度计测量原理;干湿球电学测量和信号传送传感;光电式露点仪;露点湿度计;氯化锂电阻湿度计、氯化锂露点湿度计、陶瓷电阻电容湿度计、毛发丝膜湿度计、测湿布置技术。

④压力的测量:包括液柱式压力计、活塞式压力计、弹簧管式压力计、膜式压力计波纹管式压力计;压电式压力计、电阻应变传感器、电容传感器、电感传感器、霍尔应变传感器;压力仪表的选用和安装。

⑤流速的测量:包括流速测量原理;机械风速仪的测量及结构;热线风速仪的测量原理及

结构；L 型动压管、圆柱型三孔测速仪；三管型测速仪；流速测量布置技术。

⑥流量的测量：包括节流法测流量原理；测量范围；节流装置类型及其使用方法；容积法测流量；其他流量计、流量测量的布置技术。

⑦液位的测量：包括直读式测液位；压力法测液位；浮力法测液位；电容法测液位；超声波法测液位；液位测量的布置及误差消除方法。

⑧热流量的测量：包括热流计的分类及使用；热流计的布置及使用。

⑨误差与数据处理：包括误差函数的分布规律；直接测量的平均值、方差、标准误差、有效数字和测量结果表达；间接测量最优值、标准误差、误差传播理论、微小误差原则、误差分配；组合测量原理；最小二乘法原理；组合测量的误差；经验公式法、相关系数；显著性检验及分析；过失误差处理；系统误差处理方法及消除方法；误差的合成定律。

（14）机械基础

①机械设计的一般原则和程序：包括机械设计的一般原则和程序；机械零件的计算准则；许用应力和安全系数。

②运动副及其分类：包括平面机构运动简图；平面机构的自由度及其具有确定运动的条件。

③铰链四杆机构：包括基本形式和存在曲柄的条件；铰链四杆机构的演化。

④凸轮机构：包括基本类型和应用；直动从动件盘形凸轮轮廓曲线的绘制。

⑤螺纹的主要参数和常用类型：包括螺旋副的受力分析、效率和自锁；螺纹连接的基本类型；螺纹连接的强度计算；螺纹连接设计时应注意的几个问题。

⑥带传动工作情况分析：包括普通 V 带传动的主要参数和选择计算；带轮的材料和结构；带传动的张紧和维护。

⑦齿轮和涡轮：包括直齿圆柱齿轮各部分名称和尺寸；渐开线齿轮的正确啮合条件和连续传动条件；轮齿的失效；直齿圆柱齿轮的强度计算；斜齿圆柱齿轮传动的受力分析；齿轮的结构；涡杆传动的啮合特点和受力分析；涡杆和涡轮的材料。

⑧轮系：包括轮系的基本类型和应用；定轴轮系传动比计算；周转轮系及其传动比计算。

⑨轴：包括轴的分类、结构和材料；轴的计算；轴毂连接的类型。

⑩轴承：包括滚动轴承的基本类型、滚动轴承的选择计算。

（15）职业法规

①我国有关基本建设、建筑、房地产、城市规划、环保、安全及节能等方面的法律与法规。

②工程设计人员的职业道德与行为规范。

③我国有关动力设备及安全方面的标准与规范。

2. 专业课考试内容与考试大纲

（1）总则

①熟悉暖通空调制冷设计规范、建筑防火设计规范和高层民用建筑设计防火规范中暖通空调制冷有关部分、有关建筑节能的规定，暖通空调设备产品标准中设计选用部分、环境保护及卫生标准中有关本专业的规定。掌握上述标准规范中的强制性条文。

②熟悉暖通空调制冷系统的类型、构成及选用。

③了解暖通空调设备的构造及性能。

④掌握暖通空调制冷系统设计方法、暖通空调设备的选择计算、管网计算。正确采用设计

计算公式及取值。

⑤掌握防排烟设计及设备、附件、材料的选择。

⑥熟悉暖通空调制冷设备及系统的自控要求及一般方法。

⑦了解暖通空调制冷施工技术和质量验收标准。

⑧熟悉暖通空调制冷设备及系统的测试方法。

⑨了解保温材料及其制品的性能,掌握管道和设备的保温绝热计算。

⑩熟悉暖通空调设计的节能技术。

(2)采暖(含小区供热设备和热网)

①熟悉采暖建筑物围护结构建筑热工要求,掌握冬季采暖通风系统热负荷计算方法。

②熟悉各类散热设备主要性能。熟悉各种采暖方式。掌握散热器采暖、热风采暖和辐射采暖的设计计算方法。

③掌握热水、蒸汽采暖系统设计计算方法。

④掌握分户热计量热水集中采暖设计方法。

⑤了解热电厂集中供热原理,熟悉小区集中供热区域锅炉房主要组成及其功能。掌握热媒及其参数选择原则和小区集中供热热负荷的概算方法。

⑥熟悉热水、蒸汽供热系统管网设计原则,掌握管网与热用户连接的设计方法。熟悉汽-水、水-水换热器选择计算方法,掌握热力站设计原则。

⑦了解供热用燃煤、燃油、燃气锅炉的主要性能。熟悉小区锅炉房主要设备的选择计算方法。掌握小区锅炉房设置及工艺设计原则。

(3)通风

① 掌握通风设计原则、通风量计算以及空气平衡和热平衡计算。了解建筑物火灾危险分类和耐火等级、防火分区划分。掌握防烟分区划分原则。

②熟悉自然通风原理及天窗、风帽的选择方法。掌握自然通风设计计算方法。

③熟悉排风罩种类和选择方法,掌握局部排风系统设计计算方法及设备选择。

④熟悉机械全面通风、事故通风的条件,掌握其计算方法。

⑤熟悉防火和防排烟设备和部件的基本性能及防排烟系统的基本要求。熟悉防火控制程序。掌握防排烟方式的选择及机械防排烟系统的设计原则。掌握防排烟系统的计算方法。掌握通风空调系统防火防爆设计要求。

⑥了解诱导通风、置换通风的使用条件和原理。

⑦熟悉除尘和有害气体净化设备的种类和应用,掌握设计选用方法。

⑧熟悉通风机的类型、性能和特性,掌握通风机的选用、计算方法。

(4)空气调节

①熟悉空调房间围护结构建筑热工要求,掌握舒适性空调和工艺性空调室内空气参数的确定原则。

②了解空调冷(热)、湿负荷形成机理,掌握空调冷(热)、湿负荷以及热湿平衡、空气平衡计算。

③熟悉空气处理过程,掌握湿空气焓湿图的应用。

④熟悉常用空调系统的特点和设计方法。

⑤掌握常用气流组织形式的选择及其设计计算方法。

⑥熟悉常用空调设备的主要性能,掌握空调设备的选择计算方法。

⑦熟悉常用冷热源设备的主要性能,掌握冷热源设备的选择计算方法。

⑧掌握空调水系统的设计原则及计算方法。

⑨熟悉空调自动控制方法及运行调节。

⑩熟悉空调系统的节能技术和消声、隔振措施。

(5)制冷技术

①熟悉制冷循环的热力学原理、制冷剂的性能和选择以及 CFC、HCFC 的限制和替代。

②了解蒸汽压缩式制冷(热泵)的工作原理;熟悉各类蒸汽压缩式制冷(热泵)机组的特点、适用范围和主要技术性能参数;掌握各类冷水机组、热泵机组的选择计算方法和正确取值。

③了解溴化锂吸收式制冷的工作原理;熟悉蒸汽式和直燃式双效溴化锂吸收式制冷装置的组成和性能。

④了解蒸汽压缩式制冷系统的组成、制冷剂管路设计基本原则;熟悉制冷自动控制的技术要求;掌握制冷机房设备布置原则、冷却水系统设计和冷却塔的选用。

⑤了解蓄冷的基本原理、类型、系统组成以及设置原则。

⑥了解冷藏库温、湿度要求和冷藏库库用工艺装备;掌握冷藏库建筑围护结构的隔汽层、防潮层、隔热层的设置以及热工计算。

⑦掌握冷藏库制冷系统的组成、设备选择与制冷剂管路系统设计;熟悉冷藏库自动控制和安全保护装置。

(6)空气洁净技术

①掌握常用洁净室空气洁净度等级标准及选用原则。了解与建筑及其他专业的配合。

②熟悉空气过滤器的分类、性能、组合原则及计算。

③了解室内外尘源,熟悉各种气流流型的适用条件,掌握洁净室送回风量计算。

④掌握洁净室室内外压差风量计算及压差控制方法。

(7)民用建筑房屋卫生设备

①熟悉房屋卫生设备、冷热水供、排水量指标,掌握系统设计计算。

②掌握消防水量计算及系统设计。

③掌握室内燃气供应系统的设计。

3. 注册

基础考试和专业考试合格后,可获得《中华人民共和国注册公用设备工程师执业资格证书》。取得《中华人民共和国注册公用设备工程师执业资格证书》者,只要符合注册条件,可向所在省、自治区、直辖市勘察设计注册工程师管理委员会提出申请,由该委员会向公用设备专业委员会报送办理注册的有关材料。申请人经注册后,方可在规定的业务范围内执业。公用设备专业委员会将准予注册的注册公用设备工程师名单报全国勘察设计注册工程师管理委员会备案。注册公用设备工程师执业资格注册有效期为 2 年。有效期满需继续执业的,应在期满前 30 日内再次办理注册手续。

4. **执业**

取得注册设备公用设备工程师执业资格证书,并顺利注册以后的工程师,可以在以下领域从事执业工作:

①公用设备专业工程设计(含本专业的环保工程);

②公用设备专业工程技术咨询(含本专业的环保工程);

③公用设备专业工程设备招标、采购咨询;

④公用设备工程的项目管理业务;

⑤对本专业设计项目的施工进行指导和监督;

⑥国务院有关部门规定的其他业务。

在公用设备专业工程设计、咨询及相关业务工作中形成的主要技术文件,应当由注册公用设备工程师签字盖章后生效。任何单位和个人修改注册公用设备工程师签字盖章的技术文件,须征得该注册公用设备工程师同意;因特殊情况不能征得其同意的,可由其他注册公用设备工程师签字盖章并承担责任。

附录6 国内开设建筑环境与能源应用工程类专业的部分本科院校名单

序号	学校名称	专业所在院系	专业名称	备 注
		北京		
1	清华大学	建筑学院	建筑环境与能源应用工程	
2	北京工业大学	建筑工程学院	建筑环境与能源应用工程	
3	北京科技大学	土木与环境工程学院	建筑环境与能源应用工程	
4	北京建筑工程学院	环境与能源工程学院	建筑环境与能源应用工程	
5	北方工业大学	建筑工程学院	建筑环境与能源应用工程	
6	华北电力大学(北京)	能源与动力工程学院	建筑环境与能源应用工程	
7	华北科技学院	土木工程系	建筑环境与能源应用工程	
8	中国矿业大学	力学与建筑工程学院	供热、供燃气、通风及空调工程	只有博士、硕士办学
		天津		
9	天津大学	环境科学与工程学院	建筑环境与能源应用工程	
10	天津工业大学	纺织学院	建筑环境与能源应用工程	
11	天津商业大学	机械工程学院	建筑环境与能源应用工程	
12	天津城市建设学院	热能工程系	建筑环境与能源应用工程	

续表

序号	学校名称	专业所在院系	专业名称	备　注
河北				
13	华北电力大学(保定)	能源与动力工程学院	建筑环境与能源应用工程	
14	河北工业大学	能源与环境工程	建筑环境与能源应用工程	
15	河北理工大学	建筑工程学院	建筑环境与能源应用工程	
16	河北建筑工程学院	城市建设系	建筑环境与能源应用工程	
17	石家庄铁道学院	机械工程分院	建筑环境与能源应用工程	
18	燕山大学	建筑工程与力学学院	建筑环境与能源应用工程	
19	河北工程大学	城市建设学院	建筑环境与能源应用工程	
20	北华航天工业学院	建筑工程系	建筑环境与能源应用工程	
21	河北工程技术高等专科学校	建筑工程系	建筑设备工程技术	专科办学
22	河北科技大学	建筑工程学院	建筑环境与能源应用工程	
山西				
23	山西大同大学	工学院	建筑环境与能源应用工程	
24	太原理工大学	环境科学与工程学院	建筑环境与能源应用工程	
内蒙				
25	内蒙古科技大学	能源与环境学院	建筑环境与能源应用工程	
26	内蒙古工业大学	土木工程学院	建筑环境与能源应用工程	
辽宁				
27	大连理工大学	土木水利学院	建筑环境与能源应用工程	
28	沈阳工业大学	建筑工程学院	建筑环境与能源应用工程	
29	辽宁科技大学	—	建筑环境与能源应用工程	
30	辽宁工程技术大学	—	建筑环境与能源应用工程	
31	沈阳大学	建筑工程学院	建筑环境与能源应用工程	
32	大连大学	建筑工程学院	建筑环境与能源应用工程	
33	沈阳建筑大学	市政与环境工程学院	建筑环境与能源应用工程	
34	辽宁工业大学	土木建筑工程学院	建筑环境与能源应用工程	
35	沈阳农业大学	工程学院	建筑环境与能源应用工程	

续表

序号	学校名称	专业所在院系	专业名称	备　注
		吉林		
31	吉林建筑工程学院城建学院	环境工程系	建筑环境与能源应用工程	
32	东北电力学院	能源与机械工程学院	建筑环境与能源应用工程	
33	吉林建筑工程学院	市政与环境工程	建筑环境与能源应用工程	
34	长春工程学院	能源与动力工程学院	建筑环境与能源应用工程	
		黑龙江		
35	哈尔滨工业大学	市政环境工程学院	建筑环境与能源应用工程	
36	哈尔滨工程大学	航天与建筑工程学院	建筑环境与能源应用工程	
37	黑龙江八一农垦大学	工程学院	建筑环境与能源应用工程	
38	东北林业大学	土木工程学院	建筑环境与能源应用工程	
39	哈尔滨商业大学	土木与制冷工程学院	建筑环境与能源应用工程	
40	大庆石油学院	建筑工程学院	建筑环境与能源应用工程	
41	黑龙江工程学院	土木工程系	建筑环境与能源应用工程	
		上海		
42	同济大学	机械工程学院	建筑环境与能源应用工程	
43	上海工程技术大学	机械工程学院	能源与环境系统工程	
44	上海理工大学	城市建设与环境工程学院	建筑环境与能源应用工程	
45	东华大学	环境科学与工程学院	建筑环境与能源应用工程	
46	上海海洋大学	食品学院	建筑环境与能源应用工程	
47	上海应用技术学院	土木建筑与安全工程学院	建筑环境与能源应用工程	
48	上海交通大学	机械与动力工程学院	建筑环境与能源应用工程	
		江苏		
49	苏州大学	金螳螂建筑与城市环境学院	建筑环境与能源应用工程	
50	东南大学	能源与环境学院	建筑环境与能源应用工程	
51	南京航空航天大学	航空宇航学院	建筑环境与能源应用工程	
52	南京理工大学	动力工程学院	建筑环境与能源应用工程	
53	中国矿业大学	建筑工程学院	建筑环境与能源应用工程	
54	南京工业大学	城市建设与安全工程学院	建筑环境与能源应用工程	

续表

序号	学校名称	专业所在院系	专业名称	备　注
55	江苏大学	能源与动力工程学院	建筑环境与能源应用工程	
56	南京师范大学	动力工程学院	建筑环境与能源应用工程	
57	扬州大学	能源与动力工程学院	建筑环境与能源应用工程/建筑电气与智能化	
58	南通大学	电气工程学院	建筑电气与智能化	
59	江苏工业学院	机械与能源工程学院	建筑环境与能源应用工程	
60	南京工程学院	能源与动力工程学院	建筑环境与能源应用工程	
61	解放军理工大学	工程学院	国防工程建筑设备工程	
62	江苏科技大学	机械与动力工程学院	建筑环境与能源应用工程	
浙江				
63	浙江理工大学	建筑工程学院	建筑环境与能源应用工程	
64	浙江海洋学院	船舶与建筑工程学院	建筑环境与能源应用工程	
65	浙江大学	机械与能源工程学院	能源与环境系统工程	制冷与人工环境方向
66	浙江科技学院	自动化与电气工程学院	建筑电气与智能化	
67	同济大学浙江学院	土木工程系	建筑环境与能源应用工程	
安徽				
68	合肥工业大学	土木与水电工程学院	建筑环境与能源应用工程	
69	安徽工业大学	建筑工程学院	建筑环境与能源应用工程	
70	安徽理工大学	土木建筑学院	建筑环境与能源应用工程	
71	安徽建筑工业学院	环境与能源工程学院	建筑环境与能源应用工程	
72	安徽建筑工业学院	城市建设学院	建筑环境与能源应用工程	
福建				
73	集美大学	机械工程学院	建筑环境与能源应用工程	
74	福建工程学院	建筑环境与能源应用工程系	建筑环境与能源应用工程	
江西				
75	华东交通大学	土木建筑学院	建筑环境与能源应用工程	
76	江西理工大学	土木工程学院	建筑环境与能源应用工程	

续表

序号	学校名称	专业所在院系	专业名称	备　注
		山东		
77	山东农业大学	水利土木工程学院	建筑环境与能源应用工程	
78	山东科技大学	土木建筑学院	建筑环境与能源应用工程	
79	青岛理工大学	环境与市政工程学院	建筑环境与能源应用工程	
80	山东建筑工程学院	热能工程系	建筑环境与能源应用工程	
81	青岛农业大学	建筑工程学院	建筑环境与能源应用工程	
		河南		
82	郑州大学	土木工程学院	建筑环境与能源应用工程	
83	河南理工大学	土木工程学院	建筑环境与能源应用工程	
84	河南科技大学	建筑工程学院	建筑环境与能源应用工程	
85	华北水利水电学院	环境与市政工程学院	建筑环境与能源应用工程	
86	中原工学院	能源与环境学院	建筑环境与能源应用工程	
87	河南城建学院	土木与材料工程系	建筑环境与能源应用工程	
88	河南农业大学	机电工程学院	农业建筑环境与能源工程	
89	河南工程学院	土木工程系	供热通风与空调工程	
90	河南工业大学	土木建筑学院	建筑环境与能源应用工程	
		湖北		
91	华中科技大学	环境科学与工程学院	建筑环境与能源应用工程	
92	武汉科技大学	城市建设学院	建筑环境与能源应用工程	
93	武汉科技学院	环境与城建学院	建筑环境与能源应用工程	
		湖南		
94	湖南大学	土木工程学院	建筑环境与能源应用工程	
95	中南大学	土木建筑学院	建筑环境与能源应用工程	
96	南华大学	城市建设学院	建筑环境与能源应用工程	
97	湖南科技大学	能源与安全工程学院	建筑环境与能源应用工程	
98	长沙理工大学	能源与动力工程学院	建筑环境与能源应用工程	
99	湖南工程学院	建筑工程学院	建筑环境与能源应用工程	
100	湖南工业大学	土木工程学院	建筑环境与能源应用工程	
101	湘潭大学	土木工程与力学学院	建筑环境与能源应用工程	

续表

序号	学校名称	专业所在院系	专业名称	备　注
		广东		
102	湛江海洋大学	工程学院	建筑环境与能源应用工程	
103	广州大学	土木工程学院	建筑环境与能源应用工程	
104	广东工业大学	土木与交通工程学院	建筑环境与能源应用工程	
105	仲恺农业工程学院	机电工程系	制冷及低温工程	
		广西省		
106	桂林电子科技大学	机电工程学院	建筑环境与能源应用工程	
		重庆		
107	重庆大学	城市建设与环境工程学院	建筑环境与能源应用工程	
		四川省		
108	西南交通大学	机械工程学院	建筑环境与能源应用工程	
109	西南科技大学	土木工程与建筑学院	建筑环境与能源应用工程	
110	西南石油大学	建筑工程学院	建筑环境与能源应用工程	
111	西华大学	能源与环境学院	建筑环境与能源应用工程	
112	解放军后勤工程学院	—	建筑环境与能源应用工程	
113	攀枝花学院	工程技术学院	供热通风与空调工程技术	
		贵州		
114	贵州大学	矿业学院	建筑环境与能源应用工程	
		云南		
115	昆明理工大学	建筑工程学院	建筑环境与能源应用工程	
116	云南农业大学	水利水电与建筑学院	农业建筑环境与能源工程	
		陕西		
117	西安交通大学	能源与动力学院	建筑环境与能源应用工程	
118	西安建筑科技大学	环境与市政工程学院	建筑环境与能源应用工程	
119	西安工程大学	环境与化学工程学院	建筑环境与能源应用工程	
120	长安大学	环境科学与工程学院	建筑环境与能源应用工程	
121	西安科技大学	能源学院	建筑环境与能源应用工程	
		甘肃		
122	兰州理工大学	土木工程学院	建筑环境与能源应用工程	
123	兰州交通大学	市政与环境工程学院	建筑环境与能源应用工程	
		新疆		
124	新疆大学	建筑工程学院	建筑环境与能源应用工程	
125	新疆农业大学	—	农业建筑环境与能源工程	

注:以上资料来源于各高校的招生简章,排名不分先后,不包括职业院校。

参考文献

[1] 李继尊. 中国能源预警模型研究[M]. 北京:中国科学出版社,2008.
[2] 薛志峰. 超低能耗建筑技术及应用[M]. 北京:中国建筑工业出版社,2005.
[3] 童忠良,张淑谦,杨京京. 新能源材料与应用 [M]. 北京:国防工业出版社,2008.
[4] 高明远,岳秀萍. 建筑设备工程[M]. 3 版. 北京:中国建筑工业出版社,2005.
[5] 中国能源研究会. 2007—2008 能源科学技术学科发展报告[M]. 北京:中国科学技术出版社,2008.
[6] 李志生,张国强,李冬梅. 新形势下"双证书"认证制度人才培养的实践与思考[J]. 成人教育,2008,262(11):28-30.
[7] 李志生,张国强,李冬梅. 广州地区大型办公类公共建筑能耗调查与分析[J]. 重庆建筑大学学报,2008,30(5):112-117.
[8] 张国强,李志生,陈友明. 基于教育国际化的建筑环境与设备工程专业定位探讨[J]. 高等建筑教育,2006,15(3):1-6.
[9] 李志生,张国强,李冬梅. 建筑环境与设备工程专业教育国际比较研究[J]. 广东工业大学学报:社会科学版,2008,8(S):21-23.
[10] 李志生,张国强,李念平. 建筑环境与设备工程专业国内外发展趋势[J]. 高等建筑教育,2008,17(1):1-5.